BONOBO ȘI ATEUL

Frans de Waal s-a născut în 1948 în Olanda. A obținut titlul de doctor în zoologie și etologie la Universitatea din Utrecht. Începând cu 1981, a trăit și a lucrat în Statele Unite. A publicat sute de articole științifice despre comportamentul primatelor în reviste precum *Nature*, *Science*, *Scientific American* și altele. Cărțile sale, traduse în cincisprezece limbi, abordează teme fundamentale precum moralitatea, cultura sau religia prin prisma comparației dintre oameni și primate. Primul său volum, *Chimpanzee Politics* (1982), face o paralelă între luptele pentru putere ale cimpanzeilor și intrigile din lumea politică. Au urmat: *Peacemaking among Primates* (1989; distinsă cu Los Angeles Times Book Award), *Good Natured: The Origins of Right and Wrong in Humans and Other Animals* (1996), *Bonobo: The Forgotten Ape* (1997), *The Ape and the Sushi Master: Cultural Reflections by a Primatologist* (2001), *Tree of Origin: What Primate Behavior Can Tell Us about Human Social Evolution* (2001), *Our Inner Ape* (2005), *Primates and Philosophers: How Morality Evolved* (2006), *The Age of Empathy: Nature's Lessons for a Kinder Society* (2009), *Are We Smart Enough to Know How Smart Animal Are?* (2016).
În prezent este profesor la Departamentul de Psihologie al Emory University și conduce Centrul Living Links, din cadrul Centrului Național Yerkes pentru Studierea Primatelor, din Atlanta. Este membru al U.S. National Academy of Sciences și al Royal Dutch Academy of Sciences. În 2007 a fost inclus de revista *Time* în Lista celor 100 cei mai influenți oameni ai momentului, iar în 2011 *Discover* l-a numit printre cei mai importanți 47 oameni de știință din toate timpurile.

FRANS DE WAAL

BONOBO ȘI ATEUL

ÎN CĂUTAREA UMANISMULUI PRINTRE PRIMATE

Cu ilustrațiile autorului

Traducere din engleză de
IOANA MIRUNA VOICULESCU

HUMANITAS
BUCUREȘTI

Redactor: Anca Lăcătuş
Coperta: Ioana Nedelcu
Tehnoredactor: Manuela Măxineanu
Corector: Cristian Negoiţă
DTP: Andreea Dobreci, Dan Dulgheru

Lucrare executată la Paper Print Invest

Frans de Waal
The Bonobo and the Atheist. In Search of Humanism Among the Primates

Reproducerile după picturile lui Hieronymus Bosch au fost preluate din arhive de imagini aflate în domeniul public, precum Wikimedia Commons. Am folosit fragmente din: *Grădina desfătărilor lumeşti*, *Înălţarea binecuvântaţilor* şi din *Judecata de Apoi*. Caricatura lui T.H. Huxley, de Carlo Pellegrini, a apărut prima dată în *Vanity Fair*, la 28 ianuarie 1871. Toate celelalte ilustraţii sunt desene în creion sau în tuş ori fotografii ale autorului, cu excepţia celor două imagini de la pagina 135, înfăţişându-l pe masculul bonobo Vic, care sunt reproduse cu permisiunea fotografului Marian Brickner.

Descrierea CIP a Bibliotecii Naţionale a României
Waal, Frans de
Bonobo şi ateul: în căutarea umanismului printre primate /
Frans de Waal; trad.: Ioana Miruna Voiculescu. –
Bucureşti: Humanitas, 2017
Conţine bibliografie
Index
ISBN 978-973-50-5848-7
I. Voiculescu, Ioana Miruna (trad.)
17

EDITURA HUMANITAS
Piaţa Presei Libere 1, 013701 Bucureşti, România
tel. 021/408 83 50, fax 021/408 83 51
www.humanitas.ro

Comenzi online: www.libhumanitas.ro
Comenzi prin e-mail: vanzari@libhumanitas.ro
Comenzi telefonice: 073 684 194

Lui Catherine, primata mea preferată

CUPRINS

Capitolul 1

DESFĂTĂRI LUMEȘTI

Nu este omul decât o eroare a lui Dumnezeu? Sau este Dumnezeu numai o eroare a omului?

– Friedrich Nietzsche[1]

M-am născut în Den Bosch, orașul olandez după care și-a luat numele Hieronymus Bosch.[2] Ceea ce nu înseamnă că aș fi vreun expert în Bosch, dar, cum am copilărit cu statuia lui în piața centrală a orașului, întotdeauna mi-au fost dragi imaginarul lui suprarealist, simbolismul lui și felul în care tratează locul umanității în univers, în condițiile declinului influenței lui Dumnezeu.

Tripticul său celebru în care apar personaje nude care se zbenguie în fel și chip, *Grădina desfătărilor lumești*, este un tribut adus inocenței paradiziace. Atmosfera din panoul din mijloc este mult prea veselă și relaxată ca să se potrivească cu interpretarea analiștilor puritani, centrată pe desfrâu și păcat. Tabloul înfățișează umanitatea înainte de vină și rușine, fie înaintea Căderii, fie în absența acesteia. Pentru un primatolog ca mine, nuditatea, aluziile la sex și fertilitate, abundența de păsări și fructe și felul în care personajele umblă în grupuri sunt cât se poate de familiare, neavând nevoie de nici o interpretare religioasă sau morală. Aici Bosch pare să ne fi reprezentat în starea noastră naturală, păstrându-și viziunea moralistă pentru voleul din partea dreaptă, în care îi pedepsește *nu* pe zbanghiii din panoul central, ci pe călugări, călugărițe, lacomi, escroci, războinici și bețivi. Bosch nu era nicidecum admiratorul preoțimii și al avariţiei acestora, după cum se vede şi dintr-un mic detaliu în care un bărbat refuză să-i cedeze averea unui porc care poartă vălul tipic călugăriţelor dominicane. Se spune că bărbatul chinuit ar fi chiar pictorul.

Cinci secole mai târziu, continuăm să ne lăsăm prinşi în dezbateri despre locul religiei în societate. Ca şi pe vremea lui Bosch, tema centrală este moralitatea. Ne putem imagina lumea fără Dumnezeu? Ar fi o lume bună? Să nu credeţi nici o clipă că disputele actuale între creştinismul fundamentalist şi ştiinţă ar porni de la dovezi ştiinţifice. Trebuie să fii destul de imun la dovezi ca să pui la îndoială evoluţia, motiv pentru care cărţile şi documentarele care încearcă să-i convingă pe sceptici sunt o risipă de energie. Deşi le sunt utile celor dispuşi să asculte, nu reuşesc să-şi atingă publicul ţintă. Dezbaterea nu priveşte atât adevărul, cât felul în care îl gestionăm. Pentru cei care cred că moralitatea vine direct de la Dumnezeu creatorul, acceptarea evoluţiei ar deschide un hău moral. Iată-l pe reverendul Al Sharpton criticându-l pe Christopher Hitchens, ateul militant: „Dacă nu există ordine în univers şi, implicit, o entitate, o forţă care să-l fi ordonat, atunci cine stabileşte ce e bine şi ce e rău? Nimic nu mai e imoral dacă nu există cineva care să controleze totul“[3]. În aceeaşi ordine de idei, am auzit oameni exclamând în siajul lui Ivan Karamazov, personajul lui Dostoievski: „Dacă nu există Dumnezeu, atunci sunt liber să-mi siluiesc vecinul!“

Poate am eu un punct sensibil, dar mă feresc de oamenii care afirmă că singurul lucru care-i desparte de un comportament abominabil este credinţa lor. De ce n-am porni de la premisa că umanitatea, inclusiv autocontrolul necesar traiului în societate, este ceva din noi? Oare îşi închipuie cineva că, înainte să apară religia, strămoşii noştri au trăit fără norme sociale? Oare nu se ajutau oamenii între ei sau nu se plângeau când li se făcea o nedreptate şi pe atunci? Oamenii şi-au pus desigur problema

În colțul din dreapta jos al Grădinii, *Bosch s-a înfățișat pe el însuși încercând să-i reziste unui porc îmbrăcat în veșminte de călugăriță, care voia să-l seducă sărutându-l. Aceasta îi oferă mântuirea în schimbul averii sale (de unde condeiul, călimara cu cerneală și înscrisul oficial).* Grădina *a fost pictată în jurul anului 1504, cu aproximativ un deceniu înainte ca Martin Luther să mobilizeze oamenii împotriva acestui tip de practici.*

bunei funcționări sociale cu mult înainte ca religiile actuale să fie întemeiate acum câteva mii de ani – un trecut nu foarte îndepărtat din perspectiva unui biolog.

DALAI LAMA ŞI BROASCA ȚESTOASĂ

Cele de mai sus au apărut ca introducere la un articol pe care l-am scris pentru site-ul *New York Times*, intitulat *Morals without God?* („Morală fără Dumnezeu?"), în care arătam că moralitatea precedă religia și că am putea învăța multe despre originile ei dacă ne-am uita la celelalte primate.[4] Contrar viziunii sângeroase pe care o avem despre natură, animalele manifestă tendințe acceptabile din punct de vedere moral, ceea ce pentru mine înseamnă că moralitatea nu este nicidecum o invenție umană, așa cum ne place adesea să credem.

Acum, că am precizat care este subiectul acestei cărți, voi prezenta și temele pe care le discută povestind evenimentele din săptămâna care a urmat publicării articolului, printre care o călătorie în Europa. Chiar înainte să plec am participat la o dezbatere despre știință *vs* religie organizată de Emory University din Atlanta, unde predau. Era vorba despre o discuție publică cu Dalai Lama pe tema sa preferată: compasiunea. Îndemnul spre compasiune mi se pare foarte folositor în viață; așadar am primit cu bucurie mesajul onorabilului nostru invitat. Cum eu urma să deschid discuția, am fost așezat lângă Dalai Lama; în jurul nostru era o mare de crizanteme roșii și galbene. Mi s-a spus să mă adresez discret cu „Sfinția Voastră“, iar când aveam să vorbesc despre el cu ceilalți să folosesc formula „Sfinția Sa“, instrucțiuni care mi s-au părut atât de derutante încât am evitat orice formulă de adresare. În fața unui public de peste trei mii de oameni care erau gata să-i soarbă fiecare cuvânt, unul dintre cei mai admirați oameni de pe planetă și-a dat pantofii jos, și-a încrucișat picioarele sub el pe scaun și și-a pus pe cap o șapcă portocalie asortată cu veșmântul de călugăr pe care îl purta. Înainte să începem, organizatorii avuseseră grijă să mă tempereze, punându-mi în vedere că nimeni nu venise să mă asculte pe *mine* și că toți oamenii din sală erau acolo doar pentru perlele *lui* de înțelepciune.

În alocuțiunea mea, am trecut în revistă cele mai recente dovezi privind altruismul la animale. De exemplu, maimuțele antropoide vor deschide ușa ca să ofere acces la mâncare unei surate, chiar dacă ele vor rămâne astfel cu mai puțină mâncare. Iar maimuțele capucin sunt dispuse să obțină recompense pentru o surată, bunăoară atunci când sunt așezate una lângă alta și doar una dintre ele face troc cu noi, cu ajutorul unor jetoane de culori diferite. Un jeton recompensează doar maimuța care face troc, în timp ce un altul le recompensează pe amândouă. Nu durează mult şi maimuţele încep să prefere jetonul „prosocial". Nu o fac de teamă, dat fiind că maimuţele dominante (care au cele mai puţine motive să se teamă) sunt de fapt cele mai generoase.

Faptele bune se întâmplă şi spontan. Peony, o femelă în vârstă, îşi petrece ziua afară, împreună cu alţi cimpanzei, la staţia de cercetare a Centrului Naţional Yerkes pentru Studierea Primatelor. În zilele ei proaste, când o supără artrita şi îi e greu să meargă şi să se caţăre, celelalte femele îi sar în ajutor. Atunci când Peony se căzneşte să se urce pe o structură pentru căţărat unde mai multe primate s-au adunat pentru o sesiune de toaletare, o femelă tânără, care nu e rudă cu ea, intervine şi o împinge din greu cu ambele mâini de posteriorul generos până când Peony reuşeşte să se alăture celorlalţi.

Am mai văzut-o pe Peony ridicându-se şi pornind anevoie spre ţâşnitoarea de apă, aflată la ceva distanţă. Femelele mai tinere trec înaintea ei uneori, iau apă în gură, aleargă înapoi la ea şi îi dau să bea. La început habar n-aveam ce se întâmplă de fapt, tot ce vedeam era cum o femelă îşi apropie gura de a lui Peony, dar după o vreme comportamentul a devenit clar: Peony deschidea gura larg, iar una dintre femelele tinere îi scuipa un jet de apă în gură.

Aceste observaţii se înscriu în tânărul domeniu al empatiei animale, care nu se ocupă doar de primate, ci şi de canide, elefanţi şi chiar rozătoare. Un exemplu tipic este felul în care cimpanzeii îi consolează pe alţi cimpanzei care suferă în mod vizibil, îmbrăţişându-i şi pupându-i, comportament atât de previzibil încât există literalmente mii de cazuri consemnate. Mamiferele reacţionează la emoţiile celorlalţi şi îi ajută pe cei aflaţi în nevoie. Motivul principal pentru care oamenii ţin în casă carnivore blănoase, şi nu, să zicem, iguane şi broaşte ţestoase, este că de la mamifere primesc ceva ce reptilele nu le-ar putea da niciodată: afecţiune. Mamiferele au nevoie de afecţiune şi reacţionează la emoţiile noastre la fel cum şi noi reacţionăm la ale lor.

Până în acest punct, Dalai Lama m-a ascultat cu atenție, dar aici și-a ridicat șapca pentru a mă întrerupe. Dorea să spun mai multe despre țestoase. Erau printre animalele lui preferate pentru că se spunea despre ele că ar fi dus lumea în spate. Liderul budist s-a întrebat dacă nu cumva și țestoasele au capacitatea de a empatiza. A povestit cum o femelă broască țestoasă marină se târăşte pe uscat şi caută cel mai bun loc în care să-şi depună ouăle, arătând astfel că o preocupă viitorul puilor ei. Ce reacție ar avea mama dacă s-ar întâlni cu odraslele ei? s-a întrebat Dalai Lama. După mine, procesul arată că țestoasele au fost programate să caute mediul cel mai bun pentru incubație. Țestoasa face o groapă în nisip, unde nu ajunge apa în timpul fluxului, își depune ouăle și le acoperă, bătătorind nisipul cu înotătoarele din spate, apoi părăsește cuibul. Puii ies din ouă câteva luni mai târziu și se grăbesc spre ocean la lumina lunii. Nu ajung să-și cunoască vreodată mama.

Ca să ai empatie trebuie să fii conștient de existența celuilalt și sensibil față de nevoile sale. Empatia a început probabil odată cu grija părinților pentru pui, așa cum putem vedea la mamifere, dar există dovezi de empatie și la păsări. Am fost odată în vizită la Centrul de Cercetare „Konrad Lorenz" din Grünau, Austria, unde sunt ținuți corbi în aviarii foarte mari. Sunt niște păsări impresionante, mai ales când îți stau pe umăr, cu ciocul lor negru și puternic chiar lângă fața ta! Mi-au adus aminte de stăncuțele domesticite pe care le-am avut când eram student: niște păsări mai mici tot din familia corvidelor. Oamenii de știință din Grünau urmăresc încăierările spontane dintre corbi și au observat cum cei neimplicați reacționează la suferința altora. Celor învinși prietenii le vor piguli penele sau ciocul, pentru a-i consola. La același centru, descendente ale cârdului de gâște al lui Lorenz trăiesc în libertate și sunt dotate cu transmițători care le măsoară ritmul cardiac. Faptul că fiecare gâscă adultă are un partener oferă multe prilejuri pentru manifestarea empatiei. Dacă două păsări se ciondănesc, inima partenerilor lor începe să bată repede.

Chiar dacă partenerii nu sunt în nici un fel implicați, inima lor trădează îngrijorarea. Și păsările suferă pentru suratele lor.

Dacă și mamiferele, și păsările au o oarecare capacitate de a empatiza, aceasta le vine probabil de la strămoșii reptilieni. Nu de la orice reptile însă, deoarece cele mai multe nu au grijă de puii lor. Unul dintre cele mai sigure semne de grijă părintească, potrivit lui Paul MacLean, specialistul american în neuroștiințe care a descoperit că emoțiile își au originea în sistemul limbic, este „strigătul puiului pierdut" la puii de animale. Maimuțele tinere îl practică tot timpul: când mama pleacă, strigă până când aceasta se întoarce. Stau singure pe o creangă, cu un aer nefericit, și emit o serie prelungă de „uuu-uri" de jale, cu buzele țuguiate fără să fie îndreptate spre cineva anume. MacLean remarca absența „strigătului puiului pierdut" la reptile precum șerpii, șopârlele și țestoasele.

Există însă câteva specii de reptile ai căror pui își strigă mama când sunt supărați sau sunt în pericol. Ați ținut vreodată în mână un pui de aligator? Fiți cu băgare de seamă, au o dentiție puternică, dar emit și niște lătrături guturale când sunt supărați, la care mama s-ar putea să țâșnească din apă. Așa o să vă învățați minte să nu vă mai îndoiți de sentimentele reptilelor!

I-am spus acest lucru lui Dalai Lama, precizând că nu căutăm empatie decât la animalele capabile să se atașeze și că puține reptile corespund. Nu sunt sigur că explicația l-a satisfăcut, pentru că, de fapt, îl interesau țestoasele, care sunt mult mai drăgălașe decât monștrii cu colți înfricoșători din familia crocodilienilor. Aparențele înșală însă. Unii dintre membrii acestei familii își cară cu grijă copiii în bot sau pe spinare, ca să-i ferească de pericole. Uneori îi lasă chiar să le fure bucățele de carne din gură. Dinozaurii aveau și ei grijă de pui, iar plesiozaurii – reptile marine uriașe – se poate să fi fost chiar vivipare, dând naștere unui singur pui în apă, așa cum fac balenele din zilele noastre. Din câte știm, cu cât un animal are mai puțini urmași, cu atât îi va îngriji mai bine, motiv pentru care

Puține reptile își îngrijesc puii, dar cele din familia crocodililor se numără printre ele. O femelă aligator își cară cu multă grijă unul dintre pui.

se crede că plesiozaurii erau niște părinți atenți. La fel sunt și păsările, apropo, care, științific vorbind, nu sunt altceva decât niște dinozauri cu pene.

Dalai Lama însă nu s-a oprit aici și m-a întrebat despre fluturi și despre capacitatea lor de empatie, la care eu nu m-am putut abține să nu fac o glumă: „N-au timp de empatie, nu trăiesc decât o zi!" Că fluturii ar trăi atât de puțin este doar un mit, dar, indiferent cum s-ar raporta aceste insecte unele la altele, mă îndoiesc că sunt capabile de empatie. N-aș vrea să trec cu vederea aluzia importantă din spatele întrebării lui Dalai Lama, și anume că toate animalele fac ce e cel mai bine pentru ele și puii lor. În acest sens, toate formele de viață manifestă grijă, chiar dacă nu în mod conștient. Ideea lui era că la baza înțelesului ultim al vieții se află compasiunea.

ÎN VIZITĂ LA MAMA

După aceea, discuția a continuat pe alte teme, de pildă cum se poate măsura nivelul de compasiune prin monitorizarea creierului unor călugări budiști care au meditat la acest subiect o viață întreagă. Richard Davidson de la University of Wisconsin a povestit cum niște călugări din Tibet au refuzat categoric să se supună testelor neuroștiințifice, spunând că, în mod evident, compasiunea nu își are sălașul în creier, ci în inimă! Toată lumea s-a amuzat copios, iar călugării din public au râs în hohote. Dar călugării tibetani nu se înșelau. Davidson a descoperit ulterior legătura dintre minte și inimă: cel care își va cultiva compasiunea prin meditație va răspunde sunetelor specifice suferinței umane printr-un ritm cardiac accelerat.

N-am putut să nu mă gândesc la gâște, cărora le bate inima mai repede dacă una dintre suratele lor intră într-un conflict. Dar m-am mai gândit și la această întâlnire de bun augur. În 2005, Dalai Lama însuși vorbise despre nevoia de a aduce laolaltă știința și religia, adresându-se miilor de oameni de știință prezenți la întâlnirea anuală a Societății de neuroștiințe, de la Washington, și spunându-le cât de greu le este persoanelor obișnuite să țină pasul cu descoperirile lor revoluționare: „E cât se poate de evident că gândirea noastră morală a rămas în urmă față de ritmul în care dobândim cunoștințe și putere“[5]. Iată o abordare mult mai oportună decât încercările obișnuite de a dezbina religia și știința!

Acest subiect mă frământa pe când mă pregăteam să plec spre Europa. Abia avusesem timp să primesc o binecuvântare, să mi se pună o *khata* (o eșarfă de mătase albă, lungă) în jurul gâtului și să-l conduc pe Dalai Lama la limuzina sa înconjurată de gărzi înarmate până-n dinți, că a trebuit s-o pornesc spre Gent, un oraș vechi și frumos din partea flamandă a Belgiei. Această regiune este mai apropiată cultural de partea sudică a Țărilor de Jos, de unde sunt eu, decât de partea de nord, căreia îi spunem Olanda. Toți vorbim aceeași limbă, dar Olanda este calvină, în timp ce provinciile din sud au rămas catolice din cauza spaniolilor care în secolul al XVI-lea ne-au adus Inchiziția și pe ducele de Alba. Și nu vorbim de ceva în genul scheciului „*Nobody expects the Spanish Inquisition!*“ („Nimeni nu se așteaptă la Inchiziția spaniolă!“) al grupului de comici Monty Python, ci de o Inchiziție care bătea în cuie pe oricine ar fi pus la îndoială virginitatea Fecioarei Maria. Pentru că nu aveau voie să-și facă victimele să sângereze, inchizitorilor le plăcea metoda *strappado*, în care victima era spânzurată de mâinile legate la spate, în timp ce de glezne i se legau greutăţi. În urma acestui tratament schingiuitor, oricine s-ar fi lepădat de ideile sale preconcepute despre legătura dintre sex şi concepţie. În ultima vreme, Vaticanul duce o campanie de îmblânzire a imaginii Inchiziţiei – nu au omorât *toţi* ereticii, urmau proceduri standard –, dar e clar că iezuiţilor cu pricina nu le-ar fi stricat nişte lecţii de compasiune.

Printre altele, bucata aceasta de istorie medievală explică şi de ce nu trebuie să căutăm picturile lui Bosch în Ţările de Jos. Cele mai multe se află la Muzeul Prado din Madrid. Se crede că „Ducele de Fier" a intrat în posesia *Grădinii desfătărilor lumeşti* în 1568, când l-a proscris pe Prinţul de Orania şi i-a confiscat toate proprietăţile. Ducele i-a lăsat capodopera moştenire fiului său, de unde aceasta a ajuns la statul spaniol. Spaniolii sunt pasionaţi de pictorul căruia îi spun *El Bosco*, ale cărui imagini i-au inspirat pe Joan Miró şi Salvador Dalí. Când am vizitat prima dată Muzeul Prado, nu prea am reuşit să mă bucur de lucrările lui Bosch pentru că îmi veneau în minte obsesiv cuvintele „jaf colonial!". Spre lauda sa, muzeul a scanat pictura la o rezoluţie incredibil de mare, şi toată lumea poate acum să o admire folosind aplicaţia Google Earth.

După ce am ţinut o prelegere în Gent, mai mulţi colegi mi-au făcut o surpriză şi m-au dus să văd cel mai vechi grup de bonobo din lume, care s-a aflat iniţial la Grădina Zoologică din Anvers, iar acum este găzduit de parcul zoologic de la Planckendael. Dat fiind că ţara lor natală este o fostă colonie belgiană, nu e deloc surprinzător că se află la Planckendael. Transportul de animale, vii sau moarte, din Africa a fost tot o formă de jaf colonial, fără de care e posibil însă să nu fi aflat niciodată de existenţa acestei primate rare. Descoperirea a avut loc în 1929, într-un muzeu nu departe de aici, când un anatomist german a şters praful de pe un craniu mic şi rotund despre care se credea că aparţine unui cimpanzeu tânăr şi şi-a dat seama că era vorba de fapt de un adult cu un cap neobişnuit de mic. S-a grăbit să anunţe descoperirea unei noi subspecii. La scurt timp însă, anunţul lui a fost pus în umbră de unul şi mai epocal venit din partea unui anatomist american care a declarat că era vorba de o specie cu totul nouă, cu o anatomie deosebit de asemănătoare cu cea umană. Mamiferele bonobo au o constituţie mai graţioasă şi picioare mai lungi decât orice altă primată. Specia a fost grupată în acelaşi gen cu cimpanzeul, genul *Pan*. Tot restul vieţii lor, cei doi oameni de ştiinţă au arătat cât de puternică este rivalitatea în lumea academică, disputându-şi aprig paternitatea acestei descoperiri istorice. Mă aflam în încăpere când cercetătorul american s-a ridicat în picioare în mijlocul unui simpozion despre bonobo şi a afirmat, cu vocea tremurându-i de indignare, că în urmă cu o jumătate de secol i se furase descoperirea.

Cercetătorul german scrisese în germană, iar cel american, în engleză; e simplu de intuit, aşadar, care dintre versiuni este cea mai citată. Multe limbi au pierdut teren în urma ascensiunii limbii engleze, dar mie îmi făcea multă plăcere să vorbesc în olandeză, care, în ciuda zecilor de ani petrecuţi în străinătate, continuă să-mi vină pe buze cu o fracţiune de secundă mai repede decât orice altă limbă. În timp ce un bonobo tânăr se legăna pe o frânghie, intrând şi ieşind din câmpul nostru vizual şi încercând să ne atragă atenţia lovind geamul de câte ori ajungea în dreptul nostru, am observat cât de mult semăna expresia lui facială cu râsul uman. Se distra, mai ales dacă noi ne dădeam câţiva paşi în spate, prefăcându-ne speriaţi. Astăzi e imposibil să ne imaginăm că cele două specii din genul *Pan* au fost cândva una. Există o fotografie celebră a expertului american Robert Yerkes, ţinând două primate tinere în braţe, pe care el le socotea a fi cimpanzei, fotografie făcută înainte ca bonobo să fie descoperiţi. Yerkes a remarcat totuşi că una din cele două primate era mult mai sensibilă şi empatică decât cealaltă, poate chiar şi mai inteligentă. Aproape toată cartea lui *Almost Human* este despre acest „cimpanzeu“, un veritabil „geniu antropoid“, cum l-a numit autorul, fără să ştie că era de fapt vorba despre unul dintre primii bonobo care ajunseseră vii în lumea occidentală.

În colonia de la Planckendael, diferenţa dintre bonobo şi cimpanzei reiese imediat din faptul că grupul celor dintâi este condus de o femelă. Biologul Jeroen Stevens mi-a spus că atmosfera din grup se mai relaxase după ce femela care deţinuse multă vreme titlul de alfa, o adevărată doamnă de fier, fusese trimisă la altă grădină zoologică. Îi terorizase pe majoritatea celor din grup, dar mai ales pe masculi. Noua femelă alfa avea un temperament mai plăcut. Schimbul de femele între grădini zoologice este o tendinţă nouă şi lăudabilă, care respectă comportamentul natural al primatelor bonobo. În sălbăticie, fiii rămân cu mamele pe toată durata vieţii lor adulte, în timp ce fiicele migrează în alte zone. Multă vreme, grădinile zoologice mutau masculii, producând astfel dezastru după dezastru, pentru că masculii bonobo sunt bătuţi măr dacă mamele lor nu sunt acolo să îi apere. Bieţii

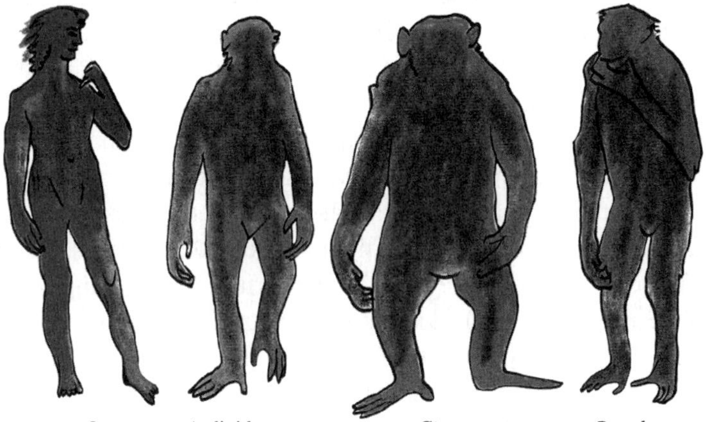

Om Ardipithecus *Cimpanzeu* *Bonobo*

De-a lungul evoluţiei omului, deplasarea bipedă a determinat alungirea picioarelor. Dintre toate primatele, bonobo au raportul dintre lungimea braţelor şi cea a picioarelor cel mai apropiat de al strămoşului nostru Ardipithecus *(desenul nu respectă proporţiile adevărate: omul modern este mult mai înalt decât ceilalţi).*

masculi sfârşeau deseori izolaţi în zone închise publicului, pentru a-şi proteja viaţa. Multe probleme sunt evitate acum, când masculii sunt lăsaţi lângă mamele lor, iar legătura dintre ei este respectată.

Reiese de aici că bonobo nu sunt chiar nişte îngeri. Dar mai reiese şi că masculii sunt într-o mare măsură „băieţii mamei", lucru pe care nu toată lumea îl aprobă. Unii bărbaţi se simt jigniţi de primatele matriarhale şi de masculii lor „plângăcioşi". La sfârşitul unei prelegeri pe care am ţinut-o în Germania, un profesor în vârstă foarte cunoscut care se afla în public a izbucnit indignat: „*Was ist das?!* Masculii ăştia au o problemă!" S-a întâmplat ca bonobo să năvălească pe scena ştiinţifică tocmai când antropologii şi biologii puneau accentul pe violenţă şi pe conflicte, fiind prea puţin interesaţi de primatele paşnice. Cum nimeni nu prea ştia exact ce să facă cu ei, bonobo s-au transformat rapid în oaia neagră a literaturii evoluţioniste. Un antropolog american a sugerat chiar să fie ignoraţi cu totul, mai ales că se află oricum pe cale de dispariţie.[6]

Să-i reproşezi unei specii că urmează să dispară e un lucru extraordinar. Să fie oare ceva în neregulă cu bonobo? Sunt ei nişte animale inadaptate? Dispariţia iminentă nu spune însă nimic despre nivelul de adaptare iniţial. Păsările dodo trăiau bine mersi până când au ajuns marinarii în Insulele Mauritius şi au constatat că, deşi neapetisante*, erau o pradă uşoară din cauză că nu puteau să zboare. La fel, strămoşii noştri trebuie să fi fost bine adaptaţi la un moment dat, chiar dacă au dispărut între timp. Ar trebui să-i ignorăm din cauza asta? Nici vorbă. Mass-media o iau razna de câte ori se descoperă câte o urmă minusculă din trecutul nostru, reacţie încurajată de fosile antropomorfizate cu nume precum Lucy şi Ardi.

Îmi plac bonobo tocmai pentru că sunt atât de diferiţi de cimpanzei, iar acest lucru nu poate decât să ne îmbogăţească

* Primii colonişti olandezi le-au numit *walgvogel*, „păsări scârboase" (n. tr.).

perspectiva asupra evoluției omului. Ne arată că ascendența noastră nu e marcată doar de dominația masculilor și de xenofobie, ci și de dragoste pentru armonie și de sensibilitate față de ceilalți. Din moment ce am evoluat atât pe linie feminină, cât și pe linie masculină, nu văd de ce am măsura progresul omenirii doar prin numărul de bătălii pe care bărbații le-au câștigat împotriva altor hominini.[7] Nu ne-ar strica să acordăm atenție și părții feminine, la fel cum nu ne-ar strica să acordăm atenție și sexului. S-ar putea foarte bine să nu fi cucerit alte grupuri, ci să le fi încurajat dispariția înmulțindu-ne noi foarte mult, deci prin dragoste, nu prin război. ADN-ul oamenilor moderni conține fragmente din ADN-ul oamenilor de Neanderthal, și nu m-ar mira să avem gene și de la alți hominini. Privită din acest unghi, calea pe care au urmat-o bonobo nu mai pare atât de străină de a noastră.

Am lăsat în urmă aceste primate blânde și am poposit la Grădina Zoologică din Arnhem, în Olanda, unde am început să studiez cealaltă specie din genul *Pan*. Profesorului german i-ar plăcea la nebunie cimpanzeii, o specie în care masculii au putere absolută și se iau constant la întrecere pentru poziția de lider. Competiția dintre ei este atât de acerbă, încât am scris o carte întreagă, *Chimpanzee Politics*, despre coteriile și uneltirile lor. Când eram student, m-am apucat să citesc Niccolò Machiavelli ca să aflu ce nu găseam în manualele de biologie. Unul dintre masculii dominanți din perioada aceea tumultuoasă – de acum patruzeci de ani – a fost omorât în timp ce mă aflam încă acolo, eveniment care continuă să mă bântuie, nu în ultimul rând din cauza modului sângeros în care atacatorii i-au smuls testiculele. Celelalte personaje masculine au murit de-a lungul anilor, dar în colonie trăiesc încă fiii lor adulți, care nu numai că seamănă îngrijorător de mult cu tații lor, dar au și voci asemănătoare atunci când urlă. Cimpanzeii au voci distincte: puteam recunoaște fiecare individ dintr-un grup de douăzeci și cinci după cum striga. Mă simt foarte în largul meu printre aceste primate și mi se par absolut fascinante, dar nu-mi fac niciodată iluzii că ar fi „drăgălaşe", chiar dacă le par aşa multora. Îşi iau foarte în serios jocurile de putere şi sunt gata să-şi ucidă rivalii. E de aşteptat ca un animal sălbatic să omoare oameni sau să-i muşte de faţă într-un context în care cineva din plăpânda noastră specie îi poate trezi oricând gelozia sexuală şi instinctul de dominaţie; aşa s-a întâmplat în Statele Unite cu cimpanzeii care erau ţinuţi ca animale de companie. Un cimpanzeu adult are o asemenea forţă musculară (nemaivorbind de caninii ca nişte pumnale şi de cele patru „mâini"), că nici măcar cinci bărbaţi vajnici n-ar putea să-l ţină locului. Cimpanzeii care au crescut printre oameni ştiu lucrul ăsta foarte bine.

Femelele pe care le-am cunoscut la Arnhem mai trăiesc încă, mai ales impresionanta matriarhă a coloniei, căreia i se spunea Mama. Nu a fost niciodată o matriarhă asemenea celor din coloniile de bonobo, care conduc făţiş grupul, dar a fost în schimb femela alfa de când o ştiu. În zilele ei de glorie, Mama juca un rol activ în luptele pentru putere ale masculilor. Coagula femelele în favoarea unui anumit mascul, care, dacă reuşea să ajungă în frunte, îi rămânea îndatorat. Iar masculul era obligat să-i facă pe plac, pentru că, odată întoarsă împotriva lui, îi putea distruge cariera. Mama mergea până la a le pedepsi pe femelele care se raliau cu masculii pe care nu îi susţinea ea, fiind un fel de responsabil cu ordinea în grup. Cimpanzeii masculi domină fizic celălalt sex, ceea ce nu înseamnă că femelele nu ştiu nimic despre politică sau că stau pe margine. În libertate, femelele sunt deseori pasive, dar pe insula din Arnhem nu-şi permit acest lucru. Prin urmare, dezechilibrul de putere dintre sexe nu este la fel de pronunţat. Întrucât femelele sunt tot timpul prezente şi se sprijină reciproc în mod activ, masculii nu au cum să facă abstracţie de polul feminin de putere.

M-am înţeles întotdeauna bine cu Mama, iar ea mă salută cu un amestec de respect şi afecţiune de câte ori mă vede. Aşa făcea şi cu mulţi ani în urmă, aşa face şi acum ori de câte ori îmi vede chipul în mulţimea de vizitatori. Mă întorc la grădina zoologică la fiecare câţiva ani, uneori îi şi curăţ puţin blana în semn de prietenie, dar de data aceasta eram însoţit de aproape o sută de oameni, participanţi la un simpozion organizat în centrul de conferinţe al grădinii zoologice. Cum ne îndreptam spre insula cimpanzeilor, şi Mama, şi Jimmy, o altă femelă mai în vârstă, s-au grăbit spre mine să mă salute: au emis o serie de mârâituri joase, iar Mama a întins mâna spre mine de la depărtare. Femelele folosesc de obicei acest gest de „vino-ncoace" când se pregătesc s-o ia din loc şi le spun puilor să li se urce în spinare. I-am răspuns cu acelaşi gest şi mai târziu l-am ajutat pe îngrijitor să le dea de mâncare cimpanzeilor aruncând fructe peste şanţul cu apă şi asigurându-mă că Mama, care se deplasează greoi şi nu e la fel de pricepută ca ceilalţi la prins portocale din zbor, primea destule.

Imediat au început manifestările de gelozie. Fiica adultă a Mamei, Moniek, s-a apropiat pe furiş ca să arunce cu o piatră mare de la vreo zece metri. Piatra aruncată cu boltă m-ar fi lovit în cap dacă n-aş fi fost atent, dar am reuşit s-o prind la timp. Moniek s-a născut când eu lucram încă la grădina zoologică şi am avut multe ocazii să văd cât de tare detestă atenţia pe care mi-o acordă mama ei. Probabil nu-şi amintea de mine, aşa că habar n-avea de ce Mama saluta un străin ca pe-un prieten vechi. Mai bine să-i dea cu-o piatră-n cap! Dat fiind că unii oameni de ştiinţă consideră că abilitatea de a arunca la ţintă este specific umană şi are legătură cu evoluţia limbajului, i-am invitat pe susţinătorii acestei teorii să simtă pe pielea lor de ce sunt în stare cimpanzeii, dar nu s-a oferit nici un voluntar. S-au gândit poate că pietrele pot fi înlocuite cu secreţii urât mirositoare.

Impresionaţi de primirea caldă pe care mi-a făcut-o Mama, participanţii la simpozion s-au întrebat cât de bine ne recunosc cimpanzeii şi cât de bine îi recunoaştem noi pe ei. Pentru mine, feţele de primate sunt la fel de diverse ca cele umane, chiar dacă ambele specii se pricep mai bine să recunoască feţele confraţilor. Până nu demult, această tendinţă a fost ignorată, considerându-se că numai oamenii se pricep să recunoască chipuri. Primatele nu s-au descurcat deloc bine la teste identice celor administrate oamenilor, în care trebuiau să identifice fețe *de oameni.* Intervine aici ceea ce eu numesc „subiectivismul antropocentric" în primatologie, responsabil pentru foarte multă dezinformare. Când una dintre colegele mele din Atlanta, Lisa Parr, a folosit sutele de fotografii făcute de mine la Arnhem pentru a vedea în ce măsură recunosc cimpanzeii indivizii din specia *proprie*, rezultatele au fost excelente. Uitându-se la fotografiile cu cimpanzei afișate pe ecranul calculatorului, au putut chiar să asocieze cimpanzeii tineri cu mamele lor, fără să-i mai fi văzut înainte. E ca atunci când noi ne uităm într-un album de fotografii și ne dăm seama după chipurile oamenilor cine e înrudit cu cine.

Trăim într-o vreme în care înrudirea noastră cu primatele e din ce în ce mai larg acceptată. Fără îndoială, omenirea va continua să producă dovezi ale superiorității omului, care însă nu rezistă mai mult de zece ani fără a fi contrazise. Dacă ne uităm la specia noastră fără să ne lăsăm orbiți de progresele tehnologice din ultimele câteva milenii, vom vedea o ființă din carne și oase, cu un creier care, chiar dacă e de trei ori mai mare decât al unui cimpanzeu, nu are nimic inedit. Nici măcar mult lăudatul nostru cortex prefrontal nu le depășește neapărat prin dimensiune pe cele ale altor primate. Nimeni nu pune la îndoială superioritatea intelectului nostru, dar nu avem nevoi sau dorințe de bază pe care să nu le regăsim și la rudele noastre apropiate. Asemenea oamenilor, maimuțelor le place să facă sex, se luptă pentru putere, își doresc siguranță și afecțiune, se ucid între ele pentru teritoriu și prețuiesc încrederea și cooperarea. Da, avem calculatoare și avioane, dar structura noastră psihologică este cea a unei primate sociale.

Iată de ce întregul simpozion organizat la grădina zoologică a fost dedicat lucrurilor pe care profesioniștii din sistemul medical și specialiștii în științe sociale le-ar putea învăța din primatologie. Eu eram primatologul, bineînțeles, dar am învățat la rândul meu ceva dintr-o discuție paralelă. Discutam despre ce anume legitimează moralitatea. Dacă legitimitatea moralității nu decurge din sorgintea sa divină, atunci care este sursa ei? Un coleg a remarcat că în ultimele decenii, pe măsură ce olandezii au devenit tot mai seculari, problema autorității morale s-a adâncit și ea. Oamenii nu se mai corectează unii pe alții în public, ceea ce duce la o scădere a gradului de civilizație. Am observat cum mulți dintre cei de la masă au dat din cap aprobator. Să fi fost vorba doar de frustrarea generației mai în vârstă, tot timpul nemulțumită de generația tânără? Sau era aici un tipar? Secularizarea e prezentă peste tot în Europa, însă implicațiile sale morale sunt adesea prost înțelese. Până și filozoful politic german Jürgen Habermas – ateul marxist prin excelență – considera că dispariția religiei nu e întru totul benefică, afirmând că „ceva s-a pierdut când păcatul s-a transformat în vină“[8].

DILEMA ATEULUI

Nu sunt însă convins că moralitatea trebuie neapărat să vină de undeva de sus. Nu poate veni dinăuntru? În cazul compasiunii, acest lucru e sigur valabil, dar n-ar putea fi la fel și cu simțul dreptății? Acum câțiva ani am demonstrat că primatele n-au nici o problemă să îndeplinească o anumită sarcină în schimbul feliilor de castravete, asta până când văd că alte maimuțe primesc struguri, care au gust mai bun. Cele care primesc castraveți încep să se agite, aruncă cu feliile de legume și fac grevă. O mâncare altfel foarte bună devine dezagreabilă din cauză că un egal primește ceva mai bun. Am numit această reacție *aversiune față de nedreptate*, iar de atunci a devenit obiect de studiu și în cazul altor animale, inclusiv la câini. Un câine va răspunde de mai multe ori la rând la o comandă fără să primească vreo recompensă, dar se va împotrivi dacă vede că alt câine este răsplătit cu bucăţi de carne pentru că a îndeplinit aceeaşi sarcină.

Aceste rezultate au implicaţii pentru moralitatea umană. Majoritatea filozofilor consideră că ajungem la adevărurile morale prin intermediul raţiunii. Chiar dacă nu-l invocă pe Dumnezeu, ei descriu un proces care porneşte de la vârf către bază, prin care întâi formulăm principiile şi apoi le impunem asupra conduitei umane. Dar oare deliberările de ordin moral chiar se petrec pe un plan atât de înalt? Nu trebuie oare să fie ancorate în identitatea şi în firea noastră? Ar fi realist, de exemplu, să îndemnăm oamenii să se poarte frumos cu ceilalţi dacă nu am avea deja o înclinaţie naturală spre acest lucru? Ar avea sens să facem apel la echitate şi dreptate dacă absenţa lor nu ne-ar afecta puternic? Imaginaţi-vă ce povară cognitivă am avea de dus dacă ne-am valida fiecare decizie cu o logică venită din afară. Sunt un adept convins al poziţiei lui David Hume, care spunea că raţiunea este sclava pasiunilor. Oamenii au avut de la bun început sentimente şi intuiţii morale, acesta fiind punctul în care se vede cel mai bine legătura cu celelalte primate. Nu ne-am dezvoltat moralitatea de la zero prin gândire raţională, ci am fost propulsaţi de trecutul nostru ca animale sociale.

Nu m-aş hazarda totuşi să numesc cimpanzeul o „fiinţă morală", întrucât nu e de-ajuns să ai sentimente. Noi, oamenii, ne străduim să construim un sistem coerent din punct de vedere logic şi avem dezbateri despre raportul dintre pedeapsa capitală şi argumentele privind caracterul sacru al vieţii sau punem în discuţie dacă orientarea sexuală înnăscută poate fi greşită din punct de vedere moral. Nu regăsim aceste dezbateri la alte primate. Nu există dovezi că alte animale ar evalua acţiuni care nu le afectează în mod direct. Antropologul finlandez Edward Westermarck, pionier în domeniul moralităţii, a explicat că emoţiile morale nu sunt direct legate de situaţia în care se află individul. Raportarea la bine şi la rău se face la un nivel mai abstract şi dezinteresat. Prin asta se distinge moralitatea umană: prin tendința către standarde universale, combinată cu un sistem complex de justificare, monitorizare și pedeapsă.

Aici intervine religia. Gândiți-vă la cum este justificată narativ compasiunea prin, de exemplu, parabola bunului samaritean sau cum ne este contrariat simțul dreptății de parabola lucrătorilor în vie, cu concluzia sa bine-cunoscută: „Cei din urmă vor fi cei dintâi, și cei dintâi vor fi cei din urmă". Adăugați la asta și o pasiune aproape skinneriană* pentru recompensă și pedeapsă (de la fecioarele care-i întâmpină în rai pe cei drepți până la focul veșnic al iadului care-i așteaptă pe păcătoși), precum și exploatarea dorinței noastre de a fi „demni de laudă", cum spunea Adam Smith. Oamenii sunt atât de sensibili la părerea celorlalți, încât e de-ajuns să vedem un desen cu doi ochi lipit pe un perete ca să ne comportăm cum trebuie. Religia a înțeles acest lucru cu mult timp în urmă și folosește imaginea ochiului atotvăzător ca simbol al unui Dumnezeu omniscient.

Pentru unii însă este de neconceput să atribui religiei până și un rol atât de modest. În ultimii ani, ne-am obișnuit cu un ateism strident, care susține că Dumnezeu nu e mare (Christopher Hitchens) sau că e o amăgire (Richard Dawkins). Adepții neoateismului s-au autointitulat „*brights*" („luminați")**, de unde reiese că cei care cred în Dumnezeu ar fi mai puțin deștepți. Au înlocuit ideea Sfântului Pavel potrivit căreia necredincioșii trăiesc în întuneric cu opusul ei: necredincioșii sunt singurii care au văzut lumina. Îndemnând oamenii să se încreadă în știință, aceștia doresc să stabilească originea eticii în perspectiva naturalistă asupra lumii. Și eu sunt sceptic cu privire la instituțiile religioase și la primații acestora (papi, episcopi, megapredicatori, ayatollahi și rabini), dar nu văd nici un folos în a jigni mul-

* Aluzie la psihologul american B.F. Skinner, behaviorist radical care considera că acțiunea umană este determinată exclusiv de consecințele acțiunilor anterioare ale individului (n. tr.).

** Ca și „luminat" în română, adjectivul *bright* are în engleză două sensuri: luminat/luminos și deștept (n. tr.).

țimea de oameni care prețuiesc religia. Mai mult, ce alternativă ne oferă știința? Știința nu se ocupă cu deslușirea sensului vieții și în nici un caz nu ne spune cum să ne trăim viața. Filozoful britanic John Gray spune așa: „[...] Știința nu e vrăjitorie. Îmbogățirea cunoștințelor le permite oamenilor să facă mai mult. Nu îi poate scuti însă de la a fi ei înșiși"[9]. Noi, oamenii de știință, ne pricepem să explicăm de ce lucrurile sunt așa cum sunt sau cum funcționează, și chiar cred că biologia ne ajută să înțelegem de ce moralitatea arată așa cum arată. Dar de aici până la a oferi recomandări morale e cale lungă.

Nici cel mai îndârjit ateu crescut într-o societate occidentală nu poate evita principiile de bază ale creștinismului. Nord-europenii din ce în ce mai seculari, a căror cultură mi-e familiară, se consideră în mare parte creștini. Toate realizările umane – de la arhitectură la muzică, de la artă la știință – au fost posibile în colaborare cu religia, și nu separat de aceasta. Drept urmare, nu putem ști cum ar arăta moralitatea în absența religiei. Ar trebui să găsim o cultură umană care nu este și nu a fost niciodată religioasă. Iar faptul că asemenea culturi nu există ar trebui să ne pună pe gânduri.

Și pe Bosch l-a frământat aceeași problemă: nu ce înseamnă să fii ateu – pentru că pe vremea aceea să fii ateu nu era o opțiune –, ci care este locul științei în societate. Personajele din picturile lui, care țin pe cap pâlnii cu susul în jos, sau clădirile în formă de flacoane pentru distilare și cuptoare sunt trimiteri clare la instrumentele chimiei. Indiferent de cum vedem știința astăzi, e bine să ne dăm seama că începuturile ei nu au fost tocmai raționale. Alchimia câștiga teren în vremea lui Bosch, dar era împânzită de ocultism, șarlatani și vraci, pe care pictorul i-a înfățișat cu mult umor în fața publicului lor credul. Alchimia s-a transformat într-o știință empirică numai după ce s-a descotorosit de aceste influențe și și-a elaborat proceduri de autoverificare. Contribuția științei la o societate morală continuă să fie însă neclară.

Picturile lui Bosch sunt pline de referințe la alchimie, predecesoarea mistică a chimiei. Cel mai cunoscut personaj din Grădina desfătărilor lumești, *numit și „omul-ou" sau „omul-copac", poartă pe cap un carusel cu o pipă în formă de cimpoi, care seamănă cu un vas utilizat frecvent în alchimie.*

Alte primate nu se confruntă cu astfel de probleme, desigur, dar chiar și ele tind către un anumit tip de societate. Regăsim în comportamentul lor aceleași valori pe care le respectăm și noi. De exemplu, s-au observat cazuri în care femelele cimpanzeu i-au silit pe masculi să se împace după o luptă și i-au lăsat fără arme. Mai mult, masculii de rang superior acționează în mod regulat ca arbitri imparțiali pentru a rezolva disputele din comunitate. Consider că aceste semne de *grijă pentru comunitate* dovedesc că elementele de bază ale moralității sunt mai vechi decât omul și că nu avem nevoie de Dumnezeu ca să înțelegem cum am ajuns unde suntem azi. Pe de altă parte, ce s-ar întâmpla dacă am îndepărta cu totul religia din societate? Mi-e greu să cred că știința și perspectiva naturalistă asupra lumii ar putea umple golul lăsat de religie, încurajând binele.

La sfârșitul călătoriei mele transatlantice de o săptămână, am avut timp, în avion, să citesc o parte dintre cele aproape șapte sute de reacții la postarea mea pe blog intitulată *Morals Without God?* („Morală fără Dumnezeu?“). Majoritatea comentariilor erau constructive și se fereau să dea verdicte cu privire la originile moralității. Dar ateii nu puteau rezista tentației de a ironiza religia, ceea ce eu nu intenționam să fac. Din punctul meu de vedere, e mai nobil să cauți să înțelegi nevoia de religie decât să o desființezi. Chestiunea centrală a ateismului, respectiv (in)existența lui Dumnezeu, o găsesc grozav de neinteresantă. Ce avem de câștigat luându-ne la harță în legătură cu o problemă pe care nu o putem nici dovedi, nici infirma? În 2012, Alain de Botton a agitat spiritele atunci când și-a început cartea *Religia pentru atei* cu fraza: „Cea mai anostă și neproductivă întrebare care se poate pune legat de religie, oricare ar fi ea, este dacă aceasta e sau nu *adevărată* – în sensul în care le-ar fi fost transmisă credincioșilor din ceruri în sunet de trâmbițe“[10]. Și totuși pentru unii acesta rămâne singurul subiect de discuție. Cum de-am ajuns la o așa îngustime a minții, de parcă am face cu toții parte dintr-un club de dezbateri unde nu poți decât fie să pierzi, fie să câștigi?

Știința nu are toate răspunsurile. În facultate am învățat despre „eroarea naturalistă“* și despre cum oamenii de știință ar comite aroganța supremă crezând că munca lor poate lămuri deosebirea dintre bine și rău. Asta se întâmpla la scurt timp după cel de-al Doilea Război Mondial, să nu uităm, un război care a provocat un rău uriaș în numele unei teorii științifice care propunea evoluția controlată de om. Oamenii de știință au fost puternic implicați în mașinăria genocidului, prin experimente inimaginabile. Au fost cusuți copii ca să imite gemenii siamezi,

---

* Teorie propusă de filozoful britanic George E. Moore în 1903, prin care acesta susținea că este greșit să reduci binele la ceea ce este în mod natural „plăcut“ sau „dezirabil“ (n. tr.).

s-au făcut operaţii pe viu fără anestezie şi s-au ataşat chirurgical membre şi ochi în alte părţi ale corpului decât cele fireşti. Nu am uitat această perioadă întunecată de după război, în care toţi cercetătorii care vorbeau cu un accent german erau suspecţi. Ceea ce nu înseamnă că oamenii de ştiinţă britanici şi americani ar fi fost nevinovaţi, ei fiind cei care au inventat eugenia la începutul secolului XX. Ei au sprijinit adoptarea legilor rasiste ale imigraţiei şi sterilizarea forţată a surzilor, orbilor, a celor cu boli psihice şi cu handicapuri fizice, precum şi a infractorilor şi membrilor raselor minoritare. Astfel de operaţii s-au făcut în secret pe victime aflate în spital din alte motive. Aceia dintre noi care nu vor să dea vina pe ştiinţă pentru această istorie sordidă, preferând să vorbească de pseudoştiinţă, ar fi bine să nu uite că eugenia a fost o disciplină academică serioasă în multe universităţi. În 1930 existau deja institute specializate în Anglia, Suedia, Elveţia, Rusia, America, Germania şi Norvegia. Teoriile eugenice au fost susţinute de personalităţi importante, inclusiv de preşedinţi americani. Părintele fondator al eugeniei, eruditul antropolog britanic Sir Francis Galton, a devenit membru al Royal Society şi a fost făcut cavaler cu mult după ce a îmbrăţişat ideile privind ameliorarea rasei umane. Îndeosebi Galton era de părere că cetăţeanul obişnuit este „prea prost pentru munca de zi cu zi într-o civilizaţie modernă“[11].

A fost nevoie de Adolf Hitler şi de acoliţii lui pentru ca falimentul moral al acestor idei să fie demascat. Iar consecinţa inevitabilă a fost o scădere vertiginoasă a încrederii în ştiinţă, mai ales în biologie. În anii '70, biologii încă erau în mod obişnuit asimilaţi fasciştilor, cum s-a întâmplat în timpul protestului viguros împotriva „sociobiologiei“. Eu însumi biolog, mă bucur că vremurile acelea ostile au trecut, dar în acelaşi timp mă întreb cum poate cineva să uite acest trecut şi să anunţe cu surle şi trâmbiţe ştiinţa ca pe salvatorul nostru moral. Cum am trecut de la neîncredere profundă la optimism naiv? Dacă, pe de-o parte, văd cu ochi buni ştiinţa care ţine cont de moralitate –

propria-mi muncă de cercetare se încadrează aici –, pe de altă parte, nu înțeleg cum am putea apela la știință *ca să stabilim* valorile umane (așa cum încearcă subtitlul cărții lui Sam Harris *Peisajul moral*).[12] Este pseudoștiința exclusiv de domeniul trecutului? Sunt oamenii de știință moderni mai presus de subiectivismul de ordin moral? Să ne gândim numai la „experimentul Tuskegee“ cu bolnavi de sifilis de acum câteva zeci de ani sau la faptul că medicii încă mai participă la torturarea prizonierilor de la Guantánamo Bay în ziua de azi.[13] Sunt profund sceptic cu privire la puritatea morală a științei și consider că rolul acesteia nu ar trebui niciodată să-l depășească pe cel de auxiliar al moralei.

Sursa derutei pare să fie iluzia că pentru a avea o societate bună nu avem nevoie decât de mai multă cunoaștere. Conform acestui raționament, după ce vom fi descifrat algoritmul principal al moralității, vom putea preda fără grijă totul în mâinile științei. Știința va garanta cele mai bune alegeri. Într-o oarecare măsură, e ca și cum ai crede că un critic de artă celebru trebuie să fie și un pictor excelent, sau că un gastronom este și un bucătar grozav. În definitiv, observațiile criticilor, fie ele și foarte pătrunzătoare, fac referire la anumite produse. Dacă au cunoștințele necesare, atunci de ce să nu-i lăsăm pe ei să facă toată treaba? Specialitatea criticului însă este să evalueze *post factum*, nu să creeze. Iar creația necesită intuiție, pricepere și viziune. Chiar dacă știința ne ajută să înțelegem cum funcționează moralitatea, nu o poate ghida – nu mai mult decât ar putea o persoană care știe ce gust au ouăle să facă ea însăși un ou.

Concepția despre moralitate ca set de principii imuabile sau legi pe care noi le putem descoperi ne vine până la urmă tot din religie. Nu prea contează de fapt cine formulează aceste legi – Dumnezeu, rațiunea umană sau știința. Toate aceste abordări au în comun o orientare de sus în jos, toate pleacă de la premisa că oamenii nu știu cum să se comporte și că cineva trebuie să-i învețe. Dar dacă moralitatea este produsul interacțiunii sociale de zi cu zi, și nu al unui model psihic abstract? Dacă își are rădăcinile în emoții, care în majoritatea timpului nu se supun categoriilor atât de dragi științei? Întrucât îmi propun ca această carte să fie o pledoarie în favoarea abordării de jos în sus, voi reveni, desigur, la acest subiect. Punctul meu de vedere corespunde cu ceea ce știm despre modul în care funcționează mintea omului, anume cu faptul că reacțiile viscerale apar înaintea raționamentelor, și cu felul în care evoluția produce comportamentul. Un bun punct de pornire este acceptarea faptului că suntem animale sociale la bază și a felului în care acest lucru ne predispune să ne comportăm față de semeni. Această abordare merită luată în considerare într-un moment în care nici chiar ateii mărturisiți nu se pot dezbăra de o moralitate semireligioasă, crezând că lumea ar fi mai bună dacă preoțimea în halate albe i-ar lua locul celei în sutană.

Capitolul 2

CUM EXPLICĂM BUNĂTATEA

Instinctele sociale îl fac pe animal să simtă plăcere în societatea semenilor săi, să simtă o oarecare simpatie față de ei și să execute pentru ei diferite servicii.

– Charles Darwin[1]

Amos a fost unul dintre cei mai frumoși masculi pe care i-am cunoscut – mai puțin în ziua în care și-a îndesat două mere în gură, dovedindu-mi încă o dată că cimpanzeii pot să facă lucruri pe care noi nu putem să le facem. Avea ochii mari, fața prietenoasă, simetrică, blana neagră și lucioasă și mușchi bine conturați la mâini și la picioare. N-a fost niciodată prea agresiv, cum sunt unii masculi; cu toate astea era extrem de sigur pe sine în zilele lui de glorie. Amos a fost iubit. Unii dintre noi l-am plâns când a murit, iar suratele lui primate au fost ciudat de tăcute câteva zile. Nici poftă de mâncare nu prea mai aveau.

La momentul respectiv, nu am știut de ce suferea, dar am aflat post-mortem că, pe lângă un ficat foarte mărit, care-i umplea practic abdomenul, avea și mai multe tumori canceroase. Pierduse 15% din greutatea pe care o avea cu un an înainte, dar, deși era bolnav de mai mulți ani, se comportase normal până când organismul lui a cedat din senin. Se simțise, pesemne, extrem de rău în ultimele luni, dar orice semn de vulnerabilitate ar fi însemnat să-și piardă poziția socială. Cimpanzeii par să fie conștienți de asta. În sălbăticie s-a observat cum un mascul care șchiopăta s-a izolat mai multe săptămâni până i s-au vindecat rănile, făcându-și însă din când în când apariția în mijlocul grupului său ca să-și demonstreze forța și vigoarea, după care se retrăgea din nou. Astfel se asigura că nimeni nu și-o ia în cap.

Nimeni nu a observat că Amos era bolnav până în preziua morții lui. Când l-am găsit, gâfâia cu o viteză de șaizeci de respirații pe minut, cu transpirația curgându-i pe față, și stătea pe un sac de pânză într-una dintre cuștile de noapte, în timp ce alți cimpanzei ieșiseră afară la soare. Amos a refuzat să iasă, așa că l-am ținut izolat până când a venit un veterinar să-l consulte. Cum ceilalți cimpanzei tot veneau înăuntru să vadă ce face, am lăsat întredeschisă ușa încăperii în care se afla Amos ca să le permitem accesul. Amos s-a așezat chiar în deschizătura ușii, iar una dintre femele, Daisy, l-a apucat cu blândețe de cap și a început să-l toaleteze în spatele urechilor. Apoi a început să împingă cantități mari de lână de lemn prin deschizătură. Lâna de lemn e un fel de rumeguș în care cimpanzeilor le place să se cuibărească. Și-l pun de jur împrejur și se culcă pe el. După ce am văzut-o pe Daisy dându-i lână de lemn lui Amos, am mai văzut un mascul făcând la fel. Cum Amos stătea cu spatele la perete și nu băga în seamă rumegușul, Daisy s-a întins de câteva ori ca să pună niște rumeguș între el și perete.

A fost extraordinar. E destul de clar că Daisy a înțeles că Amos nu se simțea bine și l-a ajutat să se sprijine pe ceva moale, așa cum și noi punem perne la spatele unui bolnav în spital. Daisy a pornit probabil de la felul în care se simte *ea* când se cuibărește în lâna de lemn, mai ales că știm cu toții că e nebună după lâna de lemn (în loc s-o împartă cu ceilalți, o ține doar pentru ea). Sunt convins că primatele pot adopta perspectiva celuilalt, mai ales când e vorba de prieteni aflați în nevoie. E adevărat că experimentele de laborator nu au confirmat mereu aceste abilități, dar în aceste experimente primatelor li se cere de obicei să se pună în locul *oamenilor*, într-un mediu artificial.

Am spus deja că știința suferă de subiectivism antropocentric. În testele în care primatele trebuiau să empatizeze cu alte primate, cimpanzeii s-au descurcat mult mai bine, iar în sălbăticie țin cont de ceea ce ceilalți știu sau nu știu.[2] Așadar, n-ar trebui să ne surprindă faptul că Daisy părea să înțeleagă ce simțea Amos.

A doua zi, Amos a fost eutanasiat. Nu avea nici o șansă să trăiască, și l-ar fi așteptat dureri și mai mari. Acest incident a relevat două aspecte contrastante ale vieții sociale a primatelor. Pe de o parte, primatele trăiesc într-o lume nemiloasă, care-i obligă pe masculi să-și ascundă handicapurile fizice cât mai mult cu putință, pentru a-și păstra imaginea dură. Pe de altă parte însă, cimpanzeii sunt membri ai unei comunități cu legături strânse, în care pot conta pe afecțiunea și ajutorul celorlalți, inclusiv pe al celor cu care nu sunt înrudiți. Astfel de dualități sunt greu de înțeles. Autorii cărților de popularizare preferă să simplifice lucrurile și prezintă viețile cimpanzeilor fie în culori hobbesiene, pline de brutalitate și răutate, fie accentuând latura lor prietenoasă, dar de fapt situația e mai complexă. Cele două realități coexistă. Când cineva mă întreabă cum se poate afirma despre cimpanzei că ar avea empatie, dat fiind că se omoară între ei uneori, îi răspund întotdeauna că, preluând analogia, ar trebui să renunțăm cu totul și la ideea de empatie umană.

Dualitatea aceasta este foarte importantă. Moralitatea ar fi redundantă dacă am fi în mod universal buni. Ce motiv de îngrijorare am mai avea dacă oamenii n-ar face altceva decât să-și arate compasiune unii altora, dacă n-ar fura niciodată, dacă n-ar înșela sau n-ar râvni la femeia aproapelui lor? E evident că nu suntem deloc așa, de aceea avem nevoie de norme morale. Pe de altă parte, degeaba am concepe noi milioane de reguli care să încurajeze respectul și grija față de celălalt dacă nu am avea deja o înclinație în acest sens. Ar fi ca și cum am semăna niște semințe într-o farfurie de sticlă: n-ar avea nici o șansă să prindă rădăcini. Ceea ce ne permite să discernem între bine și rău este faptul că putem fi și buni, și răi.

Felul în care Daisy l-a ajutat pe Amos se califică oficial drept „altruism“ – acel tip de comportament care pe tine te costă ceva (de pildă, energia sau asumarea unui risc), dar îi foloseşte celuilalt. Când analizează altruismul, cei mai mulţi biologi nu-şi bat capul cu ceea ce ar putea motiva acest tip de comportament, ci se preocupă doar de impactul lui asupra celorlalţi şi de modul în care evoluţia l-a produs. Deşi dezbaterea e veche de 150 de ani, a ajuns cu adevărat în lumina reflectoarelor în ultimii zeci de ani .

DIN PUNCTUL DE VEDERE AL GENELOR

„Puneţi-vă întâi masca dumneavoastră de oxigen şi abia după aceea ajutaţi-i pe ceilalţi“, ni se spune la începutul fiecărui zbor cu avionul. Altruismul ne cere să avem înainte de toate grijă de noi înşine, lucru la care nu s-a priceput deloc unul dintre teoreticienii de frunte din acest domeniu, a cărui viaţă este povestită de istoricul israelian al ştiinţei Oren Harman în pasionanta sa carte *The Price of Altruism.*

George Price a fost un chimist american excentric care în 1967 s-a mutat la Londra, unde a devenit expert în genetica populaţiilor şi a încercat să dezlege misterul altruismului cu ajutorul unor formule matematice strălucite. N-a reuşit însă să-şi rezolve problemele personale. În viaţa pe care o dusese până atunci nu fusese deloc atent cu ceilalţi (şi-a abandonat soţia şi fiicele şi nu a fost deloc un fiu bun pentru mama lui în vârstă), şi deodată a căzut în cealaltă extremă. Dintr-un ateu şi sceptic convins a devenit un creştin pios, dedicându-şi viaţa vagabonzilor din oraş. Şi-a dat toată averea şi s-a neglijat pe sine. La vârsta de cincizeci de ani, era deja cocârjat şi scofâlcit ca un bătrân, fără dinţi şi răguşit. În 1975, Price s-a sinucis cu o foarfecă.

Price se înscrie într-o tradiţie cu vechime, a celor care cred că altruismul şi egoismul sunt contradictorii. Cu cât prăpastia

Altruismul la elefanții care trăiesc în câmpiile Kenyei. Cu colții, Grace (dreapta) a ridicat-o în picioare pe Eleanor, cu toate cele trei tone ale ei, apoi a împins-o, încercând s-o facă să meargă. Dar Eleanor a căzut la loc și până la urmă a murit. Grace a început să mugească și să secrete abundent din glandele temporale – semn de mare tulburare. Fiecare dintre ele conducea câte o turmă, așadar, cel mai probabil, nu erau înrudite.

dintre cele două e mai mare, cu atât dilema originii altruismului este mai profundă. Și lumea nu duce lipsă de astfel de enigme. Încercând să-și apere stupul, albinele melifere mor la scurt timp după ce i-au înțepat pe intruși. Cimpanzeii se apără unii pe alții atunci când sunt atacați de leoparzi. Veverițele se avertizează între ele când observă un pericol. Elefanții încearcă să-și ridice prietenii căzuți la pământ. Dar de ce ar acționa un animal în beneficiul altuia? N-ar fi împotriva legilor firii?

Oamenii de știință au cercetat, au dezbătut și s-au ciondănit pe marginea unei probleme teoretice care profanilor li se pare ezoterică, dar care se află în centrul ultimelor progrese în domeniul biologiei comportamentale și al psihologiei evoluționiste. Pe lângă drama vieții și morții lui Price, au mai existat o mulțime de alte episoade și întâlniri memorabile. Una dintre ele este povestea cât se poate de ironică despre cum John Maynard

Smith, un celebru biolog evoluționist britanic, i-a adus și mai celebrului J.B.S. Haldane, aflat pe patul de moarte, o carte în care apărea ideea că păsările evită suprapopularea limitându-și reproducerea. Un biolog ar interpreta situația drept altruism, întrucât le permite celorlalți să se reproducă în defavoarea individului. În anii care au urmat, ideea a fost ridiculizată în fel și chip, dat fiind cât de puțin probabil părea ca animalele să pună binele comun înaintea binelui individual. Haldane a intuit îndată problema și obișnuia să le spună vizitatorilor săi cu un zâmbet malițios:

> Păi, cum stau cocoșii ăștia de mesteacăn înfoiați și pășesc țanțoș de colo-colo, din când în când trece o puicuță și unul dintre ei se împerechează cu ea. Și au un băț, iar de fiecare dată când se împerechează cu o femelă fac o crestătură pe băț. După ce au ajuns la douăsprezece crestături și apare încă o femelă, ei îi spun: „Gata, doamnelor, ajunge de-acum!“[3]

Autorii cărților de popularizare subliniază felul în care trăsăturile individuale ajută la supraviețuirea speciei sau a grupului, și totuși mulți biologi (printre care și eu) sunt reticenți când e vorba de scenarii evoluționiste care pun accentul pe grup. Motivul este că cele mai multe grupuri nu acționează ca niște unități genetice. La primate, de exemplu, aproape toți membrii de un anumit sex (masculii în cazul celor mai multe maimuțe, dar femelele în cazul primatelor antropoide) își părăsesc familia la pubertate și se alătură grupurilor vecine, așa cum oamenii merg adesea după căsătorie să locuiască în tribul partenerului. Acest lucru face imposibilă urmărirea legăturilor de rudenie. Grupurile de primate sunt prea „laxe“ genetic pentru ca selecția naturală să le poată controla. Singurele unități care s-ar putea califica sunt cele care au o bază genetică comună, cum ar fi familiile extinse. Haldane a fost unul dintre arhitecții principali ai „perspectivei genelor“ asupra evoluției. Privit din punctul de vedere al genelor, altruismul capătă o semnificație aparte. Chiar dacă îți dai viața ca să salvezi o rudă, genele pe care le ai în comun cu ruda respectivă sunt perpetuate. Să-ți ajuți rudele, prin urmare, e ca și cum te-ai ajuta pe tine însuți. Beat fiind, aplecat deasupra unei beri, Haldane ar fi spus cu limba împleticindu-i-se: „Aș sări în râu pentru doi frați și opt veri“, anunțând astfel teoria selecției familiale* propusă de William Hamilton, unul dintre cei mai însemnați și mai cumsecade biologi de la Charles Darwin încoace.

Am adăugat „cumsecade“ ca să evidențiez contrastul dintre Hamilton și omul de știință care a inaugurat conceptul de „selecție familială“ într-un articol în care folosea ideea lui Hamilton fără să-l menționeze în vreun fel. E vorba de Maynard Smith, pomenit mai sus, care, auzind ideea lui Hamilton, se spune că ar fi exclamat: „Sigur că da, cum de nu m-am gândit până acum!“[4] Din clipa în care a aflat cine era lectorul anonim a cărui recenzie întârziase publicarea importantei sale lucrări, Hamilton i-a purtat lui Maynard Smith o ranchiună pătimașă, deși acesta s-a scuzat în repetate rânduri. Price era să pățească același lucru atunci când Maynard Smith a vrut să-i preia ideile despre autocontrol în luptă („De ce nu-și folosesc șerpii veninoși colții letali unii împotriva altora?“) menționându-l la mulțumiri, și atât; din fericire, Price a reușit să obțină drepturi de coautor.

Inițial, selecția familială a pus în umbră orice discuție despre altruism, din cauză că știința s-a concentrat pe insectele sociale, albinele și termitele, care trăiesc în colonii alcătuite din rude apropiate. A apărut apoi o altă explicație, care s-a bucurat de aceeași atenție. Robert Trivers, un biolog evoluționist american, a avansat ideea că cooperarea între indivizi neînrudiți se întemeiază de obicei pe altruismul reciproc: actele de întrajutorare cu costuri pe termen scurt produc avantaje pe termen lung dacă sunt mutuale. Dacă salvez un prieten de la înec, iar el mă salvează la rândul lui în circumstanțe similare, vom avea amândoi

* În original, *kin selection* (n. tr.).

de câștigat mai mult decât dacă am fi fost singuri. Altruismul reciproc permite dezvoltarea rețelelor de cooperare dincolo de legăturile de rudenie.

Nu trebuie să ne surprindă că majoritatea celor angajați în această căutare îndelungată au avut parti pris-uri politice. Unul dintre ei, statisticianul și biologul britanic Ronald Fisher, a fost un eugenist recunoscut, care considera că rasa umană are mare nevoie să fie îmbunătățită genetic. Un alt om de știință, pe numele lui John von Neumann, american de origine maghiară specializat în teoria jocurilor, a fost atât de entuziasmat de propriile calcule, încât în 1955 a îndemnat senatul american să lanseze bomba atomică în URSS cu următoarele cuvinte: „Voi spuneți: am putea să le-aruncăm bomba și mâine. Eu însă vă întreb: de ce nu azi?“[5] Alți cercetători implicați au fost comuniști cu carnet de partid, iar printre precursori se numără, desigur, Piotr Kropotkin, prințul rus anarhist. În ciuda acuzațiilor venite din tabăra adversă potrivit cărora biologia evoluționistă ar fi o conspirație a dreptei, dezbaterea despre altruism a avut loc mai degrabă în stânga decât în dreapta spectrului ideologic. Știu acest lucru din experiență proprie, pentru că Trivers și răposatul Hamilton se întâlneau ocazional în California, la întâlnirile organizate de Gruter Institute for Law and Behavioral Research, din care am făcut parte vreme de decenii. I-am luat la un moment dat un interviu lui Bob Trivers în legătură cu implicațiile teoriei lui. Iată unul dintre răspunsurile lui:

> FdW: Citind printre rânduri, recunosc în lucrarea dumneavoastră același tip de angajament social care se află și în spatele ideilor dezvoltate de Kropotkin...
>
> Trivers: Nu vă înșelați în legătură cu preferințele mele politice. După ce am abandonat matematica și-mi căutam ceva de făcut la facultate, am zis (ton bombastic autoironic): „Bun, o să mă fac avocat și o să lupt pentru drepturile civile și împotriva sărăciei!“ Cineva mi-a sugerat să studiez istoria Statelor Unite, dar pe vremea aia, la începutul anilor ’60, în cărțile de istorie nu găseai nici urmă de atitudine critică. Așa că în cele din urmă am studiat biologia.

Dat fiind că mi-am păstrat convingerile politice liberale,* am simțit o mare mulțumire, sufletește vorbind, să văd că, dacă se merge pe argumentul reciprocității, se ajunge destul de repede la motivația dreptății și echității, de cealaltă parte a baricadei față de tradiția nesuferită a dreptului celui mai puternic din biologie.[6]

După ce a participat la înmormântarea lui Price, Hamilton s-a dus să recupereze manuscrisele răposatului om de știință din apartamentul pe care acesta îl ocupase abuziv, adăugând că simțise o legătură puternică cu bărbatul care până la sfârșitul vieții ajunsese să vorbească cu Dumnezeu („În toate încerc să fiu robul lui Dumnezeu și îi prezint chestiuni mici sau mari ca să decidă El în locul meu“).[7] Una dintre explicațiile pentru moartea prematură a lui Price este că a fost profund tulburat de implicațiile neplăcute ale propriilor calcule, cum ar fi imposibilitatea dezvoltării loialității în cadrul grupului de care indivizii aparțin (endogrup) fără o evoluție în direcția torturării, violării și uciderii celor din grupul de care indivizii nu aparțin (exogrup). Gândul că fără reversul său negativ altruismul nici nu ar fi apărut îl umplea de deznădejde. Dar Price mai credea și că interesul personal stă în calea adevăratului altruism. Această neînțelegere uriașă s-ar putea să-l fi costat viața. În dorința lui de a testa limitele naturii umane, și-a pus la încercare propria capacitate de sacrificiu de sine. Însă altruismul uman nu funcționează așa. El se dezvoltă din empatia față de cei aflați în necaz, iar întregul sens al empatiei este ștergerea graniței dintre sine și celălalt. Prin urmare, distincția dintre egoism și altruism este mai degrabă neclară.

Înțelegând că empatia trebuie să se regăsească în orice teorie despre altruismul uman, Trivers a testat conceptul pe Hamilton: „Mai demult am vorbit cu Bill despre asta. I-am zis: «Ce părere

* În tradiția politică americană, liberalii ocupă stânga spectrului politic, spre deosebire de tradiția europeană, în care liberalii sunt de dreapta (n. tr.).

ai despre empatie, Bill?»; iar el mi-a răspuns: «Ce e empatia?» Ca şi cum n-ar fi existat vreodată aşa ceva“[8]. Păcat, aş adăuga eu, pentru că dacă am fi cercetat mai îndeaproape *mecanismul* altruismului am fi înlăturat controversa şi am fi ştiut mai multe despre ce pot face genele. Drumul de la gene la comportament nu e în nici un caz drept, iar psihologia care produce altruismul merită la fel de multă atenţie ca genele în sine. Eroarea primelor teoretizări a fost că au ignorat aceste complexităţi.

Empatia le este caracteristică mai ales mamiferelor, deci greşeala şi mai profundă a fost că marii gânditori nu au făcut distincţie între diferitele tipuri de altruism. Există albinele, care-şi dau viaţa pentru stup, şi milioanele de celule ale unui tip de amibă* care se unesc şi formează un organism gigantic, asemănător unui limax, cu unicul scop de a permite câtorva dintre ele să se reproducă. Acest fel de sacrificiu a fost pus pe acelaşi plan cu sacrificiul unui om care sare într-un râu îngheţat ca să salveze un necunoscut sau cu cel al cimpanzeului care îşi împarte mâncarea cu un orfan care plânge. Din perspectivă evoluţionistă, cele două feluri de întrajutorare sunt comparabile, dar psihologic vorbind sunt radical diferite. Putem să vorbim de motivaţii la amibe? Iar când albinele înţeapă nu acţionează mai degrabă sub impulsul agresivităţii decât al motivelor benigne pe care le asociem noi cu altruismul? Mamiferele au ceea ce eu numesc „impulsul altruist“, în sensul că reacţionează la semnele de suferinţă ale semenilor şi simt nevoia să le îmbunătăţească starea. A recunoaşte nevoile altora şi a reacţiona pe măsură e cu totul altceva decât tendinţa preprogramată de a te sacrifica pentru binele genetic.

Din cauză că „perspectiva genelor“ a câştigat tot mai mulţi adepţi, aceste diferenţe au fost trecute cu vederea. S-a ajuns astfel la o concepţie cinică despre natura umană şi cea animală.

---

* Mai precis, e vorba de grupul Dictyosteliida, care face parte din grupul mai mare şi eterogen Mycetozoa (n. tr.).

Rolul impulsului altruist a fost minimalizat, chiar ridiculizat, iar moralitatea a fost scoasă din discuție. Am ajuns să fim doar puțin mai buni decât insectele sociale. Bunătatea umană era percepută ca o mascaradă, iar moralitatea – o spoială subțire peste un cazan plin cu înclinații urâte. Originea acestei perspective, pe care am numit-o „teoria moralității de fațadă", o găsim la Thomas Henry Huxley, cunoscut și sub numele de „buldogul lui Darwin".

FUNDĂTURA BULDOGULUI

Ideea că Huxley l-a apărat pe Darwin e întru câtva comparabilă cu ideea că eu l-aș fi apărat pe Albert Einstein. Nu pot să pricep teoria relativității, și pace. Pur și simplu nu am o gândire suficient de matematică, deși pot să urmăresc analogia cu trenul care prinde viteză și alte simplificări pentru neinițiați. Einstein nu s-ar putea aștepta de la mine la altceva decât la o poveste plină de trucuri retorice despre cum cred eu că el a avut o idee grozavă, mult deasupra ideilor mecanice ale lui Newton. Nu i-ar fi de prea mare ajutor, bineînțeles, dar ar aduce cu ce i s-a întâmplat lui Darwin când Huxley a început să-i pledeze cauza. Huxley nu avea nici un fel de diplomă, dar era cunoscut ca un autodidact în anatomia comparată. Era însă faimos pentru reticența de a îmbrățișa teoria selecției naturale ca motor principal al evoluției, și avea o problemă și cu gradualismul. Nu vorbim aici de detalii minore, de aceea nu e de mirare că unul dintre biologii de seamă ai secolului trecut, Ernst Mayr, a conchis dur că Huxley „nu a fost nicidecum un reprezentant autentic al gândirii darwiniste"[9].

Huxley este faimos pentru că a șters pe jos cu episcopul „Soapy Sam" Wilberforce într-o dezbatere publică din 1860 despre evoluție, în care episcopul a întrebat în batjocură dacă Huxley se trăgea din primate din partea bunicului sau a bunicii. Se spune că Huxley ar fi răspuns că nu l-ar deranja să fie progenitura unei primate, dar i-ar fi foarte rușine să fie rudă cu cineva care abuzează de darurile sale oratorice ca să ascundă adevărul.

Totuși e bine să privim această poveste celebră cu ceva rezerve. Pe lângă faptul că a fost ticluită zeci de ani după momentul înfruntării, mai e o problemă: vocea lui Huxley nu era suficient de puternică ca să se impună în fața unui public. În timpurile dinainte de apariția microfonului, acest lucru conta. Unul dintre oamenii de știință prezenți a scris cu dispreț că Huxley nu a fost în stare să cuprindă cu vocea așa o adunare mare și că el, botanistul Joseph Hooker, a fost cel care l-a înfruntat pe episcop: „L-am făcut praf în mijlocul ropotelor de aplauze. Cu prima ocazie, i-am plasat o lovitură decisivă folosind cuvintele rostite chiar de el“. Episcopul însuși, apropo, a părăsit disputa convins că și-a aranjat cum se cuvine adversarii.[10]

Thomas Henry Huxley, combativul apărător public al lui Darwin, se considera „agnostic“. Înclinația sa religioasă puternică îl împiedica însă să fie de acord cu Darwin în privința evoluției morale, pe care o socotea imposibilă (caricatură de Carlo Pellegrini apărută în revista Vanity Fair *din 28 ianuarie 1871).*

După toate probabilitățile, a fost una dintre acele rare dezbateri în care toată lumea a câștigat! Dar Huxley a fost cel care a rămas în istorie ca mare apărător al științei împotriva religiei. Fiind o persoană mult mai reținută, Darwin avea nevoie de un soldat de partea sa, care să-i susțină ideile controversate. Lui Huxley îi plăcea să se certe și căuta o cauză pe care să o îmbrățișeze. După ce a citit *Originea speciilor*, s-a oferit bucuros să-l ajute pe Darwin: „În chip de pregătire, îmi ascut ghearele și ciocul“[11].

Un element care a contribuit la reputația de nimicitor al religiei a lui Huxley este faptul că a inventat termenul „agnostic“, însemnând că nu putea fi sigur de existența lui Dumnezeu. Pentru el, agnosticismul era însă o metodă, nu un crez. Huxley promova argumentele științifice bazate pe dovezi, și nu pe cele care decurgeau dintr-o autoritate superioară, poziție pe care astăzi o numim „raționalistă“. Huxley merită admirație pentru acest pas important în direcția corectă, însă marea ironie este că, de fapt, el a rămas profund religios, permițând acestui lucru să-l influențeze. Se prezenta drept un „calvinist științific“, iar mare parte din gândirea lui se conforma doctrinei sumbre, lipsite de bucurie a păcatului originar. Dat fiind că suferința din lume e o certitudine, afirma el, nu putem decât să strângem din dinți și să răbdăm – era adeptul unei „filozofii de tipul «zâmbește și rabdă»“[12]. Naturii îi lipsește capacitatea de a produce ceva bun, sau, cu cuvintele lui Huxley însuși:

> Doctrina predestinării, cea a păcatului originar, a depravării înnăscute a omului și a vieții în slujba răului a celei mai mari părți a rasei, doctrina întâietății Satanei în această lume, a răutății fundamentale a materiei, a unui Demiurg rău subordonat unui Dumnezeu bun, care ni s-a dezvăluit de puțină vreme, oricât de viciate ar fi aceste doctrine, mie îmi par totuși mai aproape de adevăr decât iluziile „liberale“ pe placul multora care ne spun că pruncii se nasc buni.[13]

Întâietatea Satanei? Sunt acestea cuvintele unui agnostic? Cu cartea lui intitulată *Lay Sermons* (*Predici laice*), Huxley a putut să facă concurență directă predicilor de la amvon. A adoptat un ton atât de moralizator, încât criticii l-au etichetat habotnic și puritan convins. Atitudinea religioasă a lui Huxley îmbracă haina aspirației către un adevăr obiectiv, explică teoria moralității de fațadă și perspectiva întunecată a acesteia asupra naturii umane. Pentru el, morala oamenilor era o victorie în fața naturii, un triumf comparabil cu o grădină bine îngrijită. Grădinarul duce o luptă zilnică împotriva sălbăticiei. Cum spunea Huxley, horticultura se opune cosmosului. Natura încearcă să submineze eforturile grădinarului năpădindu-i grădina cu buruieni, limacși și alți invadatori detestabili, gata să sugrume plantele exotice pe care acesta vrea să le cultive.

Metafora aceasta spune totul: morala este o reacție specific omenească la procesul haotic și nemilos al evoluției. În bine-cunoscuta prelegere pe care a ținut-o în 1893 pe această temă în fața unui public numeros la Oxford, Huxley și-a rezumat astfel punctul de vedere:

> A practica binele etic – ceea ce noi numim bunătate sau virtute – presupune o conduită care, din toate punctele de vedere, se opune acelor lucruri care asigură succesul în lupta cosmică pentru existență.[14]

Din păcate, anatomistul nu a oferit nici un fel de indicii în legătură cu posibila sursă a voinței și a puterii de care au nevoie oamenii pentru a-și birui firea. Dacă înclinația spre bine ne lipsește, atunci cum și de ce am hotărât să devenim cetățeni model? Și, dacă acest lucru e în avantajul nostru, atunci de ce a refuzat natura să ne dea o mână de ajutor? De ce să muncim necontenit ca să ne ținem impulsurile imorale în frâu? E bizară teoria, dacă o putem numi așa, potrivit căreia moralitatea este o idee care a apărut târziu în cursul evoluției pentru a ascunde faptul că suntem niște păcătoși. E de reținut că această perspectivă sumbră îi aparține în totalitate lui Huxley. Sunt de acord cu Mayr când spune că nu seamănă prin nimic cu gândirea lui Darwin. Cum spune biograful lui Huxley: „Și-a cârmuit arca morală împotriva curentului darwinist care-l adusese până în acel punct“[15].

În cele din urmă, Darwin a ajuns să aibă mare nevoie de un apologet care să-l combată pe apărătorul său public. Și a găsit unul în persoana lui Kropotkin, un naturalist de primă mână. În timp ce Huxley era un băiat de la oraș care nu prea văzuse animale vii, Kropotkin călătorise în Siberia și observase că cel mai adesea întâlnirile dintre animale nu se asemănau luptelor de gladiatori, așa cum susținea Huxley, care își imagina „o luptă continuă fără reguli“. Kropotkin văzuse că indivizi din aceeași specie cooperau adeseori. Ca să supraviețuiască, animalele se cuibăreau împreună împotriva frigului sau își uneau forțele împotriva prădătorilor – cum fac, de pildă, caii sălbatici ca să se apere de lupi. Kropotkin a discutat aceste lucruri în cartea sa din 1902 *Mutual Aid* (*Întrajutorarea*), carte îndreptată explicit împotriva „infidelilor“ precum Huxley, care îl interpretaseră greșit pe Darwin. Nimic de zis, Kropotkin a exagerat în cealaltă direcție, alegând pe sprânceană exemplele de solidaritate animală care îi confirmau vederile politice, dar a avut dreptate să conteste imaginea lui Huxley despre natură, o imagine desprinsă de realitate.

Pentru mine, întrebarea fundamentală este cum se poate ieși din fundătura lui Huxley. Dacă nu putem vorbi despre Dumnezeu și dacă nici evoluția nu ne oferă răspunsuri, atunci cum putem explica moralitatea umană? Dacă renunțăm și la religie, și la biologie, nu ne rămâne decât o gaură neagră. Iar cel mai uimitor este că tocmai biologii, asemenea unor șoferi nepricepuți, ne-au adus, un secol mai târziu, pe aceeași stradă înfundată.

VIAȚA MEA DE BROASCĂ ÎNTR-UN CLOSET

În Australia, se întâmplă frecvent să găsești o broască măricică în closet. Dacă încerci s-o scoți, broasca sare înapoi în vas și se fixează pe pereții acestuia cu labele ei ca niște ventuze, pentru a face față tsunamiurilor provocate de oameni. Broaștele nu par deloc deranjate de reziduurile evacuate în vasul de toaletă.

Pe mine însă mă deranjează foarte! M-am simțit ca o broască într-un closet pe parcursul ultimilor treizeci de ani ai secolului trecut. A trebuit să mă țin cu toată puterea de fiecare dată când mai apărea o carte despre condiția umană, fie că era scrisă de biologi, antropologi sau jurnaliști specializați în știință, pentru că cele mai multe dintre ele susțineau idei care contraziceau flagrant felul în care percep eu specia noastră. Avem două opțiuni: să considerăm că oamenii sunt în mod natural buni, dar au capacitatea de a face rău, sau să credem că sunt în mod natural răi, dar capabili de bine. Eu aleg prima variantă, dar literatura de specialitate se concentra exclusiv pe partea negativă. Până și trăsăturile bune erau puse într-o lumină nefavorabilă. Animalele și oamenii își iubesc familiile? E o dovadă de „nepotism". Cimpanzeii își lasă prietenii să le mănânce din mână mâncarea? Înseamnă că aceștia „șterpelesc" și „trăiesc pe spinarea altuia". Predomina neîncrederea față de bunătate. Iată o afirmație caracteristică, citată la nesfârșit în acest tip de literatură:

> Când lăsăm sentimentalismul la o parte, nu vedem nici cel mai mic indiciu de milă veritabilă care să ne lumineze viziunea despre societate. Ce trece drept cooperare se dovedește a fi un amestec de oportunism și exploatare. [...] Dacă i se dă ocazia să acționeze în interes propriu, doar conformismul îl împiedică [pe om] să nu-și brutalizeze, schilodească sau să nu-și ucidă fratele, partenerul, părintele sau copilul. Zgârie un „altruist" și vei vedea cum sângerează un „ipocrit".[16]

Altruiștii nu sunt decât niște ipocriți în viziunea lui Michael Ghiselin, biolog american foarte cunoscut pentru studiile sale despre moluștele marine, una dintre armele defensive ale acestora (ghiselinina) purtându-i numele. Dar observațiile de mai sus nu se referă la moluște, ci la oameni. Și au dat tonul multor alte scrieri, inclusiv, douăzeci de ani mai târziu, cărții *The Moral Animal* a jurnalistului Robert Wright: „[...] Este la fel de tipic pentru oameni să se prefacă altruiști pe cât este să nu fie deloc“[17]. Apoi mai este și George Williams, biologul evoluționist american care a adoptat probabil cea mai extremă poziție. Trecând în revistă motivele pentru care natura este „o mizerie“, i s-a părut că să o numească „amorală“ sau „indiferentă moral“, cum o caracterizase cu înțelepciune Huxley, nu era de-ajuns. Așa că a acuzat natura de „imoralitate flagrantă“, devenind astfel primul și, să sperăm, ultimul biolog care a atribuit procesului evolutiv calitatea de actor moral.[18]

De obicei, linia de argumentație arăta cam așa: (1) selecția naturală este un proces egoist și urât, (2) din el nu pot rezulta decât indivizi egoiști și nesuferiți și (3) doar romanticii cu flori în plete pot să creadă altceva. Desigur, s-a afirmat că Darwin ar fi fost de acord cu expulzarea moralității din domeniul naturii, ca și cum Darwin ar fi putut vreodată să ajungă în fundătura lui Huxley. Darwin era prea deștept ca să comită o astfel de greșeală, după cum voi explica mai jos, și de aceea culmea absurdității a fost atinsă când Richard Dawkins s-a lepădat public de Darwin, spunându-i unui intervievator în 1997 că „în viața politică și socială suntem îndreptățiți să renunțăm la darwinism“[19].

Refuz să mai citez alte fragmente sulfuroase. Singurul om de știință care a ajuns la o concluzie perfect logică – deși nu sunt deloc de acord cu ea – a fost Francis Collins, șeful celei mai mari agenții federale americane pentru cercetare, National Institutes of Health. După ce a citit toate acele cărți care se îndoiesc de evoluția moralității și observând că totuși umanitatea prezintă o doză de moralitate, Collins nu a găsit altă explicație decât o forță supranaturală: „Legea moralei e pentru mine cel mai mare indiciu că există Dumnezeu“[20].

Cum era de așteptat, respectatul genetician a devenit batjocura mișcării atee care abia se năștea. Unii spuneau că ar fi poluat știința cu credință, în timp ce Dawkins, cu indulgența-i caracteristică, a zis despre el că „nu-i un tip prea deștept“[21]. Ce mai conta rădăcina problemei, respectiv că, rasolind chestiunea moralităţii, biologii au lăsat uşa larg deschisă explicaţiilor alternative. Se putea evita întregul episod dacă Collins ar fi avut la dispoziţie o literatură despre evoluţie mai bine cumpănită, care să urmeze tradiţia *Descendenţei omului* a lui Darwin. Cine citeşte această carte îşi dă seama că nu avem absolut nici un motiv să ne debarasăm de bătrânul Darwin, care nu se sfieşte să pună pe acelaşi plan moralitatea şi procesul evolutiv şi să recunoască capacitatea omului de a fi bun. Şi mai interesant, din punctul meu de vedere, e că Darwin vedea o continuitate emoţională între celelalte animale şi noi. Pentru Huxley, animalele nu erau decât nişte maşinării, însă Darwin a scris o carte întreagă despre emoţiile acestora, inclusiv despre capacitatea lor de a simţi compasiune. Unul dintre exemplele sale memorabile a fost cel al unui câine care nu trecea niciodată pe lângă coşul în care se afla un prieten bolnav, o pisică, fără să o lingă în semn de afecţiune. În ultimul său mesaj către Huxley, chiar înainte să moară, Darwin nu s-a putut abţine să nu ia puţin peste picior înclinaţia carteziană a prietenului său, dându-i de înţeles că, dacă animalele sunt nişte maşinării, atunci şi oamenii sunt la fel: „Numai Dumnezeu ştie cât mi-aş dori să fie mai multe maşinării ca tine pe lume“[22].

Scrierile lui Darwin nu sprijină în nici un fel teoria moralităţii de faţadă. Una dintre speculaţiile sale a fost că moralitatea s-a dezvoltat direct din instinctele sociale ale animalelor şi, prin urmare, „ar fi absurd să considerăm că aceste instincte au evoluat din egoism“[23]. Darwin a înţeles că omul poate da dovadă de altruism autentic, cel puţin la nivel psihologic. Asemenea multor biologi, a delimitat clar *procesul* selecţiei naturale, care într-adevăr nu are nimic agreabil, de multele sale *rezultate*, care acoperă o întreagă gamă de tendinţe. Nu era de acord că un proces dezagreabil *ipso facto* trebuia să producă rezultate dezagreabile. Să crezi aşa ceva înseamnă să faci ceea ce eu am numit „eroarea Beethoven“, anume să judeci muzica lui Ludwig van Beethoven după condiţiile în care a fost compusă. Apartamentul compozitorului din Viena era o cocină dezordonată și urât mirositoare, plină de gunoaie și oale de noapte negolite. Desigur, nu-i judecăm muzica în funcție de asta. La fel, chiar dacă evoluția genetică produce moarte și distrugere, minunile pe care le generează rămân la fel de impresionante.

Mi s-a părut că trebuia subliniat acest lucru evident, dar, după ce am discutat subiectul pe larg în cartea mea din 1996 *Good Natured*, am obosit să mă tot lupt cu teoria moralității de fațadă. Timp de trei decenii lungi, a fost îmbrățișată cu o exuberanță irațională, fără îndoială datorită simplității ei: toată lumea o înțelegea, era pe placul tuturor. Cum să nu fiu de acord cu ceva atât de clar?

Dar apoi s-a întâmplat ceva straniu: teoria s-a evaporat. În loc să moară după o boală lungă și febrilă, teoria moralității de fațadă a suferit un atac de cord. Nu prea înțeleg cum și de ce s-a întâmplat acest lucru. Poate a fost de vină virusul Y2K4*, dar la sfârșitul secolului XX nu a mai fost nevoie să-i combat pe „infidelii“ lui Darwin. Au început să apară date noi, la început puțin câte puțin, mai apoi într-un flux constant. Îmi amintesc că am citit un articol în 2001 care se numea *The Emotional Dog and Its Rational Tail*. Era scris de Jonathan Haidt, un psiholog american care susținea că deciziile morale sunt rezultatul unor procese intuitive. Nici nu le conștientizăm. Haidt le-a prezentat subiecților săi povești despre comportamente nefirești (cum ar fi o aventură de-o noapte între un frate și o soră), pe care aceștia le-au dezaprobat pe loc. Apoi a refutat fiecare motiv înaintat de subiecții lui până când aceștia au rămas fără argumente. Dacă spuneau că în urma incestului se pot naște copii anormali, Haidt menționa că frații folosiseră mijloace contraceptive, ceea ce înlătura problema. Cei mai mulți dintre subiecți au ajuns rapid în

* Eroare de software din cauza căreia, la începutul anului 2000, sistemele informatice puteau face cu ușurință confuzie între anul 2000 și anul 1900 (n. tr.).

faza de „năuceală morală“: insistau cu încăpățânare că acel comportament este greșit, fără să poată explica de ce.

Haidt a tras concluzia că deciziile morale sunt „viscerale“. Emoțiile noastre iau primele decizia, iar rațiunea se străduiește să le prindă din urmă. Supremația logicii astfel șifonată a lăsat loc unei reveniri spectaculoase a „sentimentelor“ morale ale lui Hume. Antropologii au demonstrat că oamenii de pretutindeni aveau simțul dreptății, economiștii au constatat că oamenii cooperează și sunt mult mai altruiști decât îngăduia teoria lui *Homo economicus*, experimentele cu copii și primate au scos la iveală altruismul în absența recompenselor, bebelușii de șase luni au devenit dintr-odată capabili să discearnă între „obraznic“ și „cuminte“, iar neuroștiința a descoperit că creierul nostru este preprogramat să simtă durerea celorlalți. În 2011 ne-am întors de unde am plecat, și oamenii au fost declarați oficial „supercooperatori“.

Fiecare nouă descoperire mai înfigea un cui în coșciugul teoriei moralității de fațadă, până când opinia generală s-a întors cu 180 de grade. În prezent pornim de la premisa că trupurile și mințile noastre sunt concepute pentru traiul în comun și pentru a avea grijă unii de alții și că oamenii au tendința naturală de a emite judecăți morale în legătură cu semenii lor. Moralitatea nu mai e doar o suprafață, ea vine din interior. Face parte din biologia noastră, după cum reiese și din paralelele cu multe alte animale. În câteva zeci de ani, am trecut de la îndemnurile de a ne învăța copiii să fie cuminți, din moment ce speciei noastre îi lipsesc orice înclinații în acest sens, la consensul că ne naștem să fim buni și că băieții buni ies pe primul loc.*

Îmi este clar cât de radical s-au schimbat atitudinile ori de câte ori prezint în fața unui public faimoasa afirmație a lui

---

*Aluzie la documentarul *Nice Guys Finish First* (1986), în care Richard Dawkins discută problema altruismului și a egoismului, arătând că în multe cazuri evoluția „recompensează“ comportamentul cooperant, respectiv altruismul reciproc (n. tr.).

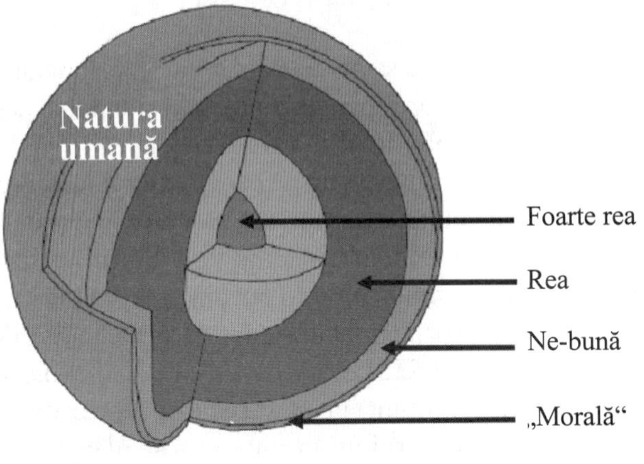

Teoria moralității de fațadă a dominat cândva felul în care era percepută natura umană. Conform ei, bunătatea autentică fie lipsește, fie este o eroare a evoluției, iar moralitatea e o spoială subțire care de-abia reușește să acopere adevărata noastră fire, pe de-a-ntregul egoistă. În ultimii zece ani însă, teoria moralității de fațadă a pălit în fața dovezilor copleșitoare în favoarea empatiei, altruismului și cooperării înnăscute la oameni și la alte animale.

Ghiselin, cea care m-a împins dintru început să-mi găsesc adăpostul în vasul de toaletă: „Zgârie un altruist și vei vedea cum sângerează un ipocrit“. Deși folosesc afirmația în prelegerile mele de zeci de ani, numai de prin 2005 au început cei din public s-o întâmpine cu mici țipete de uimire și pufnete indignate, ca pe ceva scandalos, atât de străin de imaginea pe care o au despre ei, încât nu le vine să creadă că a fost cândva luată în serios. Oare cel care a spus o asemenea grozăvie n-a avut nici un prieten? O soție iubitoare? Sau măcar un câine? Ce viață tristă trebuie să fi avut! Văzând această reacție indignată și cât de răspândită a devenit, nu pot să nu mă întreb dacă publicul s-a schimbat sub influența noilor dovezi, sau invers. Să fi intrat într-un nou *Zeitgeist*, iar știința pur și simplu ține pasul?

Orice-ar fi, mi-a făcut closetul să miroasă a trandafiri. În sfârșit pot să mă eliberez, să-mi dezmorțesc picioarele și să înot puțin.

PLINI DE GREȘELI

Și totuși s-ar putea să ne înșelăm amarnic. Bunătatea ar putea fi o inadaptare, care apare la momentul și în locul nepotrivit. Să luăm, de exemplu, felul în care Daisy avea grijă de Amos, aflat pe moarte, sau îngrijirile pe care oamenii le acordă celor bolnavi într-un stadiu terminal. Ce rost au? Mulți oameni își îngrijesc soțul sau soția în vârstă; așa l-a îngrijit mama pe tata în ultimii lui ani de viață. A dus o povară grea, ea fiind mult mai măruntă, iar el, aproape imobilizat. De ce ai avea grijă, de exemplu, de o soție care suferă de Alzheimer, care are nevoie de supraveghere minut de minut, nu-ți apreciază eforturile, se arată surprinsă ori de câte ori intri în cameră și se plânge că ai abandonat-o? Nu te vei alege decât cu stres și epuizare. În nici unul dintre aceste cazuri nu se întrevăd șanse de răsplată; teoria evoluționistă spune însă că altruismul trebuie să avantajeze rudele de sânge sau pe cei care pot întoarce favoarea. Un soț pe moarte nu se încadrează în acești parametri.

Cum Daisy, mama de care ne ocupăm, și milioane de îngrijitori se abat de la dogma evoluționistă, s-a făcut mare caz de „genele care dau rateuri“ și ne fac să fim mai buni decât ne-ar fi de folos. Nu vă lăsați însă induși în eroare de acest gen de retorică. Motivul pentru care genetica nu recunoaște conceptul de „gene care dau rateuri“ este că genele nu sunt decât niște mici bucăți de ADN care nu știu și nu intenționează nimic. Au efectul pe care îl au fără să fie mânate de un scop, prin urmare sunt incapabile de erori. Mai potrivit ar fi să numim altruismul atât de răspândit un accident minunat, dar sunt puțini specialiștii care au o asemenea dispoziție festivă. Mesajul lor e plin de amărăciune, ca și cum excelenta lor teorie despre originile egoiste ale altruismului ar fi, din păcate, infirmată de datele realității. Se plâng că „aproape tot ce înseamnă viața modernă constituie o greșeală din perspectiva genelor“, fără a se gândi că poate teoriile lor sunt greșite.[24]

O astfel de eroare apare când oamenii trimit bani în locuri îndepărtate devastate de tsunami sau de cutremur. Când donează sânge. Să lucrezi într-o cantină pentru săraci sau să cureți zăpada în curtea unei bătrânici e tot o greșeală, la fel și să crești un copil adoptat. Aceasta din urmă este o greșeală care se întinde pe mulți ani, pe care o fac mii de familii care nu știu că copiii care nu au genele lor sunt lipsiți de valoare. De asemenea, oamenii îngrijesc extraordinar de bine niște animale de companie, incapabile să îi răsplătească. Printre alte greșeli comune se numără să avertizezi un necunoscut în legătură cu un pericol, să îi atragi cuiva atenția că și-a uitat haina într-un restaurant și să iei cu mașina un șofer care a făcut pană. Viața oamenilor e doldora de greșeli, mari și mici. Același lucru e valabil și pentru alte primate.

Să-l luăm ca exemplu pe Phineas, tatăl lui Amos. Nu că Amos ar fi știut că Phineas e tatăl lui. În societatea cimpanzeilor, nu există legături permanente între masculi și femele, așa că oricare dintre masculi ar fi putut fi tatăl lui. Phineas fusese masculul alfa în tinerețe, dar după ce a împlinit patruzeci de ani a încetinit ritmul. Îi plăcea să se joace cu cei mici, să se toaleteze cu femelele și să facă pe polițistul. Cum auzea larmă pe undeva, Phineas se ducea la fața locului, își arăta mușchii și își zbârlea părul, ca să-i despartă pe cei care se certau. Se punea între cei doi rivali până când terminau cu țipetele. Acest „rol de control“ este foarte bine documentat și în cazul cimpanzeilor sălbatici. În mod remarcabil, masculii care-și asumă acest rol nu sunt părtinitori: îl apără pe cel mai slab chiar dacă atacatorul este prietenul lor. M-a intrigat de multe ori această imparțialitate, atât de necaracteristică cimpanzeilor. Cel care îndeplinește rolul de control își desconsideră înclinațiile proprii pentru a face ceea ce este bine pentru comunitate.

Împreună cu Jessica Flack am demonstrat cât de mult are de câștigat grupul de pe urma acestui comportament, îndepărtând temporar masculii care acționau ca arbitri. A rezultat o țesătură socială gata să se deşire. Agresivitatea a crescut, iar predispoziția spre reconciliere s-a diminuat. Imediat cum am reintrodus masculii respectivi în grup, ordinea a fost restabilită.[25] Nu am aflat însă ce îi motivează pe aceşti cimpanzei. Ce le iese de-aici? Se poate spune că masculii de la vârful ierarhiei câştigă respect şi admirație dacă îl sprijină pe cel cu şanse mici de câştig. Deşi aceasta ar putea fi o strategie foarte bună pentru masculii mai tineri, nu văd cum i s-ar aplica lui Phineas. Către sfârşitul vieții, acest bătrânel blând, aflat în declin, părea să nu mai aibă prea multe ambiții. Cu toate acestea, monitoriza cu zel orice semn de discordie din grup. Toată lumea avea de câştigat din eforturile sale de stabili pacea, mai puțin el însuşi. Să fie şi cimpanzeii mai generoşi decât ar trebui potrivit teoriilor care au în centru genele?

Nu e ceva neobişnuit ca cimpanzeii să ajute indivizi cu care nu sunt înrudiți, cum s-a întâmplat când Washoe, primul cimpanzeu din lume care a învățat să folosească limbajul semnelor, a auzit o femelă străină țipând şi căzând în apă. A trecut în fugă de două garduri electrice ca să ajungă la victimă şi a ajutat-o să iasă la mal.[26] Un alt caz este Tia, o femelă sălbatică din Fongoli, în Senegal, al cărei pui fusese capturat de braconieri. Din fericire, cercetătorii au reuşit să-l recupereze şi să-l reintroducă în grup. Jill Pruetz a povestit cum Mike, un mascul adolescent din altă familie, prea tânăr ca să fie tatăl puiului, l-a luat de unde l-au lăsat oamenii de ştiință şi i l-a dus Tiei. În mod evident, ştia al cui era puiul şi văzuse probabil şi cât de greu îi fusese Tiei să se deplaseze după ce fusese atacată de câinii braconierilor. Timp de două zile, Mike a dus puiul în brațe peste tot pe unde mergeau, iar Tia îi urma şchiopătând.[27]

S-au înregistrat şi cazuri de adopție a unor pui străini, cea mai costisitoare investiție dintre toate. Nu doar femelele înfiază pui, cum ne-am putea aştepta. Într-un raport recent al lui Christophe Boesch, care face cercetare în Coasta de Fildeş, găsim o listă cu cel puțin zece cimpanzei masculi sălbatici care, într-un interval de treizeci de ani, au adoptat cimpanzei tineri ale căror mame muriseră.[28] În 2012 a avut loc premiera îndrăgitului film *Chimpanzee*, produs de Disneynature, în care Freddy, masculul alfa al comunității, îl ia sub aripa lui pe Oscar. Documentarul era bazat pe fapte reale. Când mama lui Oscar a murit brusc, din cauze naturale, echipa de filmare s-a nimerit la locul potrivit și la momentul potrivit. Deși micul Oscar nu părea să aibă șanse de supraviețuire, echipa a continuat să filmeze. Freddy a făcut ce fac și alți masculi adoptivi, adică a împărțit mâncarea cu cel mic, i-a permis să doarmă în culcușul lui peste noapte, l-a apărat de pericole și l-a căutat atunci când s-a pierdut. Unii masculi au avut grijă de protejații lor timp de un an, iar odată un mascul a îngrijit un orfan nu mai puțin de cinci ani (cimpanzeii nu ajung la maturitate decât la vârsta de cel puțin doisprezece ani). Cu excepția alăptatului, acești tați vitregi își asumă față de orfani aceleași responsabilități pe care și le asumă mamele cimpanzeu față de propriii copii, dându-le astfel orfanilor o șansă reală la viață. Din testele ADN a reieșit că masculii adoptivi nu sunt de obicei înrudiți cu protejații lor. Oscar a fost norocos.

Decât să conchidem că, la fel ca noi, și cimpanzeii fac greșeli, mai bine ne delimităm de un limbaj atât de normativ și de presupunerea că ne naștem ca să ne supunem genelor. De ce să nu recunoaștem pur și simplu discontinuitatea dintre originea unei caracteristici și funcția ei prezentă. În evoluția lor, broaștele de copac și-au dezvoltat ventuze ca să se fixeze de crengi, dar totuși le folosesc ca să supraviețuiască într-un closet. Mâinile primatelor au evoluat ca să se poată agăța de crengile copacilor, dar eu cânt cu ele la pian, iar puii de maimuță le folosesc ca să se agațe de mamele lor. Multe caracteristici au apărut dintr-un motiv și au ajuns să folosească și în alte scopuri. Nu am auzit niciodată pe cineva spunând că degetele care ating clapele pianului ar fi „o greșeală“, așa că de ce am folosi acest tip de limbaj în legătură cu altruismul? Un posibil contraargument ar fi că altruismul are un preț, pe când cântatul la pian nu, ceea ce ar justifica folosirea termenului de „greșeală". Dar cât de siguri suntem că empatia generalizată și angajamentele pe viață nu dau roade pe termen lung? Nu avem nici o dovadă că acest tip de comportament ne-ar face rău; din contră. Pe Friedrich Nietzsche, de la care am moștenit faimoasa vorbă „Dumnezeu a murit", îl interesa originea moralității. Acesta ne-a prevenit că există o distincție între apariția unui lucru (fie el un organ, o instituție juridică sau un ritual religios) și scopurile pe care le-a dobândit lucrul respectiv în timp, „că ceva existent, ceva înfăptuit într-un fel oarecare este întotdeauna interpretat [...] pentru a servi unor scopuri noi, este mereu confiscat, transformat și transfigurat pentru o nouă folosință"[29].

Iată o idee care ne eliberează, întrucât ne învață să nu lăsăm istoria unui lucru să-i limiteze potențialul. Deși computerele au fost la început doar niște mașini de calcul, asta nu ne împiedică să ne jucăm pe ele. Chiar dacă sexul a evoluat pentru a servi reproducerii, nu înseamnă că nu suntem liberi (până la un punct) să facem sex de plăcere. Nu există nici o lege care să spună că o caracteristică trebuie să-și păstreze indiferent de circumstanțe funcția pe care i-a atribuit-o inițial evoluția. Același lucru se aplică și empatiei, și altruismului, și de aceea ar trebui să înlocuim cuvântul „greșeală" cu „potențial". Nimic nu mă împiedică să empatizez cu o balenă eșuată și să mă alătur eforturilor de-a o împinge înapoi în ocean, chiar dacă empatia umană nu s-a dezvoltat în acest scop. Pur și simplu valorific adevăratul potențial al capacității mele empatice înnăscute.

Nietzsche avea dreptate: istoria unui lucru este relevantă în prezent doar până la un punct. Chiar dacă sunt impresionat profund de descoperirile extraordinare ale lui Price, Hamilton, Trivers și ale altora privind originea evoluționistă a altruismului, nu văd de ce le-aș transforma într-o dogmă despre cum ar trebui oamenii să se comporte.

BUNĂTATE HEDONISTĂ

Știința ne spune că respirăm ca să ne împrospătăm rezerva de oxigen din corp. Și dacă nu aș ști acest lucru tot aș respira, asemenea milioanelor de oameni și miliardelor de animale dinaintea mea. Nu faptul că știm că există O_2 ne motivează să respirăm. În mod similar, când biologii speculează că altruismul a evoluat datorită beneficiilor sale, asta nu înseamnă că actorii trebuie să știe acest lucru. Cele mai multe animale nu au capacitatea de-a anticipa, nu se gândesc: „Dacă fac asta pentru el, s-ar putea ca mâine să-mi întoarcă favoarea". În lipsa acestei capacități, își urmează pur și simplu impulsul binevoitor. Același lucru e valabil și în cazul oamenilor. Dacă nu este vorba de relații de afaceri sau de necunoscuți, oamenii rareori pun în balanță ce pierd și ce câștigă prin comportamentul lor, mai ales față de prieteni și rude. De fapt, când încep să facă acest lucru, e un semn rău, pe care psihoterapeuții care lucrează cu familii îl consideră un indicator că respectiva căsnicie e pe butuci.

Și altruismul uman, și cel animal pot fi, așadar, autentice, în sensul că nu sunt rezultatul unor calcule. Această înclinație e atât de puternică încât ne e greu să o ținem în frâu. James Rilling, coleg cu mine la Emory University, a ajuns în urma unor experimente care folosesc neuroimagistica la concluzia că avem „înclinații emoționale către cooperare, pe care le putem depăși doar printr-un control cognitiv susținut". Ia gândiți-vă: asta înseamnă că primul nostru impuls este să avem încredere și să ajutăm; abia după aceea luăm în calcul opțiunea de a nu acționa, pe care căutăm să o justificăm. Ne aflăm, prin urmare, la polul opus față de comportamentul pe bază de stimulente. Există o singură categorie de oameni cărora le lipsește impulsul de a ajuta, de aici și vorba mea de spirit despre cum teoria moralității de fațadă reprezintă perfect mintea psihopată. Rilling a mai arătat că atunci când oamenii obișnuiți îi ajută pe alții se activează zone din creier asociate cu recompensa. Te simți bine atunci când faci bine.

Acest aşa-numit „efect al aurei de bunătate“ îmi trezeşte în minte o imagine emoţionantă pe care am văzut-o de nenumărate ori când am lucrat cu maimuţe rhesus. Comportamentul la care mă gândesc nu e tocmai altruist, dar e foarte aproape de originea tuturor instinctelor de îngrijire şi protecţie ale mamiferelor. În fiecare primăvară, cetele de maimuţe rhesus din grădina noastră zoologică aduceau pe lume zeci de nou-născuţi. Femelele adolescente erau atrase de pui ca de magnet şi încercau să ajungă la ei toaletându-le cu răbdare mamele. Trebuiau să stea multă vreme pe lângă mamă, până când puiul era lăsat să facă câţiva paşi nesiguri către cea care dorea să-i fie dădacă. Aceasta îl lua în braţe şi se plimba cu el, îl întorcea cu capul în jos ca să-i inspecteze organele genitale, îl lingea pe faţă, îl toaleta peste tot, iar până la urmă aţipea strângând puiul bine în braţe. Făceam pariuri despre cât va dura până să adoarmă. Cinci minute, zece minute? Dădacele deveneau atât de somnoroase încât aveai impresia că sunt în transă sau poate în extaz. Acum, că ţineau comoara în braţe, oxitocina (cunoscută şi drept hormonul iubirii) eliberată în creier şi în sânge le îngreuna pleoapele. Nu aţipeau însă decât câteva momente, după care înapoiau puii mamelor.

Bucuria de a îngriji un pui le pregăteşte pe femelele tinere pentru cel mai altruist gest cu putinţă. Grija maternă a mamiferelor este investiţia cea mai costisitoare şi mai îndelungată din lumea naturală; ea începe cu hrănirea fătului şi se sfârşeşte mulţi ani mai târziu. Sau, cum ar spune majoritatea părinţilor, niciodată. În mod ciudat însă, grija maternă a fost în mare parte ignorată în dezbaterea despre altruism. Unii oameni de ştiinţă nici n-o consideră altruism, din moment ce nu corespunde importanţei pe care o dau ei sacrificiului. Ei vorbesc despre altruism doar dacă cel care face gestul are de suferit, cel puţin pe termen scurt. Nimeni n-ar trebui să-şi dorească să fie altruist, darămite să-i mai şi placă. Această ipoteză, că *altruismul doare*, cum îi spun eu, este profund greşită. La urma urmei, caracteristic altruismului nu este că provoacă suferinţă, ci că presupune un cost.

Desigur, biologii pot să explice foarte bine de ce un mamifer femelă își îngrijește odraslele. Cum altfel s-ar înmulți? Mai știm și cât de mult își doresc femeile copii. Nu vreau să fiu macabru, dar dorința poate fi atât de puternică, încât unele femei ucid sau spintecă burta altei femei ca să-i ia pruncul. Altele fură bebeluși de la maternitate. Deși patologice, aceste cazuri arată cât de puternică e dorința maternă și explică de ce grija pentru copii nu e considerată sacrificiu. Dat fiind că grija maternă e ușor de înțeles, știința s-a concentrat pe comportamente mai misterioase. Știința caută provocări. Și totuși afirm în continuare că, cel puțin în cazul mamiferelor, grija maternă este forma prototipică de altruism, matrița celorlalte avataruri ale sale. Și, dacă o ignorăm, trebuie să ne asumăm acest risc. Faptul că nici o femeie din câte cunosc nu a fost vreodată bântuită de întrebarea „De unde vine altruismul?“ e grăitor. Pentru femei, ar fi greu să ignore grija maternă, după cum au dovedit-o două femei care au scris despre cooperarea umană. Sarah Hrdy, antropolog american, propune teoria conform căreia spiritul de echipă al oamenilor a început cu îngrijirea colectivă a copiilor, nu doar de către mame, ci de către toți adulții din jur.* În mod similar, Patricia Churchland, un filozof american foarte bine inițiat în neuroștiințe, tratează moralitatea umană ca pe o consecință a înclinației de a purta de grijă. Circuitul neuronal care ne reglează funcțiile organismului a fost deviat de la funcția sa primară pentru a lua în considerare nevoile copiilor, pe care îi percepe aproape ca pe o parte a corpului. Copiii noștri sunt parte din noi, așa că îi protejăm și îi îngrijim fără să ne gândim, la fel cum facem cu propriile trupuri. Același mecanism cerebral se află la originea celorlalte raporturi bazate pe îngrijire.

Toate acestea explică diferențele vizibile dintre sexe, care apar devreme în viață. La naștere, fetițele privesc chipurile mai

* Teorie cunoscută sub numele de *it takes a village* („e nevoie de un sat întreg“) (n. tr.).

îndelung decât băiețeii, care se uită mai multă vreme la jucăriile mecanice. Mai târziu, fetele au un comportament mai prosocial decât băieții, descifrează mai bine expresiile feței, recunosc mai bine vocile, au mai multe remușcări după ce rănesc pe cineva și se pricep mai bine să se pună în locul altuia. Știm, de asemenea, că nivelul de empatie crește și la bărbați, și la femei dacă li se administrează oxitocină cu ajutorul unui spray nazal, fiind păcăliți astfel cu hormonul matern prin excelență (oxitocina este asociată nașterii și alăptării). Din studiile proprii, am constatat că femelele cimpanzeu consolează alți cimpanzei care suferă mai des decât o fac masculii. Se apropie de victimele agresiunii, își petrec un braț pe după ele și le îmbrățișează până când se opresc din țipat. Femelele sunt sexul mai protector.

Deși grija maternă a fost prea evidentă pentru ca teoreticienii s-o ia în considerare, este totuși tipul de îngrijire care oferă cele mai mari satisfacții personale, ceea ce ne conduce la ipoteza că *altruismul este plăcut.* Natura asociază adesea lucrurile pe care trebuie să le facem cu un sentiment plăcut. Pentru că trebuie să mâncăm, mirosul mâncării ne face să salivăm precum câinii lui Pavlov, iar mâncatul este o activitate preferată. Trebuie să ne reproducem, așa că sexul e și obsesie, și bucurie. Iar, ca să se asigure că ne creștem puii, natura ne-a înzestrat cu capacitatea de a forma atașamente, dintre care cel mai puternic este acela între mamă și copil. Asemenea celorlalte mamifere, suntem programați dinainte în acest scop și cu trupul, și cu mintea. În consecință, abia observăm eforturile pe care le facem zilnic în beneficiul odraslelor noastre și glumim pe seama faptului că ne costă și pielea de pe noi. Evident, pentru rudele îndepărtate și pentru cei cu care nu avem legături de sânge ne mobilizăm mai puțin, dar satisfacția rămâne aceeași, revelație pe care a avut-o și Marcus Aurelius, împăratul roman din secolul al II-lea, în *Gânduri către sine însuși* („A face un serviciu este, într-adevăr, o acțiune conformă cu natura“)[30]. Suntem animale colective, care depind unele de altele, au nevoie unele de altele și, prin urmare, resimt plăcere atunci când ajută și când dăruiesc.

În filmul din 1996 *Marvin's Room*, Bessie (jucată de Diane Keaton) o primește în vizită pe sora ei mai mondenă (Meryl Streep). Bessie și-a dedicat mulți ani din viață îngrijirii tatălui lor, fără să fi primit vreun ajutor de la sora ei. Când Bessie îi mărturisește acesteia că simte că a avut noroc cu părinții, că viața ei a fost plină de dragoste, aceasta interpretează greșit, potrivit firii ei egocentrice, și-i spune: „Așa e, mama și tata te iubesc foarte mult". Bessie o corectează însă: „Nu asta am vrut să spun. Vreau să spun că am fost norocoasă să pot iubi pe cineva așa de mult". Altruismul ne poate face fericiți.

Ideea stranie că trebuie să suferi ca să fii altruist l-a făcut pe George Price să încerce sacrificiul de sine extrem. Nu poți fi un mare altruist dacă nu suferi, s-a gândit el, și a renunțat la toate bunurile sale și s-a neglijat până a ajuns nefericit. Nu și-a dat seama că să te neglijezi este contraproductiv, fapt pe care cei care lucrează în domeniul filantropiei îl cunosc prea bine. Așa cum suntem sfătuiți în privința măștilor cu oxigen din avioane, trebuie întâi și-ntâi să ne hrănim pe noi pentru a putea avea grijă de altcineva. M-am întrebat deseori de unde vine ideea stranie potrivit căreia altruismul presupune suferință. Nu se potrivește deloc cu filozofia budistă, în care compasiunea față de ceilalți ar trebui să ne umple de bucurie. Acest tip de reacție nu e propriu doar adulților autoreflexivi, ci se regăsește și la copiii mici, care se bucură mai mult să ofere decât să primească.[31] În plus, un studiu despre persoanele care îngrijesc un soț sau un părinte bolnav a venit cu rezultate și mai interesante. Psihologul Stephanie Brown a constatat că cei care se dedică îngrijirii altora nu se gândesc că fac un sacrificiu. Devin una cu cei pe care-i îngrijesc și se simt atât de împliniți fiind de folos, încât trăiesc mai mult decât unii indivizi care nu au pe nimeni în grijă.

Dacă mă gândesc la propria mea experienţă şi la faptul că am îngrijit-o pe soţia mea, a cărei viaţă a fost pusă în pericol de cancerul la sân, îmi dau seama că „sacrificiu“, deşi e un cuvânt adesea folosit în acest context, nu surprinde esenţa gestului. Nimic nu ne vine mai firesc decât să-i îngrijim pe cei dragi. Observaţia lui Churchland este corectă: există o legătură între instinctul de a avea grijă de propriul corp, de copiii noştri şi de cei apropiaţi. Creierul nostru este construit astfel încât să estompeze linia de demarcaţie dintre sine şi celălalt. Este un circuit neuronal străvechi, prezent la toate mamiferele, de la şoarece la elefant. Într-o rezervaţie naturală thailandeză, am întâlnit o femelă elefant nevăzătoare care era călăuzită peste tot de prietena ei. Cele două femele, între care nu exista vreo legătură de rudenie, erau nedespărţite. Cea oarbă depindea de cealaltă, care părea conştientă de acest lucru. Îndată ce femela care vedea se îndepărta, se auzeau mârâituri înfundate dinspre amândouă şi chiar sunete de trâmbiţă, prin care îi comunica celei nevăzătoare locul unde se află. Avalanşa de zgomote continua până când cele două se regăseau. Urma un schimb intens de saluturi, cu fâlfâit din urechi, pipăit şi mirosit reciproc. Datorită prieteniei lor strânse, femela oarbă putea duce o viaţă de elefant cât de cât normală.

Unii consideră grija pentru familie şi pentru cei apropiaţi o formă de egoism, cel puţin de natură emoţională, tocmai pentru că aduce atât de multe satisfacţii. Deşi observaţia nu este greşită, ea subminează totuşi distincţia dintre egoism şi altruism. Dacă gestul de a mânca toată mâncarea de pe masă este la fel de egoist ca gestul de a-mi împărţi mâncarea cu un necunoscut flămând, ce rost mai au cuvintele? Cum să folosim acelaşi concept pentru motivaţii atât de diferite? Mai important, de ce să etichetăm satisfacţia mea de a-l vedea pe necunoscut mâncând drept o pornire egoistă? De ce nu poate fi altruismul doar o înclinaţie umană firească spre ceea ce produce plăcere? Multora le place să-şi răsfeţe membrii familiei şi prietenii, iar cea mai mare bucurie pe care le-o putem oferi este să-i lăsăm s-o facă.

Privind în urmă la cum s-a schimbat modul de-a înțelege altruismul – văzut odinioară ca sacrificiu greu de explicat și perceput în cheie modernă ca având-și originea în instinctul mamiferelor de a purta de grijă, cu recompensele sale implicite –, sunt uimit de numărul mare de elemente ideologice și religioase care marchează această dezbatere, de la convertirea lui Price la creștinism la atenția acordată de Huxley păcatului originar, de la anarhismul lui Kropotkin până la ideea ciudat de răspândită că altruismul ar fi o formă de ipocrizie sau pur și simplu o eroare. Elementul care a lipsit din discuție a fost ideea că oamenii și alte mamifere ajung la altruism pe alte căi decât, să zicem, insectele sociale. Poate de vină pentru confuzie a fost comparația între altruismul uman și cel al furnicilor și albinelor. Insectelor le lipsește empatia, pe când creierul nostru este programat să se conecteze la ceilalți și să resimtă durerea și plăcerea lor. Rezultatul este că altruismul poate fi și autentic, și plin de satisfacții în același timp. Faptul că Price a împins lucrurile la extrem, renunțând la averea și sănătatea lui în favoarea unor necunoscuți, explică de ce a căzut în deznădejde în ultima parte a vieții. A subestimat latura hedonistă a altruismului îndreptat spre cei de care ne pasă și a supraestimat capacitatea noastră de a fi generoși cu străinii. A doua suferă de limitări serioase, în timp ce prima este aproape nelimitată.

Capitolul 3

BONOBO
ÎN ARBORELE GENEALOGIC

Cel mai bun mod de a nimici un dușman este să ți-l faci prieten.

– Abraham Lincoln[1]

O vizită la un institut medico-legal din Moscova mi-a confirmat bănuiala că faptul de a te înrudi îndeaproape cu cei care sunt considerați „cununa creației" nu e o garanție că vei fi tratat cu respect. Laboratorul respectiv era specializat în sculptura criminalistică, de exemplu în reconstrucția facială după craniile unor victime neidentificate. Într-un colț al subsolului, gazdele mi-au arătat o față sculptată grosier pe care o ascundeau de ochii publicului. Nu mi s-a permis nici măcar s-o fotografiez. Încercaseră să reconstituie un craniu de om de Neanderthal, iar bustul rezultat semăna atât de izbitor cu unul dintre cei mai puternici membri ai Dumei, încât le era teamă că li se va închide institutul dacă vreo fotografie ajungea publică.

Nu avem o părere prea grozavă despre rudele noastre apropiate și cu siguranță nu vrem să le semănăm fizic. Ne închipuim neanderthalienii ca pe niște retardați gheboși care intră și ies bezmetici din peșteri, trăgându-și nevestele de păr. Cea mai recentă descoperire, „hobbitul" de pe insula indoneziană Flores, este considerat microcefal, poate chiar „cretin". Oamenii de știință explică indiciile de cretinism prin posibile probleme cu tiroida, provocate de lipsa de iod, dar cei mai mulți dintre noi se gândesc la definiția din dicționare: „o persoană lipsită de inteligență, nătărău, prost". Scăpăm din vedere că s-au găsit unelte sofisticate în apropierea fosilei din insula Flores.

Deşi se ceartă între ei pe această temă, după cum le e obiceiul, antropologii încă nu ştiu cum să interpreteze dovezile de pe insula Flores; devine însă din ce în ce mai clar cum a stat treaba cu neanderthalienii. Stereotipul care ni-i prezintă ca pe nişte brute fără creier n-a fost niciodată plauzibil, dat fiind că aveau creierul mai mare decât al nostru. Asemănarea fizică cu membrul Dumei ne arată că avem noi înşine origini neanderthaliene. Când primii oameni au părăsit Africa, au dat de rudele lor apropiate care trăiseră deja timp de un sfert de milion de ani în nord. Aceste rude erau mult mai bine adaptate la frigul extrem. Legenda spune că primii oameni i-au cucerit pe neanderthalieni; e mai probabil însă că ne-am împrietenit cu nordicii. Pesemne că bărbaţii au fost atraşi de femeile de Neanderthal sau că femeile i-au plăcut pe bărbaţii de Neanderthal, şi viceversa, pentru că se estimează că până la 6% din ADN-ul membrilor neafricani ai speciei noastre provine de la neanderthalieni. Din încrucişarea celor două specii, se prea poate să ne fi ales cu un sistem imunitar mai bun.

Fraţii noştri nordici îşi îngropau morţii, făureau unelte, foloseau focul şi aveau grijă de cei neputincioşi întocmai ca primii oameni. Din dovezile fosile reiese că persoane afectate de nanism, de paralizia membrelor sau de incapacitatea de a mesteca atingeau vârsta adultă. În spatele unor nume exotice precum Shanidar I, Romito 2, Băiatul din Windover şi Bătrânul din La Chapelle-aux-Saints, se află strămoşi de-ai noştri care i-au ajutat pe cei care nu contribuiau la bunăstarea comună. Supravieţuirea celor slabi, handicapaţi, întârziaţi mintal şi a altora care erau o povară constituie, din punctul de vedere al paleontologilor, un eveniment marcant în evoluţia compasiunii. Această moştenire comunitară are o importanţă esenţială pentru tema acestei cărţi, pentru că sugerează că moralitatea precedă civilizaţiile şi religiile actuale cu cel puţin câteva sute de milenii.

Dar acesta nu este singurul reper cronologic în privinţa căruia ne-am înşelat. E de presupus că multe lucruri, de la producerea berii până la manifestările artistice, s-au întâmplat mai devreme decât credeam. Bucăţile de ocru gravate cu forme geometrice complexe găsite în Africa de Sud sunt de două ori mai vechi decât picturile rupestre de la Lascaux, în Franţa. Chiar şi începuturile mersului biped sunt împinse înapoi în timp; s-au descoperit, de exemplu, amprente de paşi care atestă mersul în poziţie perfect verticală aparţinând unei perioade de două ori mai îndepărtate decât se crezuse anterior.

Suntem înclinaţi să credem că realizările cu care ne mândrim au apărut recent în cursul evoluţiei. Descoperim apoi că şi neanderthalienii făceau aceste lucruri, poate chiar şi australopitecii; tot aşa până ajungem la primate, care au fost, probabil, primele în acest şir. Cum putem fi siguri, de exemplu, că epoca de piatră a început cu membrii speciei noastre? Prin intermediul tehnicilor arheologice, s-a descoperit în Coasta de Fildeş un sit unde se spărgeau nuci, dotat cu pietre pe post de ciocan şi nicovală şi vechi de peste 4.000 de ani, iar tipul de nuci găsite, mărimea uneltelor (mari şi grele) şi mediul înconjurător (pădure tropicală umedă) lasă să se înţeleagă că era vorba de utilizatori cimpanzei, nu umani. Săpăturile sugerează că timp de mii de ani primatele au cărat pietre dure, cum ar fi granitul, din formaţiuni stâncoase aflate la mare distanţă, ca să spargă nucile tari găsite în pădure. În zilele noastre, aceeaşi tehnologie şi acelaşi tip de unelte sunt foarte răspândite în rândul cimpanzeilor din Africa de Vest.

LUNGA DESPĂRŢIRE

Un singur reper cronologic, în loc să fie împins mai departe în negura vremurilor, s-a apropiat pe nesimţite din ce în ce mai mult de prezent. În prima jumătate a secolului trecut, arborii care ilustrau evoluţia în manuale aveau o creangă dedicată exclusiv oamenilor, care ar fi evoluat separat în ultimele 25 de milioane de ani.

Rudele noastre cele mai apropiate sunt patru specii de primate mari (cimpanzeii, bonobo, gorilele și urangutanii) și așa-numitele primate mai mici: gibonii și siamangii. Vorbim de o familie minusculă în comparație cu cele două sute de specii de maimuțe și lemurieni care fac parte din ordinul primatelor. Cu cozile și cu boturile lor proeminente, maimuțele ne sunt rude mai îndepărtate decât primatele. Vechiul arbore, în care apăream complet separați de celelalte primate, nu a avut însă o viață prea lungă. Carl Linné se poate să fi presimțit acest lucru atunci când a plasat oamenii într-un gen separat, *Homo*. Se spune că taxonomistul suedez ar fi avut dubiile lui în legătură cu statutul nostru special, dar i-a fost teamă să nu supere Vaticanul. Trei secole mai târziu, analiza proteinelor din sânge și a ADN-ului ne-a pus la dispoziție o metodă mai bună de a compara speciile decât cea anatomică, folosită până atunci. Aceste noi date ne situează departe de maimuțe, dar în mijlocul primatelor. Toată lumea a fost șocată, dar analiza ADN-ului nu poate fi combătută, întrucât exclude dintru început subiectivismul cercetătorului uman, care va alege spre analiză trăsăturile ce îi convin. Am putea crede că mersul biped e o mare realizare, dar în contextul mai larg al naturii nu e deloc așa. Și găinile merg în două picioare. Comparațiile între mostrele de ADN înlătură subiectivismul uman. În arborele evoluției care are la bază ADN-ul, umanitatea ocupă o creangă minusculă printre multe altele, în condițiile în care s-a separat de primate acum aproximativ șase milioane de ani.

Dacă e adevărat că împerecherea cu alte specii în ultima parte a parcursului nostru (de exemplu, cu neanderthalienii) a alimentat succesul speciei umane, de ce nu s-ar fi petrecut astfel de fenomene și la începutul evoluției noastre? ADN-ul uman și cel al primatelor prezintă semne de hibridizare timpurie. După ce ne-am separat, se prea poate ca strămoșii noștri să fi continuat să frecventeze primatele, la fel cum știm că fac astăzi urşii grizzly şi cei polari, sau lupii şi coioţii. Unii paleontologi se arată sceptici, întrucât li se pare puţin probabil ca strămoşii noştri bipezi să se fi împerecheat timp de un milion de ani cu primate care umblau în patru labe, dar din câte ştiu eu modul de deplasare nu hotărăşte dacă te poţi împerechea sau nu. Acest argument îmi aminteşte de o afirmaţie şi mai ciudată, care datează dinainte să aflăm de hibridizarea dintre oameni şi neanderthalieni, şi anume că putem exclude liniştiţi posibilitatea acuplării între două tipuri de hominini, pentru că, în mod evident, vorbeau limbi diferite. N-am putut să nu chicotesc gândindu-mă la cum am cunoscut-o pe soţia mea franţuzoaică. Limbajul e doar un mic obstacol în astfel de cazuri.

Primul care a propus ipoteza că omul se trage din primate a fost naturalistul francez Jean-Baptiste Lamarck, în anul 1809. Conform teoriei lui Lamarck, caracterele dobândite (cum ar fi capacitatea păsărilor de baltă de a-şi întinde picioarele) pot fi

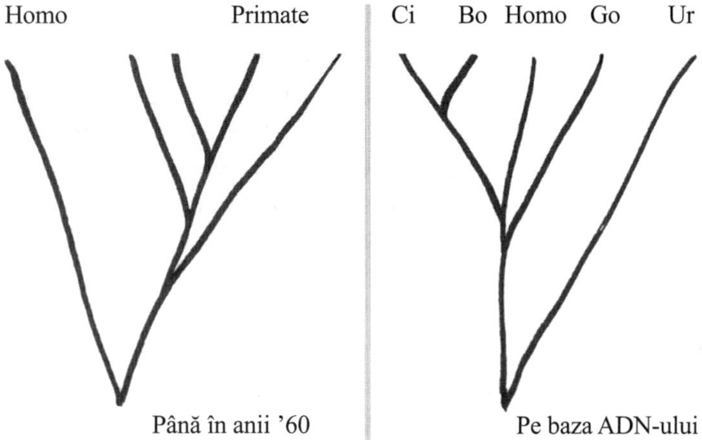

Până în anii ’60, oamenii au beneficiat de o creangă doar a lor, separată de cea a primatelor, în arborele evoluţiei (stânga). Arborii alcătuiţi pe baza ADN-ului (dreapta) îi plasează însă pe oameni mai aproape de cimpanzei (Ci) şi bonobo (Bo) decât de gorile (Go) şi urangutani (Ur).

transmise generației următoare. Cu mult înainte ca Darwin să abordeze acest subiect, Lamarck și-a imaginat cum a evoluat omul dintr-o primată cvadrumană (cu patru mâini):

> Dacă o rasă de animale cvadrumane, mai ales una dintre cele mai desăvârșite dintre ele, și-ar fi pierdut, prin forța împrejurărilor sau din altă cauză, obiceiul de a se urca în copaci și de a se prinde de crengi [...] și dacă indivizii acestei rase ar fi fost nevoiți timp de mai multe generații să-și folosească doar picioarele pentru mers și să renunțe la a-și folosi mâinile drept picioare [...], aceste animale cvadrumane s-ar fi transformat în timp în bimane, iar degetele mari de la picioare nu ar mai fi fost despărțite de celelalte degete.[2]

Lamarck a plătit scump pentru îndrăzneala lui. Și-a făcut atât de mulți dușmani, încât a murit în sărăcie, fiind subiectul unuia dintre cele mai batjocoritoare și înjositoare necrologuri citite vreodată în fața membrilor Académie des Sciences.[3] O jumătate de secol mai târziu, doi susținători ai teoriei evoluției a lui Darwin – cea bazată pe caractere moștenite – ,Thomas Henry Huxley, în Anglia, și Ernst Haeckel, în Germania, au făcut cunoscut publicului larg faptul că omul se trage din primate. Cei doi s-au luptat din greu ca să-i facă pe oameni să accepte că suntem primate care au suferit diverse transformări și au reușit să convingă pe deplin comunitatea științifică. Au existat și excepții însă: în 2009, Kent State University a emis un comunicat de presă cu titlul șocant: „Omul nu a evoluat din primate".

Pentru a înțelege declarația, trebuie să știm că această universitatc a participat la dcscopcrirca lui *Ardipithecus ramidus*, cunoscut și ca „Ardi", o fosilă veche de 4,4 milioane de ani, găsită în Etiopia. Ardi este cu un milion de ani mai aproape de momentul în care oamenii și primatele s-au separat pe scara evoluției decât fosilele găsite anterior. Un semn că Ardi semăna foarte mult cu primatele este degetul mare opozabil de la picior. Pesemne că era o foarte bună cățărătoare, care trăia în copaci, la fel cum încă fac primatele în fiecare noapte ca să se ferească de prădători. Inevitabil, creaționiștii și adepții teoriei designului inteligent* au primit comunicatul de presă ca pe un dar de la Dumnezeu, în timp ce sursele mass-media au dedus că primatele s-ar trage din noi. Confuzia a apărut din cauză că un cercetător din echipa care a studiat fosila Ardi, deşi fusese binecuvântat cu un nume demn de un bonobo, respectiv Owen Lovejoy**, nu s-a gândit s-o compare decât cu cimpanzeii. Acesta a conchis că constituţia fizică a lui Ardi era prea diferită ca să provină dintr-un strămoş asemănător cimpanzeilor. Dar de ce ai lua ca punct de reper o primată vie? Din momentul în care ne-am separat, primatele de azi au avut la fel de mult timp la dispoziţie să se schimbe ca şi noi. Mulţi oameni au impresia că primatele au stat pe loc în timp ce noi am evoluat, dar din datele genetice rezultă că cimpanzeii s-au schimbat chiar *mai mult* decât noi. Pur şi simplu nu ştim cum arăta ultimul nostru strămoş comun. Pădurea tropicală umedă nu permite fosilizarea – totul putrezeşte înainte să ajungă în acest stadiu –, şi de aceea nu s-au păstrat până azi fosilele primelor primate. Totuşi putem fi siguri că părintele nostru comun corespundea descrierii care se face îndeobşte antropoidelor: o primată mare, fără coadă, cu pieptul plat şi picioare cu care putea apuca. Prin urmare, este perfect acceptabil să spunem că ne tragem din primate, dar nu din cele care trăiesc azi.

Gura mai puţin proeminentă şi relativ mică şi dinţii neascuţiţi ai lui Ardi o diferenţiază clar de cimpanzei, specie în care masculii au canini lungi şi ascuţiţi. Aceşti veritabili colţi-pumnale

---

* În original, *intelligent design*, teorie răspândită mai ales în SUA, care susţine că anumite caracteristici ale universului şi vietăţilor nu pot fi explicate decât prin existenţa unei „cauze inteligente", şi nu printr-un proces lipsit de scop precum selecţia naturală. O lungă tradiţie filozofică, începând cu Socrate şi culminând cu William Pailey („analogia ceasornicarului"), a dezbătut aşa-numitul argument teleologic (în gr. *telos* înseamnă „scop") al existenţei lui Dumnezeu, cea mai recentă variantă a sa fiind această teorie a „designului sau creaţiei inteligente" (n. tr.).

** În limba engleză, numele de familie al cercetătorului poate fi interpretat ca bucuria (*joy*) iubirii (*love*) (n. tr.).

pot spinteca fața sau trupul unui dușman. În sălbăticie, cimpanzeii își folosesc arsenalul cu rezultate fatale în luptele pentru teritoriu. Prin comparație, se crede că Ardi ar fi fost un animal mai degrabă pașnic, probabil din cauza conflictelor reduse dintre masculi. Lovejoy a sugerat chiar că Ardi și contemporanii săi ar fi fost monogami, ceea ce ar fi ajutat la înăbușirea violenței. Dar, până când paleontologii nu vor găsi o fosilă mascul și una femelă cu verighete pe deget, ideea că Ardi ar fi format perechi pe viață rămâne pură speculație. Mai mult, nu există dovezi că monogamia ar încuraja pacea: singura primată înrudită îndeaproape cu noi care se împerechează pe viață (gibonul) posedă niște canini redutabili.

Dar dacă nu ne tragem dintr-un strămoș impetuos asemănător cimpanzeilor, ci dintr-o primată empatică care seamănă cu bonobo? Proporțiile corpului unui bonobo – cu picioarele lungi și umerii înguști – par să se potrivească perfect cu felul în care arăta Ardi, la fel ca și caninii săi relativ mici. De ce a fost bonobo ignorat de cercetători? Și dacă cimpanzeul, în loc să fie un prototip ancestral, este de fapt un element violent într-o descendență altfel pașnică? Ardi ne spune ceva și, chiar dacă nu s-a ajuns la un consens cu privire la ceea ce ne spune, pentru mine existența lui e un semn că trecutul nostru evolutiv nu este atât de violent pe cât se credea până acum.

Stereotipurile legate de strămoșii și rudele noastre capătă frecvent nuanțe politice, lucru care a devenit o sursă de umor pentru Stephen Colbert, realizatorul emisiunii *The Colbert Report*.[4] E o experiență aparte să mergi la o emisiune al cărei scop principal este să te ridiculizeze pe tine și ideile tale. Colbert m-a întrebat cum se prezintă cimpanzeii în comparație cu bonobo. Explicațiile mele despre comportamentul celor din urmă au fost primite cu dezgust de Colbert: în mod evident, erau prea pașnici și prea inventivi sexual pentru gustul lui („Dar cum rămâne cu sexul sănătos, heterosexual, așa cum l-a lăsat Dumnezeu?“).

Frecarea genito-genitală între femelele bonobo are rol de liant social și de împăcare. Cele două femele își unesc vulvele și clitorisurile frecându-le lateral cu o mișcare energică, în timp ce una dintre ele se ține de cealaltă aproape ca un sugar. Expresiile faciale și țipetele puternice sugerează că au orgasm.

Colbert a aprobat însă cu entuziasm descrierea cimpanzeilor, care se potrivea perfect cu ideile lui despre putere și supraviețuire.

Într-o lume împărțită între cimpofili și bonobofili, toată lumea a râs cu poftă când Stephen și-a decojit banana.

BONOBO ȘI LA STÂNGA, ȘI LA DREAPTA

Imaginați-vă că sunteți scriitor și că vreți să faceți un portret la prima mână acestei primate corecte din punct de vedere politic, idol al stângii, cunoscută pentru raporturile „gay", supremația feminină și modul de viață pacifist. E vorba de bonobo: o rudă apropiată a cimpanzeului. Bateți tot drumul până într-un loc numit, culmea, tocmai Republica *Democrată* Congo (RDC) ca să vedeți aceste primate drăgălașe în habitatul lor natural, în speranța că vă veți întoarce cu povești noi și pasionante.

Dar, vai, abia dacă-i vedeți pe bonobo. Îi urmăriți pe câțiva dintre ei cum stau liniștiți în copaci și mănâncă nuci. Asta-i tot. Exact asta i s-a întâmplat lui Ian Parker, care a reușit totuși să scrie treisprezece pagini de proză măiastră, în calitate de „corespondent de la foarte mare distanță" al revistei *The New Yorker*. Aflăm despre „aerul fierbinte și umed ca o supă", despre ploile torențiale, râurile de noroi, zgomotul pe care-l fac cojile de fructe când se lovesc de pământ și despre gazda autorului, un neamț mai degrabă rece și distant. Mesajul principal al lui Parker ar fi putut fi, desigur, că munca pe teren nu e floare la ureche, dar în schimb el a pus accentul pe faptul că bonobo nu sunt nici pe departe atât de simpatici și de înclinați spre sex cum se crede îndeobște. Ținând cont că reputația acestei primate era un ghimpe în coasta homofobilor și a adepților lui Hobbes deopotrivă, instituțiile de presă de dreapta au sărit în sus de bucurie. În sfârșit, „mitul" despre bonobo putea fi băgat la sertar, iar natura își păstra caracterul sângeros. Analistul politic conservator Dinesh D'Souza i-a acuzat pe „liberali" că și-ar fi făcut din bonobo o mascotă și i-a îndemnat să se rezume la măgar.*

Toată povestea ar fi fost amuzantă dacă s-ar fi limitat la înțepături politice. Dar miza este însăși cunoașterea. Fără îndoială, bonobo pot fi agresivi. Se știe că atacă în grup, mai ales femelele pe masculi. De-a lungul anilor, s-au înregistrat multe astfel de cazuri la grădinile zoologice, ceea ce a dus la schimbarea felului în care sunt îngrijiți bonobo. Dat fiind că separarea mamelor de fiii lor distruge legătura protectoare, în ultima vreme grădinile zoologice aleg tot mai mult să-i țină împreună. În cartea mea din 1997 *Bonobo: The Forgotten Ape* (*Bonobo: Primatele uitate*) avertizam: „Toate animalele sunt competitive prin firea lor și cooperante doar în anumite condiții"[5].

Descoperirile recente despre comportamentul primatelor bonobo în habitatul lor natural sunt puține. În Republica Democrată Congo, tocmai s-a încheiat un război civil, în timpul căruia se estimează că au murit cinci milioane de oameni – o situație atroce, cu totul nepropice cercetării primatologice. De mai bine de zece ani nu avem date noi despre bonobo sălbatici. Dar avem date de teren excelente culese anterior. Cea mai importantă observație, care a rămas neschimbată în ultimii treizeci de ani,

* Măgarul este în mod tradițional simbolul Partidului Democrat din Statele Unite ale Americii (n. tr.).

este că în rândul acestor primate nu s-a înregistrat oficial nici un caz de atac fatal. Printre cimpanzei însă, există zeci de cazuri de masculi adulţi care au omorât alţi masculi, de masculi care au omorât pui, de femele care au omorât pui ş.a.m.d. Toate acestea în sălbăticie. În captivitate am documentat eu însumi cazuri de cimpanzei masculi care şi-au mutilat îngrozitor şi şi-au castrat rivalul politic, omorându-l în cele din urmă. Astfel de incidente contrastează puternic cu comportamentul primatelor bonobo, la care nu s-au semnalat deloc astfel de cazuri.

Scriind despre violenţa cimpanzeilor în *Demonic Males* (*Masculi demonici*), Richard Wrangham face următoarea comparaţie cu bonobo: „[...] Îi putem considera nişte cimpanzei care au cultivat pacea pe trei căi. Au redus nivelul de violenţă în raporturile dintre sexe, în raporturile dintre masculi şi în raporturile dintre comunităţi“[6]. Ceea ce nu înseamnă că bonobo trăiesc ca-n basme. Dacă fac „sex pentru pace“ e tocmai pentru că au multe conflicte. Ce rost ar avea să se împace dacă ar trăi în armonie deplină? Rezolvarea conflictelor prin sex are loc de obicei între femele, dar şi între masculi, cum s-a întâmplat la Grădina Zoologică din San Diego:

> Vernon îl fugărea frecvent pe Kalind până în şanţul fără apă. [...] După astfel de incidente, cei doi masculi aveau contacte de zece ori mai intense decât de obicei. Vernon îşi freca scrotul de fesele lui Kalind, sau Kalind îşi expunea penisul în vederea masturbării.[7]

Diferenţele dintre bonobo şi specia înrudită a cimpanzeilor sunt izbitoare. Cimpanzeii se omoară cel mai adesea între ei în timpul disputelor pentru teritoriu, în vreme ce bonobo detensionează relaţiile făcând sex la graniţele teritoriilor. Uneori sunt neprietenoşi cu vecinii, dar, la scurt timp după ce se declanşează conflictul, femelele au fost văzute dând fuga în tabăra opusă şi copulând cu masculii sau încălecând alte femele. Întrucât e greu să te lupţi şi să faci sex în acelaşi timp, scena se transformă rapid într-un prilej de socializare. În cele din urmă, adulţii se toaletează, în timp ce puii se joacă. Aceste rapoarte datează din 1990 și provin de la Takayoshi Kano, omul de știință japonez care a studiat cel mai îndelung bonobo sălbatici. Când scriam cartea *Bonobo: A Forgotten Primate*, i-am intervievat pe cei care au făcut cercetare de teren, precum Kano și Gottfried Hohmann, gazda lui Parker. Când l-am întrebat pe acesta din urmă cum reacționează bonobo când se întâlnesc cu semeni de-ai lor pentru prima oară, Hohmann mi-a răspuns: „La început sunt foarte încordați, țipă și se fugăresc, dar după aceea se liniștesc, și femelele între ele, precum și masculii și femelele din cele două comunități, întrețin raporturi sexuale. Pot recurge și la toaletat, dar rămân încordați și agitați"[8]. Nu e tocmai comportamentul pe care-l asociem cu primatele ucigașe, deși Hohmann a adăugat că diferitele comunități nu se amestecă întotdeauna și că masculii din grupuri separate nu se toaletează între ei.

Într-un sanctuar nu departe de Kinshasa, s-a hotărât recent să fie comasate două grupuri de bonobo care trăiseră până atunci separat, ca să se creeze noi prilejuri de interacțiune. Nimănui nu i-ar trece prin cap să facă așa ceva cu cimpanzeii, pentru că n-ar duce decât la violență. Toate grădinile zoologice știu că cimpanzeii străini trebuie izolați cu orice preț până se împrietenesc cu cei ai locului; altfel se poate ajunge la masacru. Bonobo din sanctuarul menționat au recurs în schimb la o orgie. S-au amestecat fără restricții, transformându-și potențialii dușmani în prieteni.

Cireașa de pe tort o constituie observațiile Isabelei Behncke, un primatolog din Chile care studiază comportamentul de joacă al primatelor bonobo din Wamba, locul în care Kano și alți oameni de știință japonezi și-au făcut cercetările zeci de ani la rând. Isabelei nu i-a venit să creadă când a văzut cum indivizi din grupuri diferite se jucau împreună. De curând mi-a arătat înregistrări video făcute în desișul pădurii în care un mascul adult este înconjurat de adolescenți dintr-un grup învecinat și toţi îl înghiontesc şi se caţără pe el. E pură distracţie, fără urmă de ameninţare sau ostilitate. Mi-a mai arătat şi cum se jucau un mascul şi o femelă din grupuri străine: femela îl urmărea pe mascul şi-l apuca de testicule, apoi se fugăreau în jurul unui copac, din nou, fără vreo urmă de ostilitate. Glumeaţă de felul ei, Isabel a zis că de-aici vine probabil expresia „a apuca pe cineva de ouă“*.[9]

Parte din confuzia care înconjoară agresivitatea primatelor bonobo vine din comportamentul lor de prădător. Deşi nu în aceeaşi măsură ca cimpanzeii, bonobo au instincte de prădător bine dezvoltate: omoară animale mici, cum ar fi antilopele de pădure (duiker), veveriţele şi puii de maimuţe, iar uneori vânează în grupuri. Problema e că acest lucru are prea puţin de-a face cu agresivitatea. Încă din anii '60, Konrad Lorenz a atras atenţia că o pisică care scuipă altă pisică manifestă un alt tip de comportament decât o pisică care pândeşte un şoarece. În primul caz, motivaţia este un amestec de frică şi agresivitate, iar în al doilea motivaţia este foamea. De aceea Lorenz a definit agresivitatea drept un comportament intraspecie şi tot de aceea erbivorele nu sunt considerate mai puţin agresive decât carnivorele – cine a văzut vreodată doi armăsari luptându-se poate confirma acest lucru.

Confuzia dintre comportamentul de prădător şi cel agresiv este o veche greşeală, care aminteşte de vremurile în care oamenii erau consideraţi ucigaşi incorigibili pentru că se găsiseră dovezi că strămoşii noştri mâncau carne. Imaginea „primatei ucigaşe“ a câştigat atât de mult teren, încât filmul lui Stanley Kubrick *2001: O odisee spaţială* începe cu o scenă în care un hominin îl omoară pe altul lovindu-l în moalele capului cu un femur de zebră, iar arma, aruncată victorios în aer, se transformă într-o navă spaţială intrată pe orbită. O imagine tulburătoare,

---

* În limba engleză, *to have someone by the balls* înseamnă să ai control deplin asupra persoanei respective (n. tr.).

dar care avea la bază un caz izolat: o rană descoperită în craniul fosilizat al unui copil, cunoscut drept „copilul din Taung". Cel care a descoperit fosila a tras concluzia că strămoșii noștri trebuie să fi fost canibali carnivori, idee pe care jurnalistul Robert Ardrey a preluat-o în cartea sa *African Genesis*, în care afirmă că suntem primate evoluate, și nu îngeri căzuți.[10] În prezent, ipoteza cea mai plauzibilă este că „copilul din Taung" a fost de fapt victima unui leopard sau a unui vultur.

Glorificarea violenței contrastează cu pudoarea noastră față de sex, care i-a făcut pe oamenii de știință fie să ignore subiectul, fie să-l cosmetizeze. La fel cum preferăm eufemismele – veceul îl numim „toaletă", iar expunerea accidentală a unui sfârc este considerată „defect de garderobă" –, literatura de specialitate spune despre bonobo că sunt „foarte afectuoși", când de fapt se referă la comportamente care, dacă ar avea loc în sfera publică umană, s-ar sfârși probabil cu arestarea celor implicați. Uneori, două femele își unesc vulvele umflate și încep să și le frece într-o mișcare cunoscută drept frecare genito-genitală, dar Hohmann, care a văzut mișcarea de multe ori, se întreabă: „Dar oare are vreo legătură cu sexul? Probabil că nu. E adevărat, își folosesc organele genitale, dar să fie oare un comportament erotic, sau o formă de salut, care nu are nimic în comun cu comportamentul sexual?"[11]

Din fericire, un tribunal american a lămurit această problemă extrem de importantă cu ocazia procesului Paulei Jones împotriva preșcdintclui Bill Clinton. S-a hotărât, așadar, că termenul de „sex" include orice fel de contact intenționat cu organele genitale, anusul, pântecele, sânii, interiorul coapselor sau cu fesele. Am putea despica firul în patru pe marginea acestei definiții (dacă cineva se așază intenționat pe mine, atingându-mă cu fesele, trebuie neapărat să aibă intenții sexuale?), dar să ne concentrăm mai bine pe organele genitale, a căror menire evidentă este actul sexual. Când bonobo se stimulează între ei apucându-se de testicule, frecându-și cu degetele clitorisul sau organele genitale unele de altele, în timp ce emit ţipete şi prezintă alte semne de orgasm aparent, orice terapeut sexual îţi va spune că „o fac“. Îmi vine în minte Susan Block, un terapeut american care îşi învaţă pacienţii „cum să obţină pacea prin plăcere după modelul bonobo“, un slogan pe care-l găsesc potrivit, dat fiind că, cu excepţia oamenilor, nici unui alt animal nu-i place sexul la fel de mult ca maimuţelor bonobo.[12]

Diferenţele radicale dintre bonobo şi cimpanzei au fost evidenţiate de un experiment recent privind cooperarea. Brian Hare şi colegii săi le-au adus primatelor o estradă pe care o puteau trage spre ei dacă cooperau. Când cercetătorii au pus mâncare pe estradă, bonobo s-au descurcat mai bine decât cimpanzeii. Prezenţa mâncării instigă de obicei la rivalitate, dar bonobo s-au apucat să facă sex, s-au jucat şi au împărţit fără probleme mâncarea. Cimpanzeii, în schimb, n-au reuşit să-şi depăşească spiritul competitiv. Faptul că două specii au reacţionat atât de diferit în exact aceeaşi situaţie confirmă pe deplin diferenţa de temperament dintre ele.

Dovezi în acest sens găsim şi în studiul comparativ făcut de Vanessa Woods în rândul primatelor orfane. Din păcate, şi cimpanzeii, şi bonobo cad deseori pradă vânătorilor de animale exotice din Africa. Adulţii sunt de obicei vânduţi pentru carne, în timp ce puii ajung deseori în sanctuare, unde oamenii îi îngrijesc cu afecţiune până cresc destul de mari ca să se poată descurca singuri. Woods a făcut o comparaţie detaliată între sugarii celor două specii şi a constatat că, spre deosebire de puii de cimpanzei, puii de bonobo iniţiază contactul sexual în momente de bucurie, de exemplu atunci când sunt hrăniţi. Diferenţa dintre specii devine vizibilă la vârste foarte mici.

Pe scurt, câtă vreme recunoaştem sexul drept ceea ce este şi ne concentrăm pe violenţa intraspecie (şi nu pe cea interspecii), afirmaţia că bonobo sunt relativ paşnici şi că sexul serveşte unor scopuri nereproductive, printre care salutul, rezolvarea conflictelor şi împărţirea hranei, se susţine în mare parte. Hiperbo-

Sunt oamenii îngeri căzuți? În Grădina desfătărilor lumești, *Bosch i-a pictat pe Adam și Eva uniți de un personaj care seamănă cu Isus. În mod neobișnuit, primii oameni nu sunt înfățișați nici mușcând din vreun fruct interzis, nici pe cale de a fi izgoniți. Dacă nu ar fi avut loc Căderea, oare i-ar fi așteptat un paradis al voluptății?*

lele izolate (de tipul „cimpanzeii vin de pe Marte și bonobo de pe Venus“) sunt, bineînțeles, niște exagerări; cert e că n-am fi descoperit această specie dacă ar fi fost descrisă drept afectuoasă și-atât. Indiferent ce vom descoperi în anii care urmează, odată cu întoarcerea specialiștilor pe teren în Africa, sunt sigur că specia nu va ajunge să fie descrisă în termeni hobbesieni prea curând. Chiar nu văd cum s-ar putea dovedi că, în loc să fie blândă și sexuală, această primată ar fi de fapt arțăgoasă și violentă. Primatologul japonez Takeshi Furuichi, singurul om de știință care a studiat pe teren vreme îndelungată și cimpanzeii, și bonobo, a surprins cel mai bine esența acestei primate: „La bonobo, totul e pașnic. Când le văd îmi dau seama că se bucură de viață“[13].

PARADISUL VOLUPTĂȚII

Pe când eram student, am vizitat o grădină zoologică olandeză, care acum nu mai există, unde aveau „cimpanzei pigmei“, cum erau numiți înainte bonobo. Nu mai văzusem până atunci astfel de exemplare. M-a uimit cât de diferiți erau de cimpanzei în privința comportamentului, a posturii și a aspectului. Cimpanzeii sunt niște culturiști vânjoși, pe când aceste primate aveau un aer mai degrabă intelectual. Cu gâturile subțiri și mâinile de pianiști, părea că locul lor era mai degrabă în sala de lectură decât în sala de forță. La momentul respectiv, nu se știa aproape nimic despre bonobo și am hotărât pe loc că trebuie să schimb acest lucru. Mi se dăduse de înțeles că bonobo erau doar o versiune mai mică a cimpanzeilor, ceea ce era fundamental greșit.

În ziua aceea, am văzut cum un mascul și o femelă s-au încăierat din cauza unei cutii de carton, cum se fugăreau și-și cărau pumni, până când, dintr-odată, cearta s-a terminat și au început să facă dragoste! Mi s-a părut ciudat: eram obișnuit cu cimpanzeii, care nu trec așa ușor de la furie la sex. Am crezut că a fost o simplă coincidență sau că mi-a scăpat mie ceva care explica schimbarea de comportament, pentru ca mai târziu să înțeleg că era ceva normal pentru aceste primate Kama Sutra. Am înțeles acest lucru abia după câțiva ani în care lucrasem cu ei.

Chiar dacă nu-mi propusesem să devin specialist în comportamentul sexual al primatelor, nu am avut de ales. Le-am văzut făcând sex în toate pozițiile imaginabile, ba chiar și în câteva pe care ne-ar fi greu să ni le imaginăm (de exemplu, atârnând cu capul în jos). Sexul la maimuțele bonobo se remarcă prin faptul că se întâmplă foarte ușor și că este foarte bine integrat în viața socială. Nu suntem obișnuiți să privim viața amoroasă cu acești ochi, pentru că avem prea multe idei fixe, obsesii și inhibiții. Unii oameni nu pot s-o facă cu lumina aprinsă! Iată de ce toată lumea îmi face cu ochiul auzind că fac cercetare pe bonobo, ca și cum ar fi ceva incitant, o plăcere interzisă. Dar, cu cât îi observi mai mult pe bonobo, cu atât sexul ajunge să ți se pară mai asemănător cu verificatul e-mailului, suflatul nasului sau salutul. O activitate de rutină. Noi ne folosim mâinile ca să ne salutăm, când dăm mâna sau ne batem pe umăr, în timp ce bonobo „își dau mâna cu organele genitale". Sexul durează extrem de puțin la ei, câteva secunde, nu minute. Noi asociem actul sexual cu reproducerea și dorința, în schimb pentru bonobo îndeplinește tot soiul de funcții. În nici un caz nu caută întotdeauna satisfacția sexuală, iar reproducerea este doar una dintre aceste funcții. Așa se explică de ce toate combinațiile de parteneri sunt posibile.

E limpede că această multifuncționalitate le displace unora, iar altora, din contră. Ea poate displăcea din cauza ideilor împământenite legate de rolul ierarhiilor masculine, al teritorialității și al violenței în contextul evoluției umane, motiv pentru care antropologii continuă să-i ignore pe bonobo. Consideră că nu e loc pentru primate hipiote în trecutul nostru. Pe de altă parte, nici bonobofilia nu e mai rațională. De multe ori reflectă o gândire idealistă, bazată pe o imagine nerealistă a strămoșilor noștri. După ce țin o prelegere despre bonobo, mi se întâmplă să mă oprească adepți ai poliamorului care consideră că au foarte multe în comun cu această specie sau oameni care-mi spun că visează să semene mai mult cu bonobo. Alții speculează că am fi descendenții lor direcți, cu implicația că ar trebui să adoptăm matriarhatul și să ne lepădăm de inhibițiile sexuale.

Asocierea strămoșilor noștri cu amorul liber are conotații biblice. Nu în sensul că Biblia ar încuraja promiscuitatea, ci că înainte de Cădere nu știam că amorul liber e ceva rău. Considerăm uneori că alte primate duc o viață inocentă într-un mediu natural neatins, asemănător cu ceea ce ne imaginăm că ar fi fost Edenul. Credem despre ele că nu cunosc limitările sexuale. Antropologul francez Claude Lévi-Strauss are chiar şi o teorie oficială în acest sens, conform căreia civilizaţia umană a început odată cu tabuul legat de incest. Înainte de asta, făceam sex cu oricine, indiferent dacă eram rude de sânge sau nu. Tabuul privind incestul ne-a dat imboldul de care aveam nevoie pentru a trece de la lumea naturală la cea culturală. Nici că se putea înşela mai tare Lévi-Strauss! Suprimarea consangvinizării, cum îi spun biologii, e foarte bine dezvoltată la multe animale, de la rozătoare şi musculiţele beţive la primate. E aproape un imperativ biologic pentru speciile care se reproduc prin sex. La bonobo, relaţiile sexuale dintre tată şi fiică sunt evitate prin faptul că femelele părăsesc grupul în preajma pubertăţii, alăturându-se comunităţilor vecine. Iar sexul între mamă şi fiu lipseşte cu desăvârşire, în ciuda faptului că fiii rămân pe lângă mame şi chiar călătoresc alături de acestea. Este singura combinaţie sexuală imposibilă în societatea bonobo. Toate astea în absenţa tabuurilor.

Începând cu „bunul sălbatic“ al lui Rousseau, preistoria a fost adesea reconstituită dintr-o perspectivă a nonşalanţei, potrivit căreia trăiam cu toţii laolaltă fericiţi, fără să ne frământăm o clipă în legătură cu ziua de mâine. Când a descris viaţa amoroasă a locuitorilor din Samoa, Margaret Mead pare să se fi lăsat sedusă de această perspectivă, iar un document recent produs de BBC a aplicat această prejudecată occidentală unui trib amazonian „virgin“. Doi antropologi care cunosc comunitatea peruviană Matsigenka susţin că întregul documentar e o invenţie. Iar invenţia începe cu felul în care membrii echipei de filmare ajung în sat. Se abat de la o cărare foarte umblată ca să se poată filma croindu-şi drum prin junglă până la această comunitate foarte retrasă. Se pare că documentarul e plin de greşeli de traducere stridente, care transformă replici inofensive („veniţi de departe, din locul în care trăiesc *gringo*“) în afirmaţii belicoase („pe intruşi îi omorâm cu săgeţi“). Când bătrâna căpetenie a satului spune melancolic „O să fac sex în altă zi", traducerea ne spune „Fac sex în fiecare zi".[14]

Când vine vorba de originile omului, imaginația o ia razna. Ni-i închipuim pe strămoșii noștri lipsiți de cultură, fără limbaj, aproape fără nici o tehnologie și cu limitări sexuale minime. Pare de necrezut, dar cu două secole înaintea lui Rousseau oamenii se pregăteau deja pentru astfel de fantezii despre origini, după cum reiese clar din apariția aproape simultană a *Utopiei* umanistului englez Thomas Morus și a *Grădinii desfătărilor lumești* a lui Bosch. Lumea imaginată de Morus includea un stat asistențial, absența proprietății private și eutanasia, dar nu și amorul liber. Ba, dimpotrivă, sexul înainte de căsătorie era pedepsit în *Utopia* cu celibat pentru tot restul vieții. Fantezia lui Bosch, în schimb, ne înfățișa o mulțime voioasă de bărbați și femei goi, care se zbenguie în panoul central al tripticului *Grădinii*, desfătându-și atât papilele, cât și organele sexuale. Oare ce a vrut să ne transmită pictorul? Interpretarea tradițională este că tripticul conține o reprezentare a pierderii inocenței, urmată de pedepse desprinse din iad în voleul din dreapta. Totul părea clar: sexul înseamnă păcat, iar păcătoșii ard în iad. Dacă e adevărat, atunci *Grădina* nu are o abordare morală foarte diferită de cea a *Utopiei*. Dar acum știm că lucrarea lui Bosch își dezvăluie cu greu secretele. Este, probabil, alături de *Cina cea de taină* a lui Leonardo da Vinci, care datează din aceeași perioadă, cea mai comentată operă de artă din toate timpurile. Fiecare generație îi găsește altă interpretare – deseori aceasta spune mai multe despre respectiva generație decât despre tabloul în sine.

Voleul paradisului, în stânga, ni-l arată pe Dumnezeu ținând cu blândețe încheietura Evei în mâna stângă, în timp ce cu dreapta binecuvântează uniunea dintre ea și Adam. Adam privește fix la Eva cu o privire în care unii au văzut excitație sexuală. Dacă ar fi fost așa însă, și aici vorbesc în calitate de primatolog, aș fi preferat să văd o erecție. În schimb, mădularul lui Adam pare la fel de flasc ca un șoarece adormit (Google

Earth îi permite oricui să intre în intimitatea lui Adam). Expresia de pe faţa lui pare mai degrabă uimită, ca şi cum nimeni nu i-ar fi spus că urma să cunoască o femeie. Cuplul primordial se întâlneşte într-un cadru cât se poate de neobişnuit, plin de vietăţi inventate şi animale descoperite de curând (girafe, porci spinoşi). În depărtare, vedem un şarpe încolăcit pe după un fel de nuc, dar de fapt şarpele e pe cale să cadă din copac, iar Adam şi Eva nu mănâncă nici un fruct. Într-adevăr, *Grădina* ne înfăţişează Edenul în absenţa Căderii şi a izgonirii.

Le-a luat istoricilor de artă vreo două secole să-şi dea seama că orizontul din panoul central vine în continuarea celui din voleul stâng, ceea ce-ar însemna că scena amplasată central, cu mii de oameni goi prinşi în jocuri erotice, are loc, pesemne, tot în paradis. Aceasta să fi fost soarta omenirii dacă n-am fi fost izgoniţi din paradis? Oare rezistenţa în faţa ispitei ar fi fost răsplătită cu libertate sexuală? Cum spunea un critic de artă, cetele de bărbaţi călărind măgari, cămile şi păsări cu patru picioare în jurul unor iazuri în care se scaldă femei au pe chip „un anumit tip de curiozitate sexuală adolescentină“[15]. Această descriere se potriveşte perfect primatelor bonobo. Această specie pare o versiune imatură a cimpanzeului, la fel cum noi, oamenii, suntem consideraţi o primată veşnic tânără. *Neotenia*, sau păstrarea trăsăturilor juvenile în viaţa de adult, este socotită semnul distinctiv al speciei noastre. Se poate vedea în pofta de joacă, în curiozitatea şi în creativitatea pe care le manifestăm până târziu, dar şi în sexualitatea noastră plină de imaginaţie. *Grădina* oferă o ilustrare perfectă a acestui lucru, şi, din moment ce debordează de tot felul de animale, pun pariu că dacă Bosch ar fi ştiut despre bonobo ar fi inclus câţiva în mulţimile de vietăţi zburdalnice. S-ar fi potrivit în peisaj mult mai bine decât cimpanzeii.

Unii au legat intenţiile lui Bosch de traducerea Bibliei din secolul al IV-lea, Vulgata, în care se vorbeşte despre *paradisum voluptatis*, sau „paradisul voluptăţii“. Bosch cunoştea cu siguranţă această traducere a Sfântului Ieronim, tizul lui, pe care-l admira într-atât încât l-a pictat de două ori.[16] Deși primii teologi s-au simțit stânjeniți fără îndoială de aluziile la poftă trupească, plăcere și satisfacție din Vulgată, nu puteau nega faptul că Dumnezeu crease două versiuni ale omului, echipate cu organe sexuale complementare. Bine-cunoscutul îndemn divin „Creșteți și vă înmulțiți“ nu putea fi dus la îndeplinire fără sex și plăcerea pe care o aduce acesta.

Se poate ca Bosch să fi dat o interpretare prea literală acestui îndemn, și să fi adăugat intenționat o notă provocatoare. S-a speculat, cu destul succes, că ar fi făcut parte dintr-o sectă eretică, așa-numiții „Frați și Surori ai Spiritului Liber“, care-și propunea întoarcerea la puritatea originară a omului, inclusiv la goliciune și promiscuitate. Întrucât încercau să redobândească inocența lui Adam dinaintea Căderii, membrii acestei secte erau numiți adamiți. Nu există însă dovezi concludente că Bosch ar fi fost adamit; nu se mai știa nimic despre secta cu pricina când s-a născut Bosch. E mai probabil să fi fost influențat de umanismul timpuriu, a cărui atitudine față de sex era mult mai laxă decât a Bisericii. Așa-numitul „prinț al umaniștilor“, Erasmus din Rotterdam, chiar a locuit în Den Bosch, unde a studiat latina, la câteva case mai jos de reședința familiei Bosch, pe aceeași stradă. E foarte tentant să speculăm, așadar, că cei doi moraliști satirici s-ar fi cunoscut.

Atitudinea lui Erasmus față de sexualitate era cât se poate de limpede:

> Nu am răbdare cu cei care spun că excitarea sexuală este ceva rușinos și că stimulii erotici își au originea nu în natură, ci în păcat. Nimic nu e mai departe de adevăr. Ca și cum căsătoria, a cărei funcție nu poate fi îndeplinită în lipsa acestor pulsiuni, ar fi de condamnat. La celelalte viețuitoare, de unde vin aceste pulsiuni? De la natură, sau din păcat?[17]

Iată niște afirmații foarte curajoase pentru secolul al XVI-lea! – perfect normale în cadrul dezbaterilor aprinse despre morală care au animat Renașterea din Nord. Opera lui Bosch oferă un punct de vedere foarte profund. Deși este prezentat

Panoul din mijloc al Grădinii *forfotește de oameni goi, păsări, cai și animale imaginare. Mulțimile mănâncă fructe după pofta inimii. În acest detaliu, un sticlete ține în cioc o mură pentru ca oamenii să poată mușca din ea, un gest care amintește de un vechi joc olandez pentru copii. Alții se îndeletnicesc cu amorul sau se pierd în reverie.*

adesea drept pictorul morbid al supliciului („maestrul monstruosului [...], revelatorul inconștientului", cum îi spunea Carl Jung), e de remarcat că printre personajele torturate din voleul din dreapta al *Grădinii* nu se regăsește nici unul dintre amorezii din panoul central. Se fac aluzii la poftă trupească și la sex, dar cele mai multe dintre viciile înfățișate se referă la jocurile de noroc, la lăcomie, bârfă, lene, voracitate, mândrie ș.a.m.d. E aproape ca și cum pictorul ne-ar spune că lumea e într-adevăr plină de suferință și păcat, iar păcatul va fi pedepsit, dar originea lui nu stă în iubirea trupească.

SURORILE LA PUTERE

Vernon, un mascul bonobo de la grădina zoologică din San Diego, era șeful unui mic grup din care făceau parte o femelă, Loretta – partenera și prietena lui –, și câțiva adolescenți. A fost singura dată când am văzut un grup de bonobo condus de un mascul. La momentul respectiv, am crezut că așa e regula: în definitiv, dominația masculină se regăsește la majoritatea mamiferelor, iar masculii bonobo sunt cu siguranță mai mari și mai puternici decât femelele. Dar Loretta era relativ tânără și era singura femelă din grup. Când a venit și a doua femelă, echilibrul de putere s-a schimbat.

Primul lucru pe care l-au făcut Loretta și cealaltă femelă când s-au întâlnit a fost să facă sex, zâmbind cât se poate de larg, țipând tare și ascuțit și dând clar de înțeles că primatele simt plăcerea sexuală. Aceste întâlniri lesbiene au devenit din ce în ce mai dese, aducând cu ele sfârșitul domniei lui Vernon. După câteva luni, mesele decurgeau în felul următor: cele două femele făceau sex și împărțeau mâncarea. Singurul mod în care Vernon mai putea obține ceva era să cerșească cu mâna întinsă. Ce contrast cu grupurile de cimpanzei, în care orice mascul sănătos domină toate femelele!

Dominația feminină e specifică și primatelor bonobo care trăiesc în sălbăticie, după cum explică Furuichi:

> Când femelele se apropiau de masculii care se hrăneau într-o poziție preferată, într-unul dintre locurile cu mâncare, masculii își cedau poziția femelelor care ajunseseră mai târziu. Mai mult, masculii așteptau de obicei pe margine până când femelele terminau de mâncat. În caz de conflict deschis, femelele aliate îi puneau uneori pe fugă pe masculi, însă masculii nu formau niciodată alianțe agresive împotriva femelelor. Chiar și masculul alfa se retrăgea uneori în fața unei femele de rang mijlociu sau chiar inferior.[18]

O posibilă explicație pentru particularitățile acestei societăți neobișnuite este nevoia evolutivă de a-și proteja puii. Cimpanzeii masculi omoară ocazional puii sugari ai propriei specii, iar oamenii nu sunt nici ei mai grozavi. Abuzul și moartea pot surveni în sânul familiei, dar și la o scară mai mare, ca atunci când Irod „trimițând a ucis pe toți pruncii care erau în Betleem și în toate hotarele lui, de doi ani și mai jos“ (Matei 2:16). La bonobo nu se întâmplă așa ceva nici la scară mică, nici la scară mare. Motivul este, în primul rând, că mamelor, fiind sexul dominant, le e mai ușor să-și apere odraslele. Mai mult, dat fiind că actul sexual este atât de spontan, orice mascul adult poate fi tatăl oricărui pui. Nu că masculii bonobo ar ști ce este paternitatea, dar ce-ar putea fi mai rău decât să-ți omori progenitura? Mecanismul selecției naturale exclude vehement acest tip de comportament, astfel că promiscuitatea protejează puii. Acest lucru se vede cel mai bine la proaspetele mame bonobo. În loc să stea departe de adunările numeroase, cum fac în mod înțelept mamele cimpanzeu, ele se alătură grupului imediat după ce au născut. Mamele bonobo se comportă ca și cum nu le-ar fi frică de nimic.

În acest context, singurul caz de violență feroce înregistrat la bonobo sălbatici nu e lipsit de logică. Hohmann și soția lui, Barbara Fruth, au fost martorii unui incident trist în pădurea Lomako, al cărui protagonist a fost un mascul tânăr pe nume Volker. Din fericire pentru Volker, mama lui, Kamba, era femela alfa a comunității Eyengo, în care el se născuse. Masculii bonobo sunt foarte atașați de mamele lor. Dacă se întâmpla ca Volker să dea de necaz cu alți masculi sau să-l fugărească femelele, mama lui intervenea și îl scăpa. Pe măsură ce creștea, Volker ocupa poziții din ce în ce mai înalte printre masculi, urcând scara socială cu ajutor matern. A devenit, de asemenea, prieten apropiat cu o anumită femelă pe nume Amy. La scurt timp după ce Amy a născut primul pui, a avut însă loc următorul episod neprevăzut, în timp ce un număr mare de bonobo își făceau provizii dintr-un pom plin de fructe dulci și lucioase de mangustan:

> Volker sare pe o creangă pe care se află Amy și puiul ei. Pentru o clipă, femela pare să-și piardă echilibrul, dar se ține bine și-l împinge apoi pe Volker de pe creangă. Acesta sare pe pământ, urmat de Amy, care țipă. Saltul celor doi provoacă agitație: femele și masculi adulți coboară din copac și, în doar câteva momente, pădurea se transformă într-un câmp de bătălie. Scena nu se vede din cauza vegetației dese,

dar țipetele înfiorătoare ale maimuțelor dau de înțeles că nu e o luptă simulată, ci una feroce.[19]

Atacul celor cincisprezece sau mai multe primate a fost îndreptat exclusiv împotriva lui Volker, care a ajuns să fie târât de colo-colo. Până la urmă, oamenii l-au găsit pe jos, ținându-se disperat cu mâinile și picioarele de un copac, cu fața contorsionată într-o grimasă de frică. Toți bonobo erau agitați, aveau părul zbârlit și țipau, scoțând sunete de avertizare care să-i țină la distanță pe oamenii care ar fi vrut să se apropie. Pe chipurile lor se citeau emoții pe care Hohmann și Fruth nu le mai văzuseră până atunci. Cel mai surprinzător a fost că Amy, care ocupa o poziție mai degrabă inferioară, a putut declanșa un asemenea atac, iar Kamba nu s-a amestecat deloc. În mod normal, Kamba ar fi sărit fără preget în ajutorul fiului ei, dar, când cercetătorii au căutat-o după incident, au găsit-o ascunzându-se foarte sus în frunzișul unui copac.

Cercetătorii bănuiesc că Volker i-ar fi amenințat lui Amy puiul sugar. Să fi încercat oare să-l fure, așa cum fac uneori cimpanzeii masculi? Dacă da, Volker a evaluat greșit instinctul de apărare manifestat de comunitate. Un mascul care încearcă să pună mâna pe un pui se expune aparent unor repercusiuni îngrozitoare. Izbucnirea aceasta violentă sugerează că societatea bonobo are și o latură profundă, dincolo de fațada libertină: un mecanism moral menit să apere interesele celor mai vulnerabili. Orice încălcare a codului atrage după sine o pedeapsă atât de puternică, încât și cei mai impunători membri ai societății, cum ar fi femelele alfa, se tem să i se opună.

Solidaritatea la bonobo este posibilă datorită habitatului, care permite mai multă coeziune socială decât al cimpanzeilor. Ca să caute sursele de hrană aflate la mari distanțe între ele, cimpanzeii trebuie să se împartă în grupuri mici sau să parcurgă mai mulți kilometri singuri. La bonobo e altfel. Aceștia rămân împreună, îi așteaptă pe cei care au încetinit și formează un cor de „chemări la apus“, adunând comunitatea laolaltă, în timp ce-şi fac culcuşuri pentru noapte, în coronamentul copacilor. În mod evident, le place tovărăşia. Accesul la pomi fructiferi uriaşi, precum şi la o bogăţie de plante hrănitoare care cresc la sol le susţine societatea foarte bine închegată, al cărei nucleu constă în legătura dintre „surorile de-a doua“. Le numesc „de-a doua“ pentru că, fiind sexul migrator, femelele din cadrul aceleiaşi comunităţi de cele mai multe ori nu sunt înrudite între ele.

Fascinaţia faţă de pui este, desigur, caracteristică tuturor mamiferelor. Cineva mi-a relatat o întâlnire uimitoare, care ilustrează cât de mult ţin bonobo la progeniturile lor. O colegă de-a mea, Amy Parish, s-a împrietenit cu mai multe femele bonobo de la grădina zoologică. Aceste femele o îmbrăţişau pe Amy ca pe una de-a lor, lucru care mie nu mi s-a întâmplat niciodată, dat fiind că primatele fac o deosebire clară între sexe şi în cazul oamenilor. Se mai întâmpla ca Loretta să-mi facă avansuri sexuale peste şanţ (întorcându-şi vulva umflată spre mine şi trăgând cu ochiul la mine printre picioare), dar, pentru că sunt mascul, nu am fost niciodată inclus în gineco-craţia pe care o formează societatea lor. Amy, în schimb, a primit o dată şi mâncare, poate îi era foame. Când şi-a vizitat prietenele bonobo câţiva ani mai târziu, a vrut să li-l arate pe fiul ei nou-născut. Din spatele geamului, femela cea mai bătrână a aruncat o privire spre copilul lui Amy, apoi a fugit în camera alăturată. S-a întors repede şi şi-a ridicat propriul pui în dreptul geamului, pentru ca cei doi sugari să se poată privi în ochi.

UN CREIER EMPATIC

Când compar societatea bonobo cu a noastră, văd prea multe diferenţe ca să cad în capcana gândirii idealiste inspirate de aceste primate. Nu cred că amorul liber aşa cum îl practică ei ni s-ar potrivi nouă. Evoluţia ne-a oferit propriul mod de-a ne proteja puii, la antipodul celui pe care-l regăsim la bonobo. În loc să diminueze paternitatea, oamenii se îndrăgostesc și deseori rămân fideli unei singure persoane, cel puțin pentru o vreme. Prin căsătorie și fidelitatea impusă moral, multe societăți încearcă să discearnă care masculi sunt tații căror odrasle. Este o încercare imperfectă, care lasă loc promiscuității și incertitudinii, dar care ne-a dus în cu totul altă direcție. În mod universal, masculii speciei umane împart resursele cu mamele și progeniturile și ajută la îngrijirea copilului, lucru practic inexistent în lumea primatelor bonobo și a cimpanzeilor. Cel mai important, partenerii oferă protecție împotriva altor masculi.

Pentru a afla ce avem în comun cu rudele noastre primate, cel mai ușor e să-i comparăm pe cimpanzeii masculi cu cei umani. Primii vânează împreună, formează coaliții împotriva rivalilor politici și apără împreună teritoriul de intruziunea vecinilor ostili; în același timp însă, concurează între ei pentru poziție socială și pentru femele. Tensiunea aceasta dintre camaraderie și rivalitate le este foarte familiară masculilor umani în cadrul echipelor sportive și al corporațiilor. Bărbații concurează intens între ei, dar în același timp sunt conștienți că au nevoie unii de alții pentru ca echipa lor să nu piardă. În cartea *You Just Don't Understand*, lingvista Deborah Tannen descrie situațiile în care bărbații se folosesc de conflicte pentru a-și negocia poziția socială, precum și faptul că le face plăcere să se încontreze în joacă cu prietenii lor. Când lucrurile devin tensionate, se împacă cu o glumă sau își cer scuze. Oamenii de afaceri, de exemplu, sunt agresivi și țipă unii la alții în timpul unei întâlniri, apoi fac o pauză și merg la baie, unde glumesc și uită de ceartă râzând.

Granița neclară dintre conflict și cooperare nu e întotdeauna limpede pentru femei (pentru care o prietenă și o rivală sunt lucruri complet diferite), dar mie îmi este foarte intimă pentru că am crescut într-o familie cu șase băieți și nici o fată. De fapt, interesul meu pentru felul în care cimpanzeii se împacă după o ceartă a izvorât parțial din refuzul meu de a privi agresivitatea ca pe ceva rău în sine, aceasta fiind perspectiva dominantă la momentul în care mi-am început cercetarea. Comportamentul agresiv a fost etichetat drept „asocial". Eu nu-l vedeam aşa. Pentru mine, încăierările şi bătăile erau un mod de-a negocia relaţii şi consideram că sunt distructive numai în absenţa inhibiţiilor sau dacă nimeni nu încerca o împăcare ulterior. Cimpanzeii masculi se înţeleg bine majoritatea timpului şi chiar se pricep mai bine decât femelele să reducă tensiunile prin sesiuni lungi de toaletare împreună cu cel mai mare rival al lor. Să ţii ranchiună nu e deloc un comportament tipic masculin.

Există, desigur, şi asemănări între oameni şi bonobo, mai ales când e vorba de empatie şi de funcţiile sociale ale sexului. Deşi oamenii nu fac sex cu aceeaşi uşurătate şi la fel de public ca bonobo, în cadrul familiei umane sexul funcţionează ca un liant social, care aplanează micile conflicte la fel ca în comunităţile de bonobo. Consider că aceste maimuţe sunt deosebit de empatice, mai mult decât cimpanzeii. Imediat cum un bonobo are şi cea mai mică rană, va fi înconjurat de semenii lui, care vor veni să-l examineze, să-l lingă sau să-l toaleteze. Robert Yerkes povesteşte în cartea sa *Almost Human* cum primata lui bonobo a avut grijă de un tovarăş foarte bolnav şi afirmă că, dacă ar descrie în detaliu îngrijirile, ar fi probabil acuzat „că idealizează o maimuţă"[20].

Ştim doar de puţin timp cum exprimă creierul unui bonobo această sensibilitate. Primul indiciu a venit de la nişte neuroni speciali, celulele în formă de fus, despre care se credea că au un rol în conştiinţa de sine, în empatie, în simţul umorului, în autocontrol şi în alte puncte forte ale omului. Iniţial, aceşti neuroni au fost identificaţi doar la oameni, dar, cum se întâmplă de obicei, au fost descoperiţi ulterior şi în creierul primatelor, inclusiv la bonobo.[21] A urmat apoi un studiu comparativ între anumite zone din creierul de cimpanzeu şi din cel de bonobo. Zonele care au un rol în percepţia suferinţei celuilalt, precum amigdala şi cortexul insular anterior, apar mărite în cazul primatelor bonobo. Creierul acestora conţine şi căi neuronale bine definite care controlează impulsurile agresive. Într-un raport privind aceste diferențe neurologice, James Rilling și colegii săi au conchis că bonobo au un creier empatic:

> Considerăm că acest sistem neuronal nu susține doar o sensibilitate empatică accentuată în cazul primatelor bonobo, ci și comportamente precum joaca și sexul, ca mijloace de risipire a tensiunii, reducând astfel suferința și anxietatea la niveluri propice unui comportament prosocial.[22]

Toate acestea erau necunoscute atunci când am avut eu prima întâlnire cu această specie și nu fac decât să confirme că am avut dreptate să cred că bonobo sunt diferiți. Francezii îi numesc „cimpanzeii de pe malul stâng", atât datorită stilului lor de viață alternativ, cât și pentru că trăiesc pe malul sudic al râului Congo. Acest râu impresionant îi izolează de cimpanzeii și gorilele din nord. Bonobo au însă câte un strămoș comun cu ambele primate, cel pe care îl împart cu cimpanzeii nefiind mai vechi de un milion de ani. Întrebarea-cheie e însă dacă acest strămoș semăna cu bonobo sau cu cimpanzeii. Cu alte cuvinte, care din cele două specii e mai aproape de original, respectiv mai asemănătoare fizic și prin comportament cu primata din care ne tragem și noi? Pentru moment, cea mai sigură ipoteză este că cimpanzeii și bonobo ne seamănă la fel de mult, dat fiind că s-au separat la mult timp după ce ne-am separat noi de strămoșul lor comun. O estimare frecventă este că împărtășim 98,8% din ADN cu ei, deși conform altor calcule ar fi vorba „doar" de 95%.

Publicarea recentă a genomului bonobo confirmă faptul că oamenii împărtășesc cu această specie gene pe care nu le au în comun cu cimpanzeii; pe de altă parte însă, avem gene pe care le împărtășim doar cu cimpanzeii, nu și cu bonobo.[23] În așteptarea unor analize comparative mai precise ale ADN-urilor, e clar că argumentul că doar cimpanzeii sunt relevanți pentru istoria evoluției umane și-a pierdut greutatea. Bonobo sunt și ei la fel de importanți. Specia noastră are în comun un mozaic de caractere cu ambele primate, sau, cum am spus cândva, noi, oamenii, suntem „primate bipolare". În zilele bune suntem la fel de agreabili ca bonobo, iar în zilele proaste suntem la fel de dominatori şi violenţi ca cimpanzeii. Comportamentul strămoşului nostru comun rămâne un mister, dar studiile privind bonobo ne oferă informaţii esenţiale în acest sens. Aceştia nu au părăsit niciodată pădurea tropicală umedă, în vreme ce cimpanzeii s-au extins radial până au ajuns în zone păduroase semideschise, iar spiţa noastră a părăsit cu totul pădurea. E posibil, aşadar, ca bonobo să fi avut cele mai puţine motive să evolueze şi să fi reţinut mai multe trăsături originare. Anatomistul american Harold Coolidge a sugerat acelaşi lucru când, în 1933, a conchis pe baza necropsiilor că bonobo seamănă „cel mai mult cu strămoşul comun al cimpanzeilor şi oamenilor, mai mult decât orice cimpanzeu în viaţă"[24].

Capitolul 4

DUMNEZEU A MURIT, SAU E DOAR ÎN COMĂ?

Nu folosește la nimic să încerci să convingi un om să renunțe în mod rațional la o idee la care nu a ajuns tot pe cale rațională.

– Jonathan Swift[1]

Într-o dimineață liniștită de duminică, coboram alene pe aleea din fața casei mele din Stone Mountain, Georgia, ca să-mi iau ziarul. Când ajung la poalele dealului, văd un Cadillac care se oprește chiar în fața mea. Un bărbat solid în costum iese din mașină și-mi întinde mâna. Urmează o strângere hotărâtă de mână, însoțită de vocea sa tunătoare, aproape veselă, care-mi spune: „Sunt în căutare de suflete pierdute!" Pe lângă faptul că sunt un pic cam credul, mă și prind destul de greu, așa că n-am înțeles în primă fază la ce se referea. M-am întors și m-am uitat în spatele meu crezând că poate și-a pierdut câinele, apoi mi-am revenit și am mormăit ceva de genul: „Îmi pare rău, nu sunt foarte credincios".

Ceea ce era, desigur, o minciună, pentru că de fapt nu sunt credincios deloc. Bărbatul, un pastor, a fost luat prin surprindere, probabil mai mult din cauza accentului decât a răspunsului meu. Pesemne s-a gândit că-i va fi greu să convertească un european la religia lui, așa că s-a întors la mașină, dar nu înainte de a-mi înmâna cartea lui de vizită, în caz că mă răzgândeam. Ziua începuse promițător, iar acum iată-mă muncit de gândul că voi ajunge în iad.

Am fost crescut în credința catolică, și nu într-un mod relaxat, ca soția mea, Catherine. În tinerețea ei, mulți catolici din Franța nu prea mai mergeau la biserică în afara celor trei ritualuri de trecere: botezul, căsătoria și înmormântarea. Și numai la cel de-al doilea mergeau în cunoștință de cauză. În schimb, acolo unde mi-am petrecut eu tinerețea, în sudul Olandei – cunoscut și ca regiunea „mai jos de râuri“ –, catolicismul a avut un rol esențial. Era un element definitoriu, care ne diferenția de protestanții de „mai sus de râuri“. În fiecare duminică dimineața, mergeam la biserică în hainele noastre bune, la școală eram catehizați, cântam, ne rugam și ne spovedeam, iar un vicar sau episcop era prezent la fiecare eveniment oficial ca să stropească cu apă sfințită (gest pe care copiii îl imitau în glumă acasă folosind peria de WC). Eram catolici până în măduva oaselor.

Eu însă m-am schimbat. În interacțiunile mele cu persoanele credincioase și necredincioase deopotrivă, pun o limită clară, în funcție nu de credință, ci de nivelul lor de dogmatism. Consider dogmatismul un pericol mult mai mare decât religia în sine. Cel mai mult mă intrigă de ce ar renunța cineva la religie, dar nu și la ochelarii de cal asociați uneori cu aceasta. De ce sunt „neoateii“ din ziua de azi atât de obsedați de inexistența lui Dumnezeu, încât fac un întreg tărăboi în mass-media, poartă tricouri prin care-și proclamă lipsa credinței sau apelează la ateismul militant?[2] Ce are ateismul de oferit ca să merite să lupți pentru el?

Cum bine a spus un filozof, să fii ateu militant e ca și cum „ai dormi plin de furie“[3].

CUM MI-AM PIERDUT CREDINȚA*

Am fost un copil prea zvăpăiat ca să pot asista la o slujbă religioasă de la început până la sfârșit; aceasta avea asupra mea un efect comparabil cu dresajul prin aversiune. Priveam ritualul

* În original, *Losing My Religion*, aluzie la bine-cunoscutul cântec cu același nume, de pe albumul *Out of Time*, din 1991, al formației americane de rock alternativ R.E.M. (n. tr.).

ca pe un spectacol de păpuşi, cu o intrigă cât se poate de previzibilă. Singurul aspect care-mi plăcea cu adevărat era muzica. În continuare îmi plac misele, pasiunile, recviemurile şi cantatele şi chiar nu înţeleg de ce Johann Sebastian Bach a compus cantatele seculare, care sunt net inferioare celor religioase. Dar, în afară de faptul că mi-am dezvoltat gustul pentru muzica impunătoare a lui Bach, Mozart, Haydn şi a altora, lucru pentru care rămân veşnic recunoscător, nu am simţit nici o atracţie faţă de religie, nu am vorbit niciodată cu Dumnezeu şi nu am avut niciodată vreo legătură specială cu el. Când am plecat la facultate, la vârsta de şaptesprezece ani, mi-am pierdut repede orice reminiscenţă de religiozitate. Nu am mai călcat de atunci în vreo biserică. A fost mai degrabă o decizie inconştientă, sau, oricum, nu-mi amintesc să mă fi frământat prea mult pe tema asta. Eram înconjurat de alţi foşti catolici şi nu vorbeam despre religie decât ca să râdem de papi, preoţi, procesiuni şi altele asemenea. Numai când m-am mutat într-un oraş din nord, mi-am dat seama ce relaţie complicată au unii oameni cu religia.

Mare parte din literatura olandeză de după cel de-al Doilea Război Mondial a fost scrisă de foşti protestanţi care nutreau resentimente faţă de copilăria lor austeră. „Tot ce nu e voia lui Dumnezeu e interzis", aceasta era regula de căpătâi a Bisericii Reformate. Accentul pus pe frugalitate, pe hainele negre, pe lupta continuă cu tentaţiile trupului, pe lecturile frecvente din Scriptură în timpul meselor în familie şi Dumnezeul său punitiv – toate acestea au contribuit mult la literatura olandeză. Am încercat să citesc aceste cărţi, dar n-am înaintat prea mult: sunt prea deprimante! Comunitatea religioasă ţinea pe toată lumea sub o supraveghere strictă şi era gata oricând să arate cu degetul. Am auzit poveşti şocante, din viaţa reală, despre nunţi de la care mirele şi mireasa au plecat plângând după o predică despre pedepsele care îi aşteaptă pe păcătoşi. Chiar şi la înmormântări, se spunea uneori despre mort că-l aşteaptă focul şi pucioasa, pentru ca văduva sa şi restul lumii să n-aibă nici un dubiu legat de destinaţia acestuia. Chestii optimiste.

În schimb, când preotul venea la noi în vizită, era întotdeauna aşteptat cu un trabuc şi un pahar cu *jenever* (un fel de gin olandez) – toată lumea ştia că preoţimea iubeşte traiul bun. Religia avea restricţiile ei, mai ales reproductive (contracepţia era ceva rău), dar se vorbea despre iad mult mai rar decât despre rai. Cei din sud se mândresc cu atitudinea lor de *bon viveurs* şi susţin că nu e nimic rău în a te bucura puţin de viaţă. Nordicilor le păream probabil imorali, în condiţiile în care noi consideram că berea, sexul, dansul şi mâncarea erau bucurii fireşti. Astfel se explică o poveste pe care am auzit-o de la un indian hinduist care s-a căsătorit cu o calvinistă olandeză din nord. Deşi părinţii femeii nu aveau nici cea mai mică idee ce înseamnă hinduismul, s-au simţit uşuraţi că noul lor ginere cel puţin nu era catolic. Pentru ei, credinţa în mai multe zeităţi era mai puţin gravă decât modul de viaţă eretic şi păcătos practicat de vecini.

Atitudinea sudică transpare în picturile lui Pieter Bruegel[4] şi Bosch, multe dintre ele amintind de carnaval sau de Lăsata-secului. În Den Bosch, carnavalul – când oraşul îşi schimbă numele în *Oeteldonk* –, este un eveniment important; aceeaşi sărbătoare se ţine şi în Germania catolică, aflată la mică distanţă, în oraşe precum Köln şi Aachen, de unde se trăgea familia lui Bosch (numele tatălui său, „van Aken", făcând trimitere la cel din urmă). Bosch a cunoscut, pesemne, foarte bine atmosfera de bâlci a carnavalului şi felul în care măştile anonime anulau diferenţele de statut. La fel ca Mardi Gras-ul din New Orleans, carnavalul este la bază o petrecere uriaşă în care rolurile se inversează – o sărbătoare a libertăţii sociale. *Grădina desfătărilor lumeşti* ajunge la acelaşi rezultat prin faptul că toate personajele sunt înfăţişate în pielea goală, cum au venit pe lume. Sunt convins că Bosch a văzut această goliciune ca pe un semn de libertate, şi nu de desfrânare, cum au interpretat-o unii.

Se prea poate ca cei care se despart de religie pentru a fi atei să păstreze ceva din atitudinea religioasă. Dacă religia nu are putere asupra vieții tale, apostazia nu e mare lucru, iar consecințele ei nu vor persista. De aici apatia care a caracterizat generația mea de foști catolici, care au crescut în atmosfera critică față de Vatican creată de părinții noștri, într-o cultură care atenua dogma religioasă cu gustul pentru plăcerile vieții. Cultura e foarte importantă, fapt dovedit de catolicii care au crescut în enclavele papiste aflate „mai sus de râuri“ și care mi-au mărturisit că au avut o copilărie la fel de austeră ca reformații în mijlocul cărora trăiau. Religia și cultura se întrepătrund într-o asemenea măsură, încât un catolic din Franța nu va semăna cu unul din sudul Olandei, care la rândul lui se va deosebi de unul din Mexic. Nici unul dintre noi n-ar concepe să se târască în genunchi, plin de sânge, pe treptele unei catedrale ca să-i ceară iertare Fecioarei din Guadalupe. Am auzit, de asemenea, catolici americani punând accentul pe vină într-un mod total străin mie. Prin urmare, faptul că foștii catolici din sud nu nutresc sentimentele amare pe care le nutresc foștii protestanți din nord față de religia în care au crescut se datorează în egală măsură culturii și religiei.

Egbert Ribberink și Dick Houtman, doi sociologi olandezi care se consideră, unul, „prea credincios ca să fiu ateu“ și, celălalt, „prea necredincios ca să fiu ateu“, sunt de părere că există două tipuri de atei. Primii nu sunt deloc interesați să-și aprofundeze vederile și încă mai puțin să și le apere. Acești atei consideră că atât credința, cât și absența ei sunt chestiuni private. Respectă alegerea fiecăruia și nu simt nevoia să-i deranjeze pe alții cu a lor. Cei care se încadrează în a doua categorie se opun vehement religiei și percep privilegiile de care aceasta se bucură în societate ca pe o ofensă. Acești atei nu consideră că lipsa credinței trebuie ținută secretă. Ei vorbesc despre nevoia de „a se afișa“, împrumutând terminologia de la mișcarea gay, ca și cum faptul că ei nu cred ar fi un secret interzis pe care vor în sfârșit să-l împărtășească restului lumii. Diferența dintre cele două categorii se reduce în final la caracterul privat sau public al vederilor lor.

Îmi place această analiză mai mult decât abordarea obișnuită centrată pe secularizare, care nu face decât să inventarieze câți oameni cred și câți nu cred. S-ar putea ca într-o zi să mă ajute să-mi probez teza conform căreia ateismul militant pornește de la o traumă. Cu cât religia în care cineva a crescut a fost mai strictă, cu atât e mai mare nevoia de-a o combate și de-a înlocui vechile certitudini cu unele noi.

DOGMATISM ÎN SERIE

În Statele Unite, religia este atât de importantă, încât lipsa credinței este cel mai mare handicap pe care-l poate avea un politician care candidează la președinție, mai mare decât acela de a fi gay, necăsătorit, căsătorit a treia oară sau negru. Situația e deranjantă, desigur, și explică de ce ateii își cer atât de răspicat locul la masă. Acești oameni încearcă să-și facă loc pe lângă uriașul care este religia, dar nu pot scăpa de sub dominația lui, pentru că, dacă nu ar exista religia, ce rost ar mai avea ateismul?

Dornice să valorifice această luptă inegală prin umor, canalele americane de televiziune oferă ocazional rezumate ale acestei dezbateri, dovedind încă o dată că „viața bate filmul". La emisiunea *O'Reilly Factor* de pe Fox News, a fost invitat David Silverman, președinte al *American Atheist Group* (Grupul ateilor americani), pentru o discuție legată de niște panouri pe care scria că religia este o „șarlatanie". Pe tot parcursul interviului, Silverman și-a păstrat o atitudine agreabilă, afirmând că nu avem nici un motiv de tulburare, din moment ce panourile lui nu fac altceva decât să spună adevărul: „Toată lumea știe că religia e o șarlatanie!" Bill O'Reilly, care e catolic, și-a exprimat dezacordul, explicând că religia nu poate fi o escrocherie din moment ce: „Mareea urcă, mareea coboară. Nici măcar o dată nu s-a încurcat. Nu poți explica asta". A fost prima dată când am auzit pe cineva invocând mareea ca dovadă a existenței lui Dumnezeu. Părea un scheci în care un actor zâmbitor le spune credincioșilor că sunt prea proști ca să vadă că religia nu e decât o escrocherie, dar că n-au de ce să se simtă ofensați, în timp ce altul argumentează că creșterea și scăderea nivelului oceanelor este dovada intervenției unei puteri supranaturale, de parcă gravitația și rotația planetei nu ar fi o explicație suficientă pentru acest fenomen.[5]

Aceste schimburi îmi confirmă de fiecare dată că credincioșii sunt gata să spună orice ca să-și apere credința și că, în schimb, unii atei s-au transformat în evangheliști. Nimic nou în primul caz, dar zelul ateilor continuă să mă surprindă. De ce „să dormi plin de furie" dacă nu te confrunți cu niște demoni interiori pe care trebuie să-i ții la distanță? La fel cum pompierii sunt uneori piromani pe ascuns, iar homofobii sunt homosexuali reprimați, putem presupune oare că și o parte dintre atei tânjesc în secret după certitudinea oferită de religie? Să-l luăm ca exemplu pe Christopher Hitchens, răposatul autor britanic al cărții *Dumnezeu nu este mare*. Pe Hitchens îl îngrozea dogmatismul religiei, deși el însuși a trecut de la marxism (a fost troțkist) la creștinismul ortodox grec, apoi la neoconservatorismul american, iar într-un final a adoptat o poziție „anti-teistă", dând vina pe religie pentru toate problemele lumii.[6] Astfel a pendulat de la stânga la dreapta, de la a fi împotriva Războiului din Vietnam la a încuraja Războiul din Irak, de la a fi pro la a fi anti-Dumnezeu. Altfel spus, a sfârșit prin a-l prefera pe Dick Cheney Maicii Tereza.

Unii oameni tânjesc după dogmă, dar nu reușesc să se hotărască asupra conținutului ei. Și așa devin dogmatici în serie. Hitchens a făcut o mărturisire relevantă: „Sunt zile când mi se face dor de vechile mele convingeri, ca și cum ar fi un membru amputat"[7], de unde reiese că intrase într-o nouă etapă a vieții sale, marcată de îndoială și reflecție. Cu toate acestea, nu a făcut decât să lase să-i crească un membru dogmatic nou.

Dogmaticii au un avantaj: nu ştiu să asculte. Şi de aici conversaţiile spumoase când se adună mai mulţi la un loc, la fel cum masculii unor specii de păsări se adună în aşa-numitele zone de „lek“ special pentru a-şi expune penajul splendid în faţa femelelor aflate în trecere. După astfel de discuţii, mai că îmi vine să cred în „teoria argumentativă“, potrivit căreia evoluţia raţiunii umane nu a fost motivată de dragostea de adevăr, ci mai degrabă de dorinţa de a străluci într-o discuţie. Universităţile de pretutindeni au organizat dezbateri pe placul mulţimilor între „coloşi“ intelectuali pro-religie şi anti-religie. O astfel de dezbatere a avut loc în 2009, în cadrul unui mare festival al ştiinţelor organizat în oraşul Puebla, din Mexic. Mi-am ţinut prelegerea într-o secţiune diferită, mai ştiinţifică, dar am asistat din public, alături de alţi patru mii de oameni, la încălzirea care ni s-a făcut pentru cea mai mare înfruntare a cuvintelor. Întrebaţi dacă cred în Dumnezeu, aproximativ 90% din cei din public au ridicat mâna în semn că da. Ambianţa era cât se poate de neintelectuală. Pe scenă era amenajat un fel de ring de box (cu sfori pe după stâlpi, cu nişte mănuşi de box roşii atârnând într-un colţ), iar vorbitorii au intrat unul câte unul pe scenă, în acordurile unei muzici marţiale. Invitaţii erau cei bine-cunoscuţi. În afară de Hitchens, au mai vorbit Dinesh D'Souza, Sam Harris, filozoful Dan Dennett şi rabinul Shmuley Boteach.

M-aş mira să aflu că măcar unul dintre cei aflaţi în public şi-a schimbat convingerile în urma acestei dezbateri, că vreun credincios a devenit necredincios, sau invers. Am aflat că religia este sursa tuturor relelor şi „un ghid al realităţii“ inferior ştiinţei, dar şi că în absenţa religiei nu ar exista moralitate şi speranţă pentru cei care se tem de moarte. Fără Dumnezeu, normele morale „n-ar fi altceva decât pretexte pentru preferinţele personale“, a exclamat rabinul, învârtindu-şi mâinile deasupra capului ca şi cum ar fi rotit blatul de pizza. Alţii au vorbit pe un ton lipsit de umor, aproape ameninţător, ca şi cum cei care ar îndrăzni să ignore mesajul lor vor avea în mod sigur de pătimit. Dumnezeu nu e un subiect de râs.

Atmosfera de circ m-a readus la întrebarea mea inițială legată de ateii evangheliști. E limpede de ce religia încearcă să recruteze credincioși. E vorba de organizații mari, cu interese financiare, care, cu cât au mai mulți adepți, cu atât sunt mai prospere. Construiesc catedrale, precum cea pe care am vizitat-o în Puebla, și capele, precum Capilla del Rosario, cu stucaturi îmbrăcate în aur de 23 de carate și jumătate. Nu am văzut niciodată un interior atât de bogat ornamentat, probabil plătit de generații întregi de țărani mexicani săraci. Dar de ce și-ar asuma ateii o misiune mesianică? Și de ce ar vrea să asmută o religie împotriva celeilalte? Harris, de exemplu, înfierează islamul, o religie de altfel ușor de criticat, pe care îl consideră cel mai mare dușman al Vestului.[8] Dacă mai arăți și câteva imagini cu femei cu văl și pomenești de infibulație, cine-ți va mai putea contesta repulsia față de religie? Sunt la fel de oripilat ca oricine, dar, dacă scopul lui Harris este să demonstreze că religia nu promovează moralitatea, atunci de ce atacă neapărat islamul? Nu e mutilarea genitală ceva frecvent și în Statele Unite, unde nou-născuții de sex masculin sunt în mod frecvent circumciși fără consimțământul lor? Nu va fi nevoie, desigur, să mergem până în Afghanistan ca să găsim lacune în peisajul moral.

Dacă unele religii sunt mai rele decât altele înseamnă că există și religii bune. Tare mult mi-ar plăcea să aud ce înseamnă o religie bună din perspectiva unui ateu sau de ce religii diferite promovează moralități diferite. Să fie oare pentru că religia și cultura se întrepătrund într-o asemenea măsură încât nu există moralitate universală? În loc să mediteze la astfel de probleme, publicul este îndemnat să urască practicile străine lui, ceea ce e cam la fel de ușor ca a-l face să se îngrozească arătându-i cum cineva e omorât cu drujba.

Mai există și mitul potrivit căruia știința „bate“ religia la toate capitolele și că știința distrage de la religie, și invers, ca într-un joc cu sumă nulă. Această abordare ne parvine de la polemiștii americani ai secolului al XIX-lea, faimoși pentru afirmația că dacă ar fi după religie încă am crede că Pământul e plat.[9] Argumentele lor nu erau însă decât propagandă pură. Speculațiile despre forma rotundă a planetei noastre datează din vremea lui Aristotel și a altor greci antici, iar fiecare savant care a trăit în așa-zisul Ev Mediu întunecat le cunoștea prea bine. În *Divina comedie* a lui Dante, pământul apare ca o sferă, iar voleul tripticului lui Bosch, *Grădina desfătărilor lumești*, alege calea de mijloc, înfățișând un Pământ plat suspendat într-o sferă transparentă, înconjurată de cosmosul întunecat. Există și în ceea ce privește evoluția tendința de a sublinia opoziția puternică a religiei, ignorând faptul că Biserica Romano-Catolică nu a condamnat niciodată oficial teoria lui Darwin și nici nu a pus-o la index (în lista cărților interzise). Vaticanul a susținut evoluția ca pe o teorie compatibilă cu credința creștină. E adevărat, susținerea a venit cam târziu, dar e bine de știut că teoria evoluției este contestată aproape exclusiv de neoprotestanții din Sudul Statelor Unite ale Americii și din Mid West.

Relația dintre știință și religie a fost întotdeauna complexă: în țesătura ei au intrat deopotrivă conflictul, respectul reciproc și patronajul bisericii asupra științelor. Primii copiști, de care știința a ajuns să depindă, au fost rabinii și călugării, iar primele universități s-au dezvoltat pornind de la școlile de pe lângă catedrale și mănăstiri. Papalitatea a susținut activ înființarea și proliferarea universităților. La una dintre primele universități, în Paris, studenții s-au tuns cu tonsură ca să-și arate devotamentul față de biserică, iar cel mai vechi document din arhivele Oxford University este actul constitutiv emis de legatul papal în 1214. Dată fiind această legătură strânsă, majoritatea istoricilor scot în evidență dialogul și chiar întrepătrunderea dintre știință și religie.

Neoateii insistă însă să le ațâțe una împotriva celeilalte. Publicul lor fidel exultă atunci când este fluturată marota cu pământul plat. Ceea ce nu înseamnă însă că discursul religios e mult mai grozav. Şi acesta răstălmăceşte faptele după bunul-plac. La Puebla, D'Souza a invocat experienţa morţii clinice ca dovadă ştiinţifică a existenţei vieţii de apoi. În urma unei astfel de experienţe la limită, unii pacienţi povestesc că au plutit în afara trupului sau că au intrat într-un tunel de lumină. Sună ciudat,

Înălţarea binecuvântaţilor *(parte din polipticul* Viziunile despre viaţa de apoi*) a lui Bosch înfăţişează tunelul de lumină asociat experienţelor de moarte clinică, sursă de inspiraţie pentru mituri şi religii încă de la începuturile omenirii.*

fără îndoială, dar D'Souza a uitat să menționeze noile descoperiri din neuroștiințe legate de o mică porțiune a creierului numită joncțiunea temporo-parietală (JTP). Această bucată de creier culege informații de la mai multe simțuri (vizual, tactil și vestibular), ca să construiască o imagine unitară a corpului nostru și a locului pe care acesta îl ocupă în spațiu. În mod normal, imaginea își menține coerența la nivelul tuturor simțurilor, fapt care ne permite să știm cine și unde suntem. Imaginea pe care o avem despre propriul corp este bruiată însă îndată ce JTP suferă o leziune sau este stimulată cu electrozi. Medicii îi pot face pe oameni să simtă că plutesc deasupra propriului corp, ori că se uită la ei înșiși de sus, sau că percep o copie a lor, în imediata apropiere, ca o umbră („Arătam mai tânăr și mai odihnit decât arăt acum. Dublul meu mi-a zâmbit într-un mod prietenos")[10]. Având în vedere proprietățile halucinogene ale anestezicelor și efectele privării de oxigen asupra creierului, știința se apropie tot mai mult de găsirea unei explicații raționale pentru experiențele de moarte clinică.

La rândul său, rabinul Boteach a adus argumente îndoielnice în apărarea religiei. Acesta a explicat că multe familii își îngrijesc copiii cu sindromul Down, lucru imposibil în absența religiei, fără de care oamenii s-ar descotorosi pur și simplu de odrasla „defectă". Așa cum am menționat în capitolul anterior, datele arheologice spun o cu totul altă poveste. Specia noastră este dotată cu un instinct de îngrijire și protejare atât de puternic, încât copiii nu sunt neglijați sau abandonați cu una, cu două, indiferent de starea în care s-ar afla. Nu spun că abandonul n-ar exista, dar, cu mult înainte să apară vreun curent religios, neanderthalienii și primii oameni îi îngrijeau deja pe semenii lor infirmi. Acest lucru e valabil și pentru rudele noastre primate. Exemplele sunt multe, dar mă voi limita la două, pe care le cunosc personal.

Azalea era o maimuță rhesus cu trisomie, adică avea trei cópii ale aceluiași cromozom, la fel ca oamenii cu sindromul Down.[11] De asemenea, se născuse dintr-o femelă trecută de vârsta la care macacii se reproduc de obicei. Ca membră a unei cete mari de macaci de la o grădină zoologică, Azalea avea un retard considerabil și din punct de vedere motor și social. Făcea cele mai de neconceput gafe, cum ar fi să-l amenințe pe masculul alfa. Maimuțele rhesus nu ezită să pedepsească un membru care a încălcat regulile, dar Azalea putea să facă aproape orice, de parcă celelalte maimuțe înțeleseseră că, orice-ar fi făcut ele, ea tot ineptă rămânea. Noi, observatorii umani, țineam la Azalea datorită firii ei blânde, și se pare că la fel și restul cetei de macaci. A murit din cauze naturale, la vârsta de trei ani.

A mai fost și cazul lui Mozu, un macac japonez din Alpii japonezi, din rezervația Jigokudani. Mozu abia mergea, de cățărat nici vorbă, pentru că se născuse fără mâini și fără labele picioarelor. Pe timpul iernii, când se ating temperaturi foarte scăzute, era obligată să-și croiască drum prin zăpadă, în timp ce ceilalți membri ai cetei săreau din creangă în creangă. Mozu devenise o adevărată vedetă a documentarelor japoneze despre natură, și s-a integrat atât de bine în viața comunitară, încât a avut o viață lungă și a crescut nu mai puțin de cinci odrasle. Am văzut-o sus pe munte și am remarcat că stătea de regulă în preajma celorlalte maimuțe, departe de oameni, așa că nu putem atribui supraviețuirea ei hranei primite ocazional de la aceștia. Deși nu există dovezi că suratele ei ar fi ajutat-o în mod activ, povestea ei dovedește că cei slabi pot să prospere și să se reproducă în societățile de primate. În mod similar, viața oamenilor înainte de apariția religiei nu s-a aflat neapărat sub domnia lui „care pe care". În loc să ne constrângă să facem lucruri pe care în mod normal nu le-am face, religia ne încurajează anumite tendințe naturale – o contribuție, într-adevăr, mult mai modestă decât cea la care se gândea rabinul.

Dogmaticii își trâmbițează atât de tare ideile, că nu se mai aud unii pe alții. Cei care-i ascultă, pe de altă parte, habar nu au că asistă de fapt la un soi de circ itinerant, în care apar mereu aceiași actori, simulând surpriza și dările în vileag. Singura

Azalea era o maimuță rhesus cu trisomie, o afecțiune similară sindromului Down la oameni, afecțiune care o făcea mai dependentă decât alți macaci tineri. În acest desen, sora ei mai mare o ține în brațe la o vârstă la care acest lucru nu mai era ceva normal. În ciuda handicapului său mintal, Azalea s-a integrat remarcabil de bine printre celelalte maimuțe.

voce rațională de la festivalul științelor din Puebla a fost cea a lui Dan Dennett, care a vorbit despre religie nu ca despre un fenomen demn de ură, ci mai degrabă ca despre o parte a societății și chiar a firii umane care merită cercetată. Religia e, în mod cert, o creație a omului, prin urmare merită să ne întrebăm la ce ne folosește. Oare ne naștem ca să credem, și, dacă da, atunci de ce? Dennett nu e la fel de sigur ca neoateii cu care este adesea asociat că religia e irațională sau că lumea ar fi un loc mai bun dacă am scăpa mai repede de ea, ba chiar adaugă: „Rămân agnostic în această privință“[12].

GĂINAȚ ÎNTR-UN CEAS CU CUC

Prima mea experiență cu prozelitismul a fost aproape prea comică ca să fie adevărată. La momentul respectiv, ocupam o cameră de la etajul patru al unui cămin pentru studenți, în Groningen. Într-o dimineață, a bătut cineva la ușă, iar când am deschis am dat peste doi tineri americani mormoni, în costume și cu cravată. Curios să aflu mai multe despre religia lor, i-am invitat înăuntru. Au instalat un șevalet și o tablă, pe care au lipit figurine din fetru și mici texte, cu ajutorul cărora mi-au explicat povestea unui american obișnuit care l-a văzut pe Dumnezeu într-un stâlp de lumină. Mai târziu, a fost condus de un înger la textele sfinte, scrise pe tăblițe de aur.

Toate acestea se întâmplaseră cu numai un secol și ceva în urmă. Ascultam povestea pe care mi-o spuneau și tocmai mă pregăteam să-i întreb cum de reușise Joseph Smith să-i convingă pe ceilalți de întâlnirea lui extraordinară, când am fost întrerupți în mod nepoliticos. Lăsam adesea geamul deschis pentru ca Tjan, stăncuța mea, să poată intra și ieși în voie. O lăsam să zboare pe-afară, dar înainte de lăsarea întunericului se întorcea ca să mănânce și să stea la adăpost peste noapte. În timp ce tinerii îmi povesteau pe-ndelete cum i-a apărut Dumnezeu lui Joseph Smith într-o peșteră, Tjan a plonjat în cameră căutând un loc de aterizare. A ales punctul cel mai înalt, respectiv capul unuia din mormoni, cel aflat în fața tablei, care nu se aștepta nicidecum să-i aterizeze pe cap o pasăre mare și neagră. Am citit panica pe fața lui și am încercat să-l liniștesc rapid, spunându-i că vizitatorul era Tjan, o pasăre blândă care nu ar face rău nimănui. N-am mai văzut niciodată doi oameni strângându-și lucrurile așa de repede: au dat buzna pe ușă afară, spre lift. În timp ce împachetau, i-am auzit vorbind de „dracu".

Din cauză că am răsfățat-o pe Tjan când era mică cu cele mai grase râme pe care le puteam găsi, a crescut foarte mare pentru specia ei. Era o pasăre ieșită din comun și inteligentă, care mă însoțea zburând în cerc deasupra mea, pe când mă plimbam prin parc. Dar, bineînţeles, era neagră, gălăgioasă şi semăna cu o cioară, ceea ce i-a făcut pe mormoni să se gândească la o creatură care le-ar putea fura sufletele. Prin urmare, nu au mai apucat să-mi răspundă la întrebare şi nici să-mi explice cum a tradus Smith tăbliţele de aur gravate cu cuvinte în „egipteana reformată" uitându-se la nişte „pietre magice" pe care le avea pe fundul pălăriei. Smith a fost suficient de inteligent să empatizeze cu cei sceptici faţă de el: „Dacă nu aş fi trăit ce-am trăit, nici eu n-aş fi crezut"[13].

Cum se face, aşadar, că oamenii l-au crezut? Smith a fost batjocorit şi a întâmpinat multă ostilitate (a murit linşat la vârsta de treizeci şi opt de ani), dar Biserica lui Isus Hristos a Sfinţilor din Zilele din Urmă numără în prezent 14 milioane de adepţi. În mod clar, credincioşii nu caută dovezi, pentru că singurul obiect relevant în acest sens, tăbliţele de aur, a trebuit înapoiat îngerului. Oamenii cred pentru că *vor* să creadă. Acest lucru e valabil în cazul tuturor religiilor. Imboldul de a crede este atracţia faţă de anumite persoane, poveşti, ritualuri şi valori. Religia satisface nevoi emoţionale, precum nevoia de siguranţă şi autoritate şi dorinţa de a aparţine unui grup. Teologia e secundară, iar dovezile – terţiare. Sunt de acord că o parte din ce li se cere credincioşilor să creadă sfidează bunul-simţ, dar ateii cu siguranţă nu vor reuşi să-i convingă pe oameni să se lepede de credinţa lor ridiculizând veracitatea cărţilor sfinte sau comparându-le Dumnezeul cu „Monstrul zburător de spaghete"*. Conţinutul efectiv al credinţei nu constituie aproape deloc un subiect de discuţie, atâta timp cât scopul general este un sentiment de comuniune socială şi morală. Ca să parafrazez titlul unui roman de Amy Tan**, a critica credinţa e echivalent cu a

* În original, *Flying Spaghetti Monster* (sau *pastafarianism*), un aşa-zis cult religios, de fapt o parodie, care a apărut în 2005 ca reacţie la introducerea creaţionismului şi a teoriei designului inteligent în câteva şcoli publice din SUA (n. tr.).

** Titlul romanului, apărut în 2005, este *Saving Fish from Drowning* (n. tr.).

încerca să salvezi peștii de la înec. N-are nici un sens să-i scoți pe credincioși din lac ca să le spui ce e mai bine pentru ei și să-i arunci pe mal, unde se vor zbate până-și vor da obștescul sfârșit. Nu degeaba se aflau în lac.

Dacă recunoaștem că imboldul de a crede îl constituie valorile și dorințele, apare imediat contrastul cu știința, ceea nu înseamnă însă că cele două nu au o bază comună, știința fiind ea însăși motivată de dovezi într-o mai mică măsură decât se presupune. Nu mă înțelegeți greșit, știința are rezultate extraordinare. E imbatabilă când vine vorba de înțelegerea realității fizice, dar, ca și religia, știința se bazează deseori pe ceea ce *vrem* să credem. Oamenii de știință au și ei slăbiciuni omenești și sunt motivați de ceea ce psihologii numesc „înclinații spre confirmare" (preferăm dovezile care ne confirmă opiniile) și „înclinații spre infirmare"* (desconsiderăm dovezile care ne infirmă opiniile). Faptul că oamenii de știință se opun în mod sistematic descoperirilor noi a constituit subiectul unui articol publicat în 1961, în prestigioasa revistă *Science*, cu subtitlul malițios: „Această sursă de opoziție nu a fost încă examinată cu aceeași temeinicie precum religia și ideologia"[14].

Un bun exemplu în acest sens este aversiunea față de gust. Ținem minte atât de bine alimentele care ne-au otrăvit, încât numai gândul la ele ne provoacă reflex de vomă. Deși este foarte importantă pentru supraviețuire, această reacție nu se potrivea deloc cu dogma behavioristă. Fondat de B.F. Skinner, behaviorismul susține că toate comportamentele se formează prin recompensă și pedeapsă, mecanism care funcționează cu atât mai bine cu cât intervalul dintre faptă și consecințele sale este mai scurt. Așa se face că, atunci când psihologul american John Garcia a raportat că șobolanii evită alimentele otrăvite după o singură experiență, chiar dacă greața survine abia după câteva ore, nimeni nu l-a crezut. Oameni de știință prestigioși s-au

* În original, *confirmation bias*, respectiv *disconfirmation bias* (n. tr.).

asigurat că studiul său nu va ajunge în nici un jurnal de specialitate important. Diverse publicaţii au respins articolul în repetate rânduri, refuzul cel mai notoriu fiind cel care spunea că rezultatele sunt la fel de probabile cum ar fi să găseşti găinaţ într-un ceas cu cuc. „Efectul Garcia“ este astăzi de necontestat, dar această primă reacţie ilustrează cât de mult detestă oamenii de ştiinţă neprevăzutul.

Un exemplu pertinent din domeniul meu este descoperirea, la mijlocul anilor '70, a faptului că după o ceartă cimpanzeii se împacă pupându-şi şi îmbrăţişându-şi adversarii. Acest tip de comportament reconciliant a fost observat la multe primate, dar, când una dintre studentele mele a trebuit să susţină o teză privind acest tip de comportament în faţa unei comisii de psihologi, numai ea ştie ce i-au auzit urechile. Noi crezuserăm în mod naiv că aceşti psihologi, care nu lucraseră decât cu cobai, nu vor avea o părere preconcepută despre cimpanzei, şi totuşi au afirmat sus şi tare că e cu totul imposibil ca animalele să se împace după o ceartă. Acest fapt nu se potrivea deloc cu gândirea lor, care excludea emoţiile, relaţiile sociale şi toate celelalte lucruri care fac animalele interesante. Am încercat să le schimb părerea invitându-i la grădina zoologică unde lucram, ca să vadă singuri ce fac cimpanzeii după ce se ceartă. Această propunere a fost întâmpinată cu următoarea afirmaţie năucitoare: „La ce ne-ar folosi să vedem animalele cu ochii noştri? Ne va fi mai uşor să ne păstrăm obiectivitatea dacă nu suntem influenţaţi“.

Se spune că un rege al vechilor sarzi s-ar fi plâns că „oamenii cred mai degrabă ceea ce văd decât ceea ce aud“. În cazul nostru s-a întâmplat opusul: acestor oameni de ştiinţă le era teamă că ar putea să vadă ceea ce nu voiau să audă. La fel ca restul omenirii, oamenii de ştiinţă au reacţii de fugă sau de luptă când se confruntă cu faptele: aleg familiarul în detrimentul nefamiliarului. Nu pot să nu mă gândesc la asta ori de câte ori îi aud pe neoatei susţinând că sunt mai deştepţi decât credincioşii şi la fel de raţionali ca oamenii de ştiinţă pentru că îl neagă pe Dumnezeu. Le place să pretindă că sunt impasibili în faţa emoţiilor, genul de gânditori strict obiectivi. Într-o rubrică din *USA Today*, Jerry Coyne, un confrate biolog și „ateu gnu“* autodeclarat (da, „gnu“ de la „antilopă gnu“, sau *wildebeest*, care în olandeză înseamnă „fiară sălbatică“), spunea că știința și credința sunt perfect incompatibile „din exact același motiv pentru care sunt incompatibile iraționalitatea și raționalitatea“. S-a apucat apoi să deseneze aure în jurul capetelor oamenilor de știință:

> Știința funcționează pe bază de dovezi și rațiune. Îndoiala este prețuită, autoritatea – respinsă. Nici un rezultat nu este considerat „adevărat“ – noțiune cu un caracter eminamente provizoriu – până nu este repetat și verificat de alții. Noi, oamenii de știință, ne întrebăm tot timpul: „Cum să fac să-mi dau seama dacă nu cumva mă înșel?“[15]

Ce n-aș da să am colegi precum Coyne! După o viață întreagă petrecută printre universitari, pot să vă spun că aceștia vor să audă că se înșală cam la fel de mult cum își doresc să găsească un gândac în cana cu cafea. Omul de știință tipic, după ce a făcut o descoperire interesantă la începutul carierei sale, își petrece restul vieții făcând tot posibilul ca toată lumea să-i admire contribuția și ca nimeni să nu i-o pună sub semnul întrebării. Nu există companie mai neplăcută decât a unui om de știință care nu și-a atins aceste obiective. Universitarii sunt adesea măcinați de invidii meschine, rămân atașați de punctele lor de vedere mult timp după ce acestea au fost depășite și se supără de fiecare dată când apare ceva nou, care lor le-a scăpat. Ideile originale sunt luate în derâdere sau sunt respinse. După cum se plângea Michael Gazzaniga, pionier în domeniul neuroștiințelor, într-un interviu recent:

> Există un efect profund inhibitor care afectează ideile noi și care e produs de oameni și idei care susțin că „au fost primii“ și își tot repetă povestea la nesfârșit, în timp ce observațiile noi se luptă să răzbată. Vechiul adagiu potrivit căruia cunoașterea umană face un pas înainte cu fiecare înmormântare pare să fie adevărat![16]

---

* În original, *gnu atheist* are o sonoritate similară cu *new atheist* (neoateu), denumire pe care o parodiază (n. tr.).

Cam aşa arată oamenii de ştiinţă pe care îi cunosc eu. Autoritatea e mai importantă decât dovezile, cel puţin câtă vreme autoritatea e încă în viaţă. Istoria ne oferă multe exemple în acest sens, printre care rezistenţa pe care au întâmpinat-o la vremea lor teoria luminii ca undă, descoperirea fermentaţiei de către Pasteur, deriva continentelor şi anunţul descoperirii razelor X de către Röntgen, care iniţial a fost declarat o păcăleală. Rezistenţa la schimbare se vede când ştiinţa continuă să se agaţe de paradigme nefondate, cum ar fi testul Rorschach cu petele de cerneală, sau atunci când continuă să trâmbiţeze egoismul organismelor în ciuda dovezilor contrare. Oamenii de ştiinţă laudă teoriile pentru că sunt „plauzibile" şi „frumoase", făcând judecăţi de valoare în funcţie de cum cred ei că funcţionează sau ar trebui să funcţioneze ceva. Ştiinţa este de fapt atât de tributară judecăţilor de valoare, încât Albert Einstein a contestat faptul că tot ce facem este să observăm şi să măsurăm, afirmând că ceea ce credem noi că există este în egală măsură produsul teoriei şi al observaţiei. Când teoriile se schimbă, observaţiile se schimbă şi ele.[17]

Deşi e adevărat că datorită credinţei oamenii îmbrăţişează un set întreg de mituri şi valori fără să-şi pună prea multe întrebări, nici oamenii de ştiinţă nu stau mult mai bine. Şi noi aderăm la o perspectivă anume fără să evaluăm critic fiecare premisă fundamentală a acelui mod de a gândi, şi deseori suntem surzi la dovezile care o contrazic. Ba chiar putem, asemenea psihologilor din comisia studentei mele, să refuzăm cu bună ştiinţă şansa de-a ne lumina. Dar, chiar dacă oamenii de ştiinţă nu sunt neapărat mai raţionali decât credincioşii şi chiar dacă ideea că raţiunea este cu totul lipsită de sentimente se întemeiază pe o mare neînţelegere (ar fi cu neputinţă să gândim fără emoţii), există totuşi o diferenţă fundamentală între ştiinţă şi religie; aceasta nu se manifestă individual, ci la nivel cultural. Ştiinţa este o activitate colectivă, cu reguli de funcţionare care permit întregului să avanseze chiar dacă părţile individuale zăbovesc.

DARWINIŞTII MERITĂ UN PREMIU DARWIN

Cel mai mare merit pe care îl are ştiinţa este că se pricepe să incite concurenţa între idei. Ştiinţa încurajează un soi de selecţie naturală, astfel încât numai ideile cele mai viabile pot supravieţui şi se pot reproduce. Să presupunem că eu aş crede că viaţa se perpetuează prin nişte homunculuşi mici care se găsesc în spermă. Tu, în schimb, crezi că viaţa ia naştere din amestecul trăsăturilor ambilor părinţi. Şi dintr-odată apare un călugăr din Moravia, mare amator de mazăre. Polenizând încrucişat diferite soiuri de mazăre, acesta arată cum caracterele sunt transmise progeniturii de ambii părinţi, rămânând totuşi separate. Ele pot fi dominante, recesive, homozigote sau heterozigote. Ce complexitate scandaloasă!

Ideea cu homunculusul era frumoasă şi simplă, dar nu explica de ce progeniturile seamănă adesea cu mama. Ideea că noua viaţă se formează din amestecul de trăsături provenite de la cei doi părinţi suna şi ea foarte bine, dar ar fi dus într-un final la dispariţia variaţiei, pentru că întreaga populaţie ar fi tins către o medie comună. La început, cercetarea călugărului a fost criticată, apoi ignorată şi uitată. Ştiinţa pur şi simplu nu era pregătită pentru ea. Din fericire, a fost redescoperită zeci de ani mai târziu. Comunitatea ştiinţifică a pus în balanţă ideile, a verificat dovezile, a ascultat argumentele şi a început să încline spre explicaţia călugărului. Dat fiind că experimentele sale au fost repetate cu succes, Gregor Mendel este considerat astăzi întemeietorul geneticii.

Prin comparaţie, religia este statică. Se schimbă odată cu societatea, dar rareori ca urmare a unei acumulări de dovezi. De aici apare conflictul potenţial cu ştiinţa, manifestat, de exemplu, în ciocnirile nesfârşite pe tema evoluţiei. Miezul controversei în acest caz particular este însă de o importanţă relativ minoră, cel puţin pentru biologi. Felul în care omul se raportează la restul naturii nu constituie în nici un caz nucleul teoriei evoluţioniste, însă este supremul contraargument pentru detractorii religioşi ai evoluţiei. Aceştia obiectează rareori la evoluţia plantelor, a bacteriilor, a insectelor sau a altor animale: sunt contrariaţi doar când vine vorba de preţioasa noastră specie. Dacă nu ne-ar fi pus Dumnezeu pe pământ, spun ei, nu am avea un scop. Ca să înţelegem această obsesie pentru originile omului, să nu uităm că tradiţia iudeo-creştină s-a format fără să aibă ştiinţă de existenţa altor primate. Nomazii din deşert nu cunoşteau decât antilopele, şerpii, cămilele, caprele şi altele asemenea. Nu-i de mirare că au considerat că între om şi animal e un hău şi că numai cel dintâi poate avea suflet. Urmaşii lor au fost zdruncinaţi în credinţa lor când, în 1835, la Grădina Zoologică din Londra au fost expuse primele primate antropoide vii. Oamenii s-au simţit jigniţi, neputând să-şi ascundă dezgustul. Reginei Victoria primatele i s-au părut „dureros şi dezagreabil de umane“[18].

Excepţionalismul uman este încă foarte viu în ştiinţele sociale şi în cele umaniste. Acestea rămân la fel de reticente în privinţa comparaţiilor dintre om şi alte animale, într-atât încât până şi termenul „alteritate“ îi deranjează. Ştiinţele naturale, în schimb, pentru că au fost mai puţin contaminate de religie, mărşăluiesc inexorabil către ştergerea graniţelor dintre om şi animal. Carl Linné l-a inclus pe *Homo sapiens* în ordinul primatelor fără nici o ezitare, biologia moleculară a demonstrat că ADN-ul uman şi cel al primatelor sunt aproape identice, iar neuroştiinţele încă nu au descoperit o zonă a creierului uman care să nu aibă un corespondent în creierul de maimuţă. Tocmai această continuitate e controversată. Dacă noi, biologii, am putea dezbate evoluţia fără să menţionăm omul, toată lumea ar fi mulţumită. Dacă, de pildă, am discuta mecanismul clorofilei sau dacă ornitorincul e mamifer sau nu, nu i-ar păsa nimănui.

Înainte să vin în Statele Unite, nu ştiam mai nimic despre scepticismul faţă de evoluţie şi l-am încadrat rapid alături de alte înclinaţii naţionale de neînţeles, cum ar fi pasiunea pentru arme şi dispreţul faţă de fotbalul european. Faptul că negarea evoluţiei e la fel de americană ca plăcinta cu mere mi-a fost confirmat din nou în 2011, când patruzeci și nouă din cincizeci și una de concurente la titlul de Miss SUA au ales un răspuns „nici... nici“ la întrebarea: „Ar trebui predată în școli teoria evoluției?“ Încă nu s-a dat verdictul în problema evoluției, au spus ele, și există atât de multe perspective religioase și teorii științifice, încât e bine să fie toate predate în școli, nu doar una. Miss Alabama a fost chiar de părere că evoluția n-ar trebui predată deloc. Divinitatea s-a răzbunat însă când titlul a fost câștigat de Miss California, care a susținut în mod direct evoluția, afirmând că e „o împătimită a științei“.

Nu mai puțin de 30% din americani citesc Biblia ca și cum ar fi efectiv cuvântul lui Dumnezeu. Dar aceștia nu reprezintă decât jumătate dintre cei care consideră că Biblia este fie un text inspirat de Dumnezeu, care nu trebuie interpretat în mod literal, fie o carte de legende și precepte morale.[19] E un fapt îmbucurător pentru cei care vor să transmită mesajul teoriei evoluției. Această majoritate care nu interpretează Biblia literal este (sau ar trebui să fie) publicul lor țintă, din moment ce aceștia par mai dispuși să asculte – nu însă și dacă începi discuția cu o jignire. Din păcate, dezbaterea despre cum știința și religia sunt ireconciliabile are consecințe. Le dă de înțeles celor religioși că, oricât de deschiși și de nedogmatici ar fi, nu se ridică la înălțimea științei. Ar trebui întâi de toate să se descotorosească de toate convingerile lor. Accentul pus de neoatei pe puritate mi se pare suspect de religios. Nu mai lipsește decât un soi de botez în cadrul căruia credincioșii să se căiască public înainte de a deveni membri ai „elitei raționale“ a necredincioșilor. E o adevărată ironie a sorții că nimeni n-ar fi fost mai departe de acest profil decât un călugăr augustinian care creștea mazăre în grădina mănăstirii.

Cel mai redutabil apărător public al evoluției pe care l-a cunoscut America a fost Stephen Jay Gould. În zilele lui bune, Gould era atât de iubit încât a reușit să ducă de unul singur o întreagă revistă, *Natural History*, care după moartea sa a ajuns doar o umbră a ceea ce fusese odinioară. Era mereu o plăcere să-l citești pe Gould, mai ales datorită digresiunilor sale edificatoare în domeniul istoriei științei, pe care părea că o cunoaște ca nimeni altul. Nu trebuie să fii de acord cu tot ce spunea – cu siguranță, eu nu sunt – ca să-ți dai seama că a fost o figură emblematică a evoluționismului și principalul său susținător. Entuziasmul său era atât de contagios încât a inspirat mii de tineri americani să intre în domeniul științei.

Când Stephen Jay Gould apăra evoluția, menționa adesea rasismul și determinismul genetic cândva asociate cu aceasta. Se opunea vehement și ideii că fiecare comportament uman ar trebui explicat din perspectiva evoluției. „Fundamentalismul darwinist", cum îl numea el cu dispreț, afirmă că tot ceea ce facem este controlat de gene și servește perpetuării acestora. Gould a explicat că Darwin însuși se îndoia că selecția naturală ar avea un rol atât de cuprinzător, iar eu am menționat deja numeroasele manifestări de altruism pe care evoluția nu le explica. Respingerea acestor comportamente ca „greșeli" nu rezolvă mare lucru, și acestea nu sunt singurele acțiuni care nu au sens din punct de vedere evoluționist. Să ne gândim, de pildă, la fumat, la masturbare, la săriturile cu coarda elastică, la consumul de alcool, la artificii sau la cățărat. Comportamentul inadaptat este de fapt atât de frecvent în cazul speciei noastre încât a devenit subiect de glumă. Premiile Darwin au fost inventate pentru a-i onora „pe aceia dintre noi care îmbunătățesc specia eliminându-se accidental pe ei înșiși"*.

Asta nu înseamnă că nu trebuie să încercăm să găsim baza evoluționistă a comportamentului uman. Nici nu am avea de ales. Îndrăznesc chiar să prezic că în cincizeci de ani portretul lui Darwin va atârna în toate catedrele de psihologie. Și totuși domeniul abundă încă în povești pe care cu greu le poate lua

---

* Premiile Darwin chiar există sub forma unui site de umor, cu diverse categorii și povești ilustrative pentru fiecare dintre ele (n. tr.).

cineva în serios, de la ideea că la bărbați chelia e un indicator al înțelepciunii pentru sexul opus (cineva ar trebui să-i anunțe și pe purtătorii de peruci) până la *The Natural History of Rape* (*Istoria naturală a violului*), titlul unei cărți care a făcut mai mult rău psihologiei evoluționiste decât oricare alta. Marea greșeală, desigur, ar fi să presupunem că dacă ceva are o bază genetică – calviția, de exemplu – înseamnă că reprezintă un avantaj. Alzheimer, fibroza chistică și cancerul la sân sunt toate genetice, dar nimeni n-ar îndrăzni să afirme că sunt semne ale unei bune adaptări.

În cazul violului însă, nu avem nici măcar o bază genetică. Nu există nici cea mai mică dovadă că violența sexuală se moștenește, ceea ce nu i-a împiedicat pe Randy Thornhill și Craig Palmer să speculeze în legătură cu avantajele evolutive ale acestui tip de comportament. Pornind de la comportamentul sexual al muștelor, autorii au avansat ideea că bărbații ar viola ca să-și răspândească genele. Mai grav e că autorii s-au spălat pe mâini de obligația de a oferi date care să susțină ipoteza, dat fiind că efectele cele mai importante s-ar fi produs în preistoria umanității. Și, cum această bucată de trecut e o carte închisă, am rămas doar cu speculații neîngrădite. Autorii nu au răspuns niciodată la întrebarea de ce, dacă scopul violului e procrearea, o treime dintre victime, anume copiii și bătrânii, nu se pot reproduce.[20]

Sunt de acord cu Stephen Jay Gould, care spunea că nu avem mare lucru de câștigat dacă facem speculații în legătură cu evoluția fiecărui comportament uman. Gould și a făcut însă mulți dușmani exprimându-și scepticismul. Au urmat astfel câteva dispute între el și evoluționiștii consacrați în paginile *New York Review of Books* din 1997. Era un adevărat spectacol să vezi toate acele orgolii supradimensionate împroșcându-se cu insinuări, critici formulate după ureche, jigniri (s-a spus despre unul dintre oamenii de știință că ar fi „cățelul" altuia) sau purtându-se ca și cum nu ar fi auzit unii de alții. Bineînțeles că acest vitriol nu i-a ajutat să ajungă la vreo înțelegere. Creaționiștii au jubilat și au exploatat cearta în interes propriu; după cum am văzut, observațiile despre lipsa unui consens teoretic pe această temă au reverberat până într-un loc atât de neașteptat precum concursul Miss SUA. Cineva ar fi trebuit să-i nominalizeze pe acești darwiniști la Premiile Darwin.

Dar asta n-a fost nimic față de reacția la altă opinie a lui Gould. El însuși ateu, acesta a declarat că știința și religia sunt compatibile, cu mult timp înainte ca neoateii să hotărască că nu sunt. Moartea sa prematură, în 2012, l-a transformat astfel pe Gould într-un țap ispășitor, pentru prea marea lui toleranță.

„CEVA-ISME“

În celebrul său eseu publicat în același an ca schimburile afectuoase cu colegii săi evoluționiști menționate mai sus, Gould și-a amintit cum s-a întâlnit la Vatican cu un grup de preoți care luau prânzul. Preoții și-au exprimat îngrijorarea în legătură cu un nou tip de creaționism proaspăt apărut, cunoscut drept „design inteligent“. Aceștia l-au întrebat pe Gould cum se face că teoria evoluției continua să fie atacată. În eseul său, paleontologul remarca ironia faptului că el, un fost evreu, a trebuit să-i liniștească pe preoții catolici că evoluția nu e-n pericol și că opoziția se rezumă la un mic segment al populației americane.

Prin această anecdotă, Gould a vrut să arate că presupusul război dintre știință și religie este o exagerare. Afirmațiile generalizatoare despre „religie“ sunt oricum problematice din cauză că termenul acoperă totul de la monoteism la politeism și de la un sistem strict de credințe la spiritualitate. Budismul, de exemplu, chiar îmbrățișează ideea că organismele ar evolua, care se potrivește perfect cu perspectiva potrivit căreia toate formele de viață sunt interconectate și în continuă transformare.[21] Dar chiar și în cadrul aceleiași religii, de exemplu în creștinism sau în islam, diversitatea culturală este așa de mare, că practicile și ideile detestate într-o parte sunt deseori îmbrățișate în altă parte. Suniții indonezieni au la fel de multe în comun cu șiiții iranieni câte au luteranii suedezi cu baptiștii din Sudul Statelor Unite. Înțelegând aceste probleme mai bine decât mulți, Gould a împrumutat termenul „*magisterium*“ (domeniu de expertiză) dintr-un text papal ca să ilustreze faptul că știința și religia ocupă sfere diferite ale cunoașterii. Nu abordează aceleași chestiuni. Pornind de la noțiunea de „domenii de expertiză care nu se suprapun“*, și-a numit perspectiva NOMA.

E vorba aici de două seturi de întrebări diferite, unul se referă la realitatea fizică, iar celălalt – la existența umană. Tocmai pentru că știința are foarte puține de spus despre al doilea set de întrebări, un biolog francez, Matthieu Ricard, a întors spatele unei cariere promițătoare de om de știință ca să devină călugăr budist. M-am întâlnit cu Matthieu de câteva ori și pot spune că emană o pace interioară cum rar am întâlnit. În urma unor investigații de imagistică prin rezonanță magnetică asupra activității creierului său în timpul meditației, Matthieu a fost numit „cel mai fericit om din lume“ (titlu de care nu pare deloc impresionat). Specialiștii în neuroștiințe au măsurat în cortexul său prefrontal stâng (care este asociat cu emoțiile pozitive) cea mai intensă activitate înregistrată vreodată. Deși Matthieu continuă să vorbească cu precizia omului de știință, a abandonat știința cu mult timp în urmă, pe motiv că tot ce ar avea aceasta de oferit este „o contribuție majoră la niște nevoi minore“[22]. Răspunsul lui amintește de Tolstoi, care se plângea că, ori de câte ori îi întreba pe oamenii de știință care e sensul vieții, primea „o infinită cantitate de răspunsuri precise la întrebări pe care, de fapt, nu le puneam“[23].

Puțini oameni de știință urmează exemplul lui Matthieu. Cei mai mulți dintre noi nu ne întoarcem spre religie, ci suntem agnostici sau atei. Ceea ce nu înseamnă că știința are răspunsuri

* În original, *nonoverlapping magisteria* (n. tr.).

la întrebările despre sens și scop. Chiar și cercetătorii care au confirmat de curând existența „particulei lui Dumnezeu" au știut că aceasta nu poate explica de ce suntem pe pământ și că nicidecum nu confirmă dacă Dumnezeu există sau nu. Spre deosebire de majoritatea celorlalți oameni, care apelează la religie, oamenii de știință își umplu golul interior cu setea de cunoaștere, seva vitală a profesiei noastre. Asemenea unor căutători de comori care prețuiesc căutarea la fel de mult cât prețuiesc comoara, și pe noi ne împlinește încercarea de a străpunge vălul ignoranței. Ne simțim uniți în acest demers, membri ai unei comunități mondiale. Prin urmare, și noi ne bucurăm de acest aspect secundar al religiei: cel de comunitate formată din oameni care împărtășesc aceleași concepții. De curând, în cadrul unui atelier, unui astronom i-au dat lacrimile pe când vorbea despre locul omenirii în cosmos. Și-a întrerupt prelegerea preț de două minute, timp în care publicul a devenit neliniștit, pentru ca apoi să ne explice că această întrebare îl frământă încă din copilărie. Imaginile care ajung la noi după miliarde de ani lumină încă îl copleșesc și-l fac să înțeleagă cât de conectați suntem la restul universului. Deși el n-ar numi-o așa, experiența la care am asistat semăna foarte mult cu o experiență religioasă.

La fel ca alți oameni din alte profesii creative, precum artiștii și muzicienii, mulți oameni de știință au astfel de experiențe ale transcendenței. Mie mi se întâmplă zilnic. E imposibil să te uiți în ochii unei primate și să nu te vezi pe tine. Mai au și alte animale ochii orientați în față, dar primatele te fac să simți cel mai puternic șocul recunoașterii. Cel care te privește nu e atât un animal, cât o personalitate la fel de solidă și voluntară ca a ta. Aceasta e o temă familiară experților în primate, care-ți vor spune cum primul contact vizual le-a schimbat radical nu numai percepția asupra subiecților lor, ci și felul în care-și înțeleg locul în lume. Tocmai acest impact a deranjat-o pe regina Victoria. Oglindindu-se în ochii unei primate, a simțit cum îi fuge pământul metafizic de sub picioarele-i regale. După ce a văzut un urangutan și un cimpanzeu la aceeași grădină zoologică, Darwin a tras o cu totul altă concluzie; a invitat pe oricine era convins de superioritatea omului să meargă și să vadă cu ochii săi. Ceea ce pentru regină fusese o amenințare pentru Darwin era un prilej de comuniune.

Când privim un peisaj magnific sau soarele apunând peste ocean, cei mai mulți dintre noi simțim că suntem o parte neînsemnată din universul nesfârșit, la fel cum se simt oamenii de știință când privesc printr-un microscop sau printr-un telescop, când analizează cântecul unei balene, când dezgroapă oase de dinozaur sau când aleargă după cimpanzei prin pădure. Cimpanzeii cutreieră desișurile, în timp ce verii lor bipezi se căznesc cu ajutorul unei macete să țină pasul cu ei, să nu scape nici un urlet și să documenteze fiecare întâlnire socială. Însoțindu-l pe răposatul meu prieten Toshisada Nishida, un primatolog japonez cunoscut pentru munca sa de teren în Tanzania, am fost uimit să-l văd mestecând fiecare frunză sau fruct pe care îl mâncau cimpanzeii sălbatici pe care-i studia. Voia să știe ce gust au, mi-a spus, dar pentru mine era actul ultim de identificare cu o specie înrudită. Am mai asistat la același tip de identificare când o tânără cercetătoare britanică, Fiona Stewart, a făcut ce nu mai făcuse nimeni până atunci: a dormit în culcușurile pe care cimpanzeii și le construiesc în copaci. Culcușurile fuseseră mereu studiate de la nivelul solului, cu binoclul, dar Stewart a dormit o noapte întreagă într-unul. A descoperit astfel ce avantaje avea în comparație cu dormitul la sol: somnul era mai profund și te mușcau mai puține insecte. Alți oameni de știință se țin după delfini cu bărcile cu motor, le dau un nume fiecăruia în parte și îi recunosc după înotătoare. Sau zboară înaintea cocorilor americani în planoare motorizate ultraușoare, ca să-i învețe pe aceștia să zboare. Toate acestea sunt rezultatul atracției față de lumea naturală, care deseori apare devreme în viață. Atunci când cercetăm în profunzime o mică secțiune din natură, ne simțim conectați la grandoarea și complexitatea ei, care se întinde în toate direcțiile, în timpul și spațiul infinit. Misterele pe care încercăm să le descifrăm ne umplu de admirație și devin mai adânci pe măsură ce înaintăm în cunoaștere.

Așa se face că înțeleg pe deplin cum un specialist în biologie celulară, Ursula Goodenough, a putut să scrie o carte numită *The Sacred Depths of Nature* (*Profunzimile sacre ale naturii*), sau cum Einstein a putut să creadă în Dumnezeul lui Spinoza. Baruch Spinoza, filozoful din Amsterdam care a trăit în secolul al XVII-lea, a luat fragmente de gândire sceptică existente în Olanda încă de pe vremea lui Bosch și a lui Erasmus și a creat figura unui Dumnezeu impersonal – nu Tatăl atotștiutor al tradiției, ci o forță supranaturală, abstractă, strâns legată de natură. Astfel a pus bazele unei viziuni raționaliste, în care Scriptura nu reprezintă cuvântul lui Dumnezeu, ci e o simplă creație omenească. Mesajul său nu a fost deloc bine primit, ca să ne exprimăm eufemistic, iar Spinoza a fost excomunicat din comunitatea evreilor sefarzi.

Einstein a aderat la Dumnezeul lui Spinoza, fără să fie în vreun fel ostil față de religie; a afirmat chiar că credința i se pare „preferabilă lipsei de viziune transcendentă asupra vieții“[24]. Ca și în cazul lui Gould, toleranța este cheia. Dogmatismul încuie mintea, fie că vorbim de ignoranța celor care interpretează Biblia literal și sunt opaci față de știință ori de habotnicia unora dintre atei. O ilustrare recentă o constituie lovitura suferită de Paul Kurtz, autorul celebrului *Humanist Manifesto* și fondatorul Center of Inquiry (Centrul pentru conștiință critică), care se bucură de recunoaștere internațională. Legendarul octogenar a devenit persona non grata în propria organizație pentru că nu a susținut Ziua Blasfemiei și alte mijloace ridicole de batjocorire a religiei. Iată cum a explicat Kurtz însuși situația:

> Au vrut să fie duri cu religia. Nici mie nu-mi place Dumnezeu. Cred că e un mit. Nu cred că existența lui poate fi dovedită. Dar, pe de altă parte, mulți oameni cred în religie. Deși cred că religia trebuie criticată, nu-i urăsc. Nu vreau mă port urât cu ei. Atitudinea voastră

> față de credință este alta. Mulți dintre colegii mei, foștii băieți de altar, cum le spun eu, urau cu atâta patimă religia, că nu s-au putut abține să nu se exprime.[25]

„Băieții de altar“ menționați de Kurtz trimit la dogmatismul în serie despre care am mai vorbit, care nu face altceva decât să mute granițele intoleranței. Mișcările anti-ceva riscă însă să dispară dacă nu reușesc să înlocuiască ceea ce le displace cu ceva mai bun. Vor trebui să găsească o alternativă viabilă. Nici o mișcare seculară nu poate evita întrebările lui Tolstoi. Olandezii, din ce în ce mai seculari, au inventat chiar un cuvânt pentru a desemna acest lucru: „*ietsism*“. „*Iets*“, care apare înaintea terminației „-ism“, înseamnă „ceva“. „*Ietsist*-ul“ tipic nu crede într-un Dumnezeu personificat și nu aderă la nici o religie tradițională, dar totuși crede că pe cer și pe pământ nu e doar ce se vede cu ochiul liber. Trebuie să mai fie ceva.

Dușmanul științei nu e religia. Religia poate îmbrăca forme infinite și există o mulțime de oameni credincioși cu mintea deschisă, care aleg doar ce e mai bun din religia lor și nu au nici o problemă cu știința. Cu adevărat periculos este să înlocuim gândirea, reflecția și curiozitatea cu dogma. Dezbaterea despre Dumnezeu la care am asistat în Puebla a fost neonestă intelectual și fățarnică de ambele părți. Oare cum își formează oamenii convingeri atât de puternice? Care e secretul lor? Convingerile nu decurg direct din dovezi sau logică. Convingerile sunt produsul interpretării umane. Cum a spus foarte bine un filozof francez: „Nu există certitudini; există doar oameni convinși că ceea ce cred ei este adevărat“[26].

Înainte să închei acest capitol, permiteți-mi să citez din John Steinbeck, scriitorul american, ca să ilustrez polul opus: mintea umană care caută, se minunează, meditează și rămâne deschisă la diversele influențe. Aceasta e mintea care ne-a făcut să avansăm de-a lungul timpului, în ciuda osificării intelectuale la care este predispus omul. Steinbeck prezintă religia și știința drept forme echivalente de cunoaștere holistă. Ar fi crezut, probabil la fel ca Goodenough, că membrana care separă cele două *magisteria* ale lui Gould este „semipermeabilă“[27]. Asemenea atâtor alte membrane din corpul nostru, aceasta permite substanțelor chimice să circule în ambele direcții. În definitiv, știința are într-adevăr potențialul de-a ne afecta perspectiva socială și morală, de exemplu atunci când încurajează protejarea mediul înconjurător sau când inventează o pastilă care le oferă libertate sexuală femeilor. Și invers, întrebările existențiale alimentează știința, ca în cazul dezbaterii despre considerațiile umane *vs* cele medicale în tratarea pacienților. „E bine oare să ținem pe toată lumea în viață atât cât e medical posibil?“ nu e o întrebare la care știința poate să răspundă. În multe domenii, e greu de spus unde se termină percepția noastră asupra lumii și unde începe știința, și invers. Trebuie să depășim această dihotomie reductivă și să luăm în considerare întreaga cunoaștere umană. Steinbeck a încercat să facă acest lucru în următorul pasaj din *The Log from the Sea of Cortez* (*Jurnalul de pe Marea Cortez*), despre o expediție științifică de-a lungul coastei Pacificului:

> Și e ciudat că, în mare parte, sentimentul pe care-l numim religios, extazul mistic care este una dintre cele mai prețuite și dorite reacții ale speciei noastre, este de fapt înțelegerea și încercarea de a spune că între om și tot există o legătură, o legătură inextricabilă cu realitatea în ansamblul ei, cunoscută și imposibil de cunoscut. E simplu spus, dar o variantă profundă a acestui sentiment ni i-a dat pe Hristos, pe Sf. Augustin, pe Sf. Francisc, pe Roger Bacon, pe Charles Darwin și pe Einstein. Fiecare dintre ei, în ritmul său și cu vocea sa, a descoperit și a reafirmat cu uimire știința că toate lucrurile sunt unul și că unul este toate lucrurile – planctonul, o pâlpâire fosforescentă în mare și rotația planetelor și expansiunea universului, toate legate strâns la un loc cu sfoara elastică a timpului. Am face bine să privim de la ochiul de apă lăsat în urmă de reflux la stele și de la stele înapoi la ochiul de apă.[28]

Capitolul 5

PARABOLA BUNULUI SIMIAN

Vederea nădufurilor altuia în ființa-mi dă nădufuri aievea și adesea simțirea mea își însușește simțământul altuia. Cel care neîncetat tușește zgândăre plămânul și gâtlejul meu.

— Montaigne[1]

E ușor să-i subestimezi pe elefanți. Eu însumi i-am subestimat în ceea ce privește abilitatea lor de a folosi unelte. Nu-i văzusem făcând altceva decât să apuce un băț cu trompa și să se scarpine cu el pe spate. Îi mai văzusem și aruncând cu noroi. Făceau asta de fiecare dată când stăncuțele își exersau cântările primăvăratice pe gardul care înconjura țarcul elefanților, la grădina zoologică la care lucram. Stăncuțele seamănă foarte bine cu corbul din fabula lui La Fontaine. Cred că știu să cânte – în definitiv, familia corvidelor se numără printre păsările cântătoare –, dar în cazul lor muzicalitatea e o chestie de gust. Elefanții aruncau noroi spre gălăgioșii vizitatori ca să-i alunge.

Credeam că asta e tot ce pot face elefanții, pentru că experimentele n-au dovedit c-ar putea mai mult. Oamenii de știință le-au oferit pahidermelor un băț lung, apoi au plasat mâncarea unde elefanții nu puteau ajunge la ea, să vadă dacă se gândeau să folosească bățul ca s-o tragă aproape. Primatele răspund foarte bine la acest test, însă elefanții nu s-au atins de băț. Concluzia a fost că nu au înțeles exercițiul. Nimănui nu i-a trecut însă prin cap că poate noi, cercetătorii, nu înțelegem elefanții.

Organul cu care elefantul apucă este în același timp și organul său olfactiv; situație diferită de cea a primatelor, care apucă cu mâinile. Elefanții se folosesc de trompă nu doar ca să ajungă la mâncare, ci și ca s-o miroasă și s-o pipăie – trompa, mai ales vârful sensibil, e plină de terminații nervoase. Pentru că au simțul mirosului extraordinar de fin, animalele știu exact ce apucă. Văzul e secundar. Imediat cum elefantul apucă un băț cu trompa, nările i se închid. Chiar dacă ajunge la mâncare, nu mai poate să o miroasă și să o pipăie. Ar fi ca și cum ni s-ar cere nouă să atingem cu mâna ceva în timp ce suntem legați la ochi. Cu excepția jocurilor de la petreceri, ne ferim să facem acest lucru, și pe bună dreptate.

În timpul unei vizite recente la Grădina Zoologică Națională, în Washington, Preston Foerder și Diana Reiss mi-au arătat de ce e-n stare Kandula, un elefant mascul tânăr, dacă exercițiul i se prezintă altfel. Oamenii de știință au atârnat crengi cu fructe foarte sus, deasupra țarcului, unde Kandula nu putea să ajungă. I s-au pus la dispoziție diferite instrumente, inclusiv bețe, o cu-

Ca să ajungă la crengile verzi care se află mult deasupra capului său, Kandula a trebuit să găsească și să aducă la locul potrivit o cutie pe care să se urce, ceea ce a și făcut.

tie pătrată și mai multe tocătoare groase din lemn. Kandula n-a băgat în seamă bețele, dar după o vreme a început să împingă cutia cu piciorul. A lovit-o de mai multe ori, în linie dreaptă, până a ajuns sub creangă, apoi s-a urcat cu picioarele din față pe ea și așa a reușit să ajungă cu trompa la mâncare.

În timp ce Kandula își mesteca recompensa, Preston și Diana mi-au explicat cum i-au îngreunat sarcina mutând locul obiectelor. Au pus cutia într-un loc unde nu era vizibilă, astfel că, atunci când se uita la mâncarea tentantă, Kandula trebuia să-și amintească soluția și să se îndepărteze de obiectivul său ca să-și aducă unealta. Nu multe animale sunt în stare de așa ceva, dar Kandula n-a ezitat deloc și și-a adus cutia de la distanțe considerabile. Iar când i-au luat cutia cu totul elefantul a apucat cu trompa tocătoarele de lemn și le-a pus unele peste altele ca să ajungă mai aproape de mâncare.

Kandula a arătat că înțelege perfect mecanismul cauză–efect, înțelegere cunoscută sub numele de „momentul evrika!“ și considerată semn de mare inteligență. Desigur, trebuie întâi să încercăm să privim lumea din perspectiva altui animal – chiar dacă asta înseamnă să ne imaginăm că avem un furtun în loc de nas –, înainte să conchidem că tot ce poate să facă acesta este să arunce cu pământ.

BUNĂSTAREA CELUILALT

Îmi amintesc de o ocazie mai veche când am colaborat cu Diana ca să aflăm dacă elefanții se recunosc în oglindă. Împreună cu Josh Plotnik, un student al meu, am făcut un studiu la Grădina Zoologică din Bronx, în New York. Până atunci, elefanții nu dăduseră semne că ar ști ce văd în oglindă. Oare credeau că e un alt elefant, la fel cum maimuțele văd altă maimuță? Numai despre oameni, primate și delfini se știa că își recunosc propria reflexie.

Testele care se făcuseră înainte îl puseseră pe cel mai mare animal de uscat în fața unei oglinzi mult mai mici decât el. Oglinda a fost plasată la nivelul solului, dincolo de gratiile unei cuști interioare. Prin urmare, elefantul nu a putut vedea decât patru picioare, în spatele a două rânduri de gratii, din moment ce oglinda le reflecta pe amândouă. S-a ajuns astfel la concluzia că elefanții nu-și recunosc reflexia. Am încercat, așadar, să îmbunătățim testul. În țarcul lor exterior am introdus o oglindă scumpă și rezistentă, de 2,5 metri pe 2,5 metri, pe care elefanții s-o poată pipăi, mirosi și în spatele căreia să se poată uita înainte să-și examineze propria reflexie. Explorarea e un prim pas necesar, la fel ca la cimpanzei și la copii. Și, ce să vezi, Happy, o femelă elefant asiatic, s-a recunoscut în oglindă. În timp ce stătea în fața oglinzii, și-a frecat de mai multe ori cu trompa o cruce albă din frunte – dovadă că făcuse legătura între imaginea din oglindă și propriul corp. La fel se testează și capacitatea copiilor de a se recunoaște în oglindă, pe care o au de obicei înainte de vârsta de doi ani. Faptul că elefanții s-au alăturat elitei de animale cu conștiință de sine a fost un mare eveniment. Mass-media nu s-au putut abține să nu facă aluzie la numele elefantului Happy printr-o referință la un cântec pentru copii, astfel că au titrat: „E veselă și știe asta!"*

Elefanții s-au dovedit mai inteligenți decât se credea inițial, dar cea mai importantă constatare a fost cea legată de limitele dovezilor negative. Dacă o specie anume pare incapabilă să folosească unelte și nu dă semne că și-ar recunoaște imaginea în oglindă, nu înseamnă că avem suficiente dovezi ca să tragem concluzii definitive. S-ar putea ca animalul să nu înțeleagă exercițiul, dar la fel de bine s-ar putea ca noi să nu înțelegem animalul. S-ar putea să-i dăm uneltele greșite sau să-i arătăm oglinda nepotrivită. Regăsim acest adevăr în celebrul dicton din psihologia experimentală: „Absența dovezilor nu e o dovadă a absenței".

* În original, „She's Happy, and she knows it!" (n. tr.).

Când avea trei ani, Vic, un cimpanzeu mascul de la Grădina Zoologică din Cincinnati (sus), s-a împrietenit cu un băiețel de aceeași vârstă pe care tatăl lui îl aducea în fiecare săptămână în vizită. Primata și copilul se uitau îndelung unul la altul prin geamul de sticlă și se vedea clar că sunt prieteni, potrivit fotografiei lui Marian Brickner. „Ce tată grozav!“, a spus ea. „Nu l-am întrebat niciodată cum îl cheamă. Am făcut în schimb fotografia, chiar a trebuit să-l rog să se dea mai la stânga ca să pot prinde unghiul potrivit.“ În 2012, Marian s-a întors la grădina zoologică să-i facă un portret actualizat lui Vic, care acum are doisprezece ani, adică este la sfârșitul adolescenței (jos).

Bonobo fac sex în toate pozițiile și în toate combinațiile de parteneri. Copulația față-n față este frecventă, ca aici, unde partenerii sunt adulți de sexe opuse (sus). Acuplarea între parteneri de același sex este și ea des întâlnită, în general între femele. O femelă adultă o invită pe alta în vederea frecării genitale (dreapta). A se nota rolul contactului vizual, care este căutat în mod activ și este menținut în timpul sexului.

Mama, cu fiica sa Moniek. Pentru mine, această femelă rămâne arhetipul monarhului din societatea cimpanzeilor pentru modul în care a condus colonia numeroasă de la Grădina Zoologică din Arnhem timp de zeci de ani, chiar și când abia mai putea merge. Nu-i domina fizic pe masculii adulți, dar cu toții îi recunoșteau influența, masculii refugiindu-se uneori în brațele ei când erau încolțiți de rivali.

Asemănarea dintre expresiile faciale ale primatelor și cele ale oamenilor este ilustrată de acest cimpanzeu care râde. În timp ce cu o mână îmi țin aparatul de fotografiat în sus, cu cealaltă îl gâdil pe masculul de trei ani. Cimpanzeul emite sunete guturale, groase, în același ritm cu cel al râsului omenesc, dar nu produce sunetele ascuțite specifice speciei noastre. E cât se poate de clar că se simte bine și îmi cere să continui.

Grija față de comunitate este reflectată în încercările de a restabili pacea. Un mascul de rang superior acționează ca arbitru imparțial după ce două femele au avut un conflict legat de mâncare (sus, în mijloc). Cu brațele întinse, acesta se așază între cele două până când țipetele încetează. Și femelele intervin, de exemplu Mama (jos, în mijloc), în cazul unui conflict între un mascul și un adolescent. Mama se apropie de mascul și mârâie sacadat ca să-i liniștească pe cei doi, apoi îl ia pe adolescent de la locul faptei.

Nevoia cimpanzeilor de a se înțelege între ei le dictează o anume linie de conduită. Încrederea reciprocă e de la sine înțeleasă atunci când puii de cimpanzeu se joacă, când se încolăcesc în toate pozițiile posibile și-și molfăie mâinile și picioarele (sus). Când joaca devine prea dură, trebuie oferite compensații pentru ca distracția să poată continua. Încălcarea regulilor sociale duce la proteste – de exemplu din partea unui cimpanzeu tânăr care țipă și-și cere înapoi fructele pe care i le-a furat cineva (jos).

Un repertoriu vast de gesturi liniștitoare ajută la calmarea celorlalți și a propriei persoane în momente de neliniște. Două femele cimpanzeu se îmbrățișează în timp ce asistă la o ceartă intensă din comunitatea lor (sus), iar o femelă se împacă cu un mascul dominant pupându-l pe gură (jos).

Adoptarea puilor străini este o formă frecventă de altruism și la oameni, și la alte animale. O femelă cimpanzeu cu lactație deficientă a pierdut mai mulți pui până când am învățat-o cum să hrănească cu biberonul un pui adoptiv, pe nume „Roosje“ (dreapta). Femela nu a crescut-o doar pe Roosje cu biberonul, ci și pe doi pui pe care i-a născut ulterior. Pentru tot ce am învățat-o, această femelă mi-a rămas recunoscătoare pe viață.

Este un adevăr care merită repetat. Dacă mă plimb printr-o pădure din statul Georgia și nu văd sau nu aud ciocănitoarea neagră, să însemne asta că pasărea nu trăiește pe-aici? Sigur că nu. Probabil că tocmai am ratat-o. E cunoscută ușurința cu care aceste ciocănitori superbe sar de pe un trunchi pe altul și se fac nevăzute. Sunt de mărimea unei ciori și planează prin frunzișul pădurii ca niște vedenii, motiv pentru care primii pădurari le-au numit „*gawd-almighty*" („Dumnezeule mare"). Sunt însă păsări retrase cea mai mare parte a timpului, iar țipetele lor ca niște râsete și ciocăniturile se aud doar în anumite perioade. Dacă după mai multe plimbări nu se lasă totuși observate, tot ce pot spune e că nu am dovezi edificatoare. „Dumnezeu cel mare" nu pare a fi prin preajmă, dar n-aș putea băga mâna-n foc.

Rămâne o enigmă, așadar, de ce în domeniul cogniției primatelor au fost acceptate afirmații privitoare la lipsa anumitor capacități, pe baza unor observații făcute în doar câteva plimbări prin pădure. Cea mai recentă astfel de afirmație a fost că primatele n-ar fi prosociale. Seamănă cu oamenii din multe puncte de vedere, dar, bietele de ele, sunt la fel de egoiste ca un hoț de buzunare. Nu se gândesc decât la ele însele. Testul privind alegerile prosociale, pe care-l voi descrie imediat, a arătat că cimpanzeii sunt insensibili la interesele altora. Asta în ciuda faptului că au dat dovadă de multe ori că sunt capabili să ajute spontan, împărțind mâncarea între ei sau riscându-și propria piele ca să-și apere prietenii, rupând cu dinții capcanele braconierilor când un membru al grupului cădea prizonier sau adoptând orfani cu care nu erau înrudiți. Mai mult, cimpanzeii își ajută adesea semenii aducându-le o unealtă care le trebuie sau deschizând o ușă pentru ca unul dintre tovarășii de grup să ajungă la mâncare.

Totul e bine și frumos, a spus comunitatea academică, dar câtă vreme primatele pică testul critic al generozității nu credem o iotă. De aici afirmația des invocată că cimpanzeii și-ar întemeia alegerile sociale „exclusiv pe câștigul personal"[2], că cooperarea umană reprezintă o „anomalie uriașă" în regnul animal[3] și că tendințele prosociale au evoluat ca o „proprietate derivată a speciei umane“, după ce strămoşii noştri s-au separat de celelalte primate pe scara evoluţiei.[4]

Această perspectivă nefavorabilă asupra primatelor a continuat în deceniul următor până când echipa mea i-a supus unor teste pe cimpanzeii pe care-i am chiar acum sub ochi. Stau la masa mea de lucru, într-un birou care are vedere spre staţiunea de cercetare a Centrului naţional Yerkes pentru studierea primatelor, de lângă Atlanta. Cimpanzeii trăiesc efectiv sub geamul meu. Folosesc acest birou de mai bine de douăzeci de ani, prin urmare cunosc fiecare cimpanzeu de douăzeci şi ceva de ani, de când era mic. Printre aceştia se numără şi masculul alfa, Socko, şi femela alfa, Georgia; pe amândoi i-am gâdilat când erau pui. Râdeau cu vocile lor groase şi mă rugau să-i mai gâdil. Din grup a mai făcut parte şi Peony, fosta femelă alfa, care spre sfârşitul vieţii era asistată de ceilalţi, care-i aduceau apă de băut, o sprijineau ca să se poată căţăra etc. Nu-i de mirare că aceşti cimpanzei mă consideră pe mine şi clădirea în care se află biroul meu parte din teritoriul lor. Dacă vin însoţit de vizitatori, totul e-n regulă, dar cei care vin aici pe cont propriu nu sunt întotdeauna bine-veniţi. Odată m-am întors după nişte zile ploioase care transformaseră ţarcul într-o baie de noroi şi mi-am găsit fereastra împroşcată cu noroi uscat. N-am înţeles ce se întâmplase până când cineva nu mi-a explicat că o echipă a făcut curăţenie în biroul meu, lucru deloc pe placul cimpanzeilor.

La fel cum nimeni n-ar judeca abilităţile mintale ale copiilor în funcţie de cum se manifestă la locul de joacă, inteligenţa cimpanzeilor nu poate fi înţeleasă doar prin observaţie. Munca de teren are locul şi importanţa ei, dar pentru a evalua cogniţia primatelor trebuie să le confruntăm cu probleme specifice. Numeroasele teste pe care le facem cu cimpanzeii respectă o logică dublă. Unu: ne concentrăm pe ceea ce pot să facă, şi nu pe ceea ce nu pot să facă. Dat fiind că dovezile negative sunt problematice, nu ne oprim asupra lor. Doi: inventăm experimente simple şi intuitive. Ne este de folos în acest scop experienţa legată de comportamentul lor spontan, cel pe care eu îl urmăresc în fiecare zi doar ridicând ochii de la birou. Concepem sarcinile în așa fel încât cimpanzeii să le găsească interesante și ușor de abordat. De exemplu, în loc să le testăm disponibilitatea de a imita comportamentul uman, preferăm să vedem ce fac între ei. Cimpanzeii nu sunt nici pe departe așa de interesați de noi pe cât ne-ar plăcea să credem, în schimb sunt foarte atenți la ceilalți cimpanzei. Își lipesc fața de a celuilalt ca să observe fiecare mișcare, își miros unii altora gurile și chiar își țin mâna peste mâna altui cimpanzeu ca să urmărească sarcina pe care o îndeplinește respectivul, dobândind astfel informații chinestezice. Primatele nu se pricep foarte bine să-i imite pe oameni, dar am descoperit că le place să „maimuțărească" alte primate, și asta e tot ce contează.

Abordarea aceasta, care ține cont de felul de a fi al cimpanzeilor, ne-a folosit mult când am elaborat un nou test privind alegerile prosociale. Testul pe care cimpanzeii îl tot picaseră folosea un dispozitiv care distribuia mâncare fie uneia, fie ambelor primate testate. Primata avea de ales între a acționa un mâner ca să primească mâncare doar pentru ea, sau un alt mâner ca să primească mâncare și pentru ea, și pentru partener. Astfel, îl putea avantaja pe celălalt fără să piardă ceva. Cimpanzeii au acționat ambele mânere în egală măsură, fără se le pese de rezultat.

Totul depinde însă de cât de bine au înțeles dispozitivul. Înțelegeau oare cimpanzeii cum îl afectau pe partener alegerile lor? Cel mai probabil, nu. De multe ori, punem la cale studiile în timp ce ne bem cafeaua de dimineață. Conduc o echipă mică, de vreo zece doctoranzi, cercetători postdoctorali și tehnicieni. Unul dintre membrii echipei își prezintă experimentul, iar noi ceilalți îi aducem obiecții, criticăm punctele slabe, sugerăm alternative, cităm alte studii ș.a.m.d. Avem multe astfel de discuții, uneori durează luni de zile până când obținem un concept care ni se pare adecvat. La fel am făcut și în cazul proiectului despre alegerile prosociale. Întâi am cercetat amănunțit studiile anterioare. Am observat, de exemplu, că primatele se aflau de multe ori la mai mulți metri depărtare una de alta, despărțite de mai mulți pereți de sticlă. Pesemne că le era clar cum să obțină mâncare pentru ele însele, dar înțelegeau oare ce ar fi putut primi partenerul lor de test? Ne-am uitat la fotografii cu dispozitivul și am fost uimiți cât de complicat era. Dacă noi nu ne dădeam seama cum funcționează, nu era normal să aibă dificultăți și cimpanzeii? Ne-am propus să eliminăm toate aceste obstacole.

Vicky Horner, un om de știință care cunoaște cimpanzeii foarte bine și din sălbăticie, și din captivitate, a modificat un concept folosit anterior pe maimuțe. Nu mai era nevoie de nici un dispozitiv. Am pus cimpanzeii unul lângă altul, i-am separat printr-o plasă și le-am împachetat în hârtie recompensele constând în bucăți de banană. Le-ar fi fost, prin urmare, la fel de ușor să mănânce în tăcere cum ne-ar fi nouă să desfacem o bomboană în timpul unui concert de muzică clasică fără să atragem priviri dezaprobatoare. Voiam să ne asigurăm că cimpanzeii știu că celălalt mănâncă. Îmi amintesc ziua în care am definitivat planul și l-am testat pe noi. Ne-am imaginat că suntem cimpanzei și am urmat toți pașii. După ce ne-am convins că procedura e-n regulă, am trecut la adevăratul test.

Cimpanzeii noștri trăiesc într-un țarc spațios, cu iarbă și structuri de lemn pe care să se cațăre. Îi chemăm pe nume într-una dintre clădiri, iar acolo îi separăm conform planului. Totul se face pe bază de voluntariat, dar, cum e vorba de mâncare, nici nu e greu să-i convingem. Ne confruntăm însă cu probleme de care psihologii care lucrează cu oameni nu se lovesc niciodată. De exemplu, dacă organele genitale ale unei femele sunt umflate, aceasta e foarte valoroasă pentru masculi, care fie refuză s-o lase să intre în clădire, blocând intrarea, fie rămân în fața ușii cât timp ea e înăuntru și bat cu pumnii în porțile de metal. Nivelul de zgomot pe care-l poate produce un mascul motivat este înfiorător și, în mod evident, nu ajută la concentrare. Sau un pui nu vrea să se despartă de mama lui, intră cu ea și astfel noi n-o putem testa singură. Mai sunt și răcelile, și alte boli, bătăile, zilele cu vreme urâtă și alte impedimente. Dat fiind că trebuie să testăm mai mulți cimpanzei de mai multe ori înainte să putem valida rezultatele, un astfel de studiu durează cel puțin un an.

A meritat însă efortul, pentru că am fost primii care au demonstrat că cimpanzeilor le pasă de bunăstarea celuilalt. Perseverența lui Vicky, noul test și relația noastră cu primatele au dat roade. La primul test au participat Peony și Rita, două femele neînrudite. După ce s-au instalat în camere separate, am umplut o găleată cu jetoane colorate. Acestea erau de fapt bucăți identice de țeavă de plastic, singura diferență fiind că jumătate dintre ele erau verzi, și cealaltă jumătate – roșii. Am rugat-o

În fața unui partener care așteaptă, cimpanzeul care acționează (dreapta) bagă mâna în găleata cu jetoane de două culori. După ce actorul a selectat jetonul, îl punem pe o masă între două recompense împachetate în hârtie. Recompensăm fie doar actorul (culoarea „egoistă"), fie ambele primate (culoarea „prosocială"). Cimpanzeii manifestă o preferință pentru opțiunea prosocială.

pe Peony să ia câte un jeton şi să ni-l dea nouă. Indiferent dacă ne dădea unul verde sau unul roşu, primea întotdeauna o recompensă. Rita însă nu beneficia de acelaşi tratament. Jetoanele roşii erau „egoiste", în sensul că doar Peony primea recompensa, în timp ce jetoanele verzi erau „prosociale", ceea ce însemna că şi Peony, şi Rita primeau recompense. După mai multe serii de alegeri succesive, Peony a început să le aleagă pe cele verzi, de două ori din trei. La alte câteva perechi de cimpanzei, am observat nouă alegeri prosociale din zece, dar, în medie, înclinaţia spre a-i ajuta pe ceilalţi era asemănătoare cu a lui Peony: nu foarte mare, dar nici aleatorie. În schimb, dacă lăsam un cimpanzeu singur în cameră şi aplicam aceeaşi procedură, nu făcea nici o deosebire între culori. Cu alte cuvinte, preferinţa prosocială se manifesta doar în prezenţa unui partener.[5]

Era evident că cimpanzeul care aştepta îşi dădea seama ce se întâmplă, astfel că încerca să-l influenţeze pe celălalt, care alegea: lovea cu mâinile plasa care le despărţea, scuipa apă, ţipa sau cerşea cu mâna întinsă. Comportamentul acesta era cel mai adesea declanşat de alegerile egoiste. Dar presiunea s-a dovedit contraproductivă, în sensul că inhiba alegerile prosociale. Era ca şi cum cei care alegeau le spuneau partenerilor lor să se poarte frumos, căci altfel nu mai primeau nimic. După ce am testat douăzeci şi una de perechi de cimpanzei, am eliminat teama ca explicaţie, pentru că cimpanzeii aflaţi cel mai sus pe scara ierarhică, care aveau cele mai puţine motive să se teamă, s-au arătat a fi cei mai altruişti. Şi Peony, şi Georgia au dat dovadă de generozitate.

Mărinimia lui Peony nu ne-a mirat deloc. Avea o fire blândă şi era mereu gata să ajute şi să liniştească pe toată lumea, ceea ce explică dragostea şi respectul de care s-a bucurat până la sfârşitul vieţii. Cu Georgia lucrurile stăteau cu totul altfel. Era recunoscută pentru atitudinea ei de bătăuşă şi scandalagioaică. Când a ajuns la maturitatea sexuală, provoca bătăi între masculi făcând sex cu cei de rang inferior în faţa tuturor sau lovea copiii altor femele, stârnind astfel încăierări la care participa jumătate din comunitate. Așa se face că niciodată până atunci n-o considerasem pe Georgia o fire generoasă, dar testele noastre indicau contrarul. Oare, fără ca noi să știm, Georgia se pricepea la împărțit favoruri? Să fi ajuns ea în fruntea ierarhiei și prin blândețe, nu doar prin agresivitate? În rândul femelelor, astfel de strategii sunt mai greu de detectat decât în rândul masculilor, care fac mare caz de fiecare gest intimidant sau generos.

Majoritatea specialiștilor în cimpanzei au primit studiul nostru cu ușurare, pentru că până atunci, spre uimirea lor, datele negative fuseseră prevalente. Unii cercetători ajunseseră chiar să colecteze mostre de materii fecale și păr de la cimpanzeii din sălbăticie ca să extragă din ele ADN și să demonstreze că întrajutorarea în rândul cimpanzeilor nu este condiționată de legătura de sânge. Se întâmplă frecvent ca cei care nu sunt înrudiți să se ajute între ei. Dar, chiar dacă i-au bucurat pe specialiști, rezultatele noastre au întâmpinat și critici. Un economist a comentat că, din moment ce pe cimpanzei nu-i costa nimic să fie generoși, altruismul lor nu era genuin. Un altul a insistat asupra faptului că cimpanzeii nu erau prosociali tot timpul. Din moment ce de două ori din trei își ignorau partenerul înseamnă că nu sunt neapărat buni; mai mult, erau chiar „răutăcioși“.[6]

Să nu uităm însă că timp de un deceniu oamenii fuseseră considerați unici pentru că cimpanzeii, se spunea, nu se ajutau între ei nici când acest lucru nu-i costa nimic. Am îmbunătățit metodologia, am eliminat dispozitivul și, *voilà*, cimpanzeii noștri au arătat că pot fi generoși unii cu alții. Cred, așadar, că aceia dintre colegii noștri care consideră rezultatele obținute de noi irelevante cam exagerează. Sigur că e nevoie de mai multe cercetări, dar afirmațiile anterioare au fost puternic contestate. Și copiii supuși aceluiași test privind alegerile prosociale au avut un comportament prosocial imperfect: s-au ajutat în 78% din cazuri. Prin urmare, diferența dintre noi și cimpanzei e cantitativă.

Criteriile se schimbă ca prin minune îndată ce este pus la îndoială statutul special al omului. Însă prezența prosociabilității la alte animale a devenit greu de ignorat. În afara studiilor menționate, un factor nou este omniprezența camerelor video. Mai demult trebuia să ne bazăm pe relatări de pe teren, cum era povestea lui Goodall despre Madame Bee, care îmbătrânise și nu mai putea să se cațăre în pomi după fructe. Cimpanzeul în vârstă aştepta răbdător ca fiica ei să coboare cu fructe, aceasta punea un fruct lângă Madame Bee și amândouă se apucau să mănânce împreună mulțumite. Am luat în considerare aceste relatări fără alte dovezi, dar acum avem zeci de videoclipuri interesante pe Internet. Milioane de oameni au vizionat *Battle at Kruger* pe YouTube, în care o turmă de bivoli salvează un vițel din ghearele unui leu, sau *Hero Dog*, în care un câine își riscă viața ca să-l târască pe un tovarăş pe jumătate mort de pe o șosea foarte circulată din Santiago, Chile. Alte exemple de acest fel sunt câinele care refuză să-și părăsească prietenul rănit în urma recentului tsunami din Japonia, elefanții africani care scot un pui de elefant dintr-o groapă cu noroi și delfinii albi de la o grădină zoologică din China care salvează un scafandru căruia i s-a oprit respirația pe fundul unui acvariu cu apă foarte rece. Unul dintre delfinii uriași o apucă pe femeie cu fălcile, cu multă grijă, cam cum își iau câinii puii, după care amândoi delfinii o împing spre suprafață.

Cu dovezi atât de grăitoare, accesibile tuturor, ideea că doar oamenilor le-ar păsa de bunăstarea celorlalți pierde rapid teren.

RECUNOȘTINȚA GEORGIEI

Nu poți avea încredere în tot ce vezi pe YouTube însă. Într-un alt videoclip vedem cum niște peștișori aurii înoată sincron. Patru pești se mișcă într-o formație asemănătoare cu a avioanelor militare: păstrează aceeași distanță unul față de altul, virează în exact același moment, totul într-un acvariu puțin adânc. Parcă ar fi dirijați de mâinile unui magician aflat deasupra lor. Videoclipul a stârnit o întreagă controversă când au apărut unele voci care spuneau că peștilor li s-ar fi dat să mănânce bucățele mici de fier. Și că cineva îi mișca de sub acvariu cu ajutorul unor magneți, ceea ce explica adâncimea mică a acvariului. Fără să nege acuzațiile, magicianul a susținut că peștii săi sunt fericiți și sănătoși.

Prestația era însă greu de crezut, deoarece crapii nu formează bancuri strânse. Nu fac decât să se adune laolaltă. Animalele care în mod normal nu fac lucruri împreună sunt aproape imposibil de dresat ca să se coordoneze. Poți învăța doi delfini să sară în același timp tocmai pentru că delfinii fac așa ceva în mod spontan. Femelele delfin înoată sincronizat cu puii lor, ieșind la suprafață și scufundându-se deodată. Delfinii masculi formează coaliții ca să-și intimideze rivalii, respectiv înoată perfect sincronizat pentru a-și demonstra legăturile strânse. Încercați însă să convingeți două pisici domestice să sară deodată printr-un cerc și veți eșua sigur. Pisicile sunt vânători solitari.

În studiile noastre despre cooperare, evităm orice fel de dresaj. Vrem să știm cât de bine înțeleg animalele conceptul. Au țeluri comune? Înțeleg efortul partenerului? Unul dintre studenții mei, Malini Suchak, pregătește un experiment în care cimpanzeii trebuie să colaboreze. În loc să-i testăm în perechi, cum e obiceiul, desfășurăm acest proiect afară, în prezența întregii colonii. Acest lucru îi forțează să se recruteze unii pe alții, cum fac cimpanzeii sălbatici când pornesc la vânătoare de maimuțe. Țintele aflate în mișcare sunt greu de prins, de aceea cimpanzeii vânează mai bine în perechi sau în grupuri de câte trei decât singuri. I-am văzut urmărind maimuțe până sus în coronamentul arborilor, totul culminând cu un cor de țipete de bucurie când reușeau să prindă prada. Vânătoarea și împărțirea cărnii se află la baza sociabilității cimpanzeilor, aceste două acțiuni fiind, se pare, și catalizatorii evoluției umane. Urmărirea unei prăzi mari în cazul strămoșilor noștri a necesitat, probabil, o cooperare și mai strânsă.

Dispozitivul conceput de Malini este montat pe gardul țarcului, în aer liber. Cimpanzeii știu deja că de unii singuri nu pot obține bunătăți de la el. Rita dă târcoale aparatului și se uită în sus la mama ei, Borie, care doarme într-un culcuș pe care și l-a construit în vârful uneia dintre structurile înalte pentru cățărat. Rita îi dă un ghiont mamei ei ca să coboare. Se îndreaptă apoi spre dispozitiv, în tot acest timp privind peste umăr ca să se asigure că mama ei o urmează. Alteori avem senzația că cimpanzeii s-au înțeles fără ca noi să fi observat. Doar îi vedem pe doi dintre ei cum ies împreună din adăpostul de noapte și se îndreaptă țintă spre dispozitiv, ca și cum ar ști exact ce au de făcut.

Cimpanzeii se pricep de minune să comunice prin intermediul privirilor scurte și al posturilor subtile ale corpului. Fără cuvinte, deseori și fără gesturi explicite, comunică clar ce au de gând să facă în continuare. Din pricina faptului că folosesc foarte mult limbajul trupului, se pricep foarte bine să citească oamenii. De fapt sunt atât de buni la asta, încât uneori par să-mi cunoască dispoziția și intențiile mai bine decât mi le cunosc eu. Parcă văd prin noi ca prin sticlă. Am observat de multe ori și cât de sensibili sunt la oamenii cu un limbaj al trupului ostil, cum sunt, de pildă, vizitatorii cu prejudecăți. În prezența noastră, aceștia nu râd de cimpanzei, cum mai fac uneori vizitatorii grădinilor zoologice (strigând la ei, scărpinându-se în mod exagerat), dar cimpanzeii tot reacționează ca și cum ar fi zărit un dușman. Georgia se furișează, își umple gura cu apă de la robinet și apoi se amestecă printre ceilalți, astfel că nimeni nu bănuiește jocurile cu apă care vor urma. Oamenii care se poartă frumos nu trec nici ei neobservați. Când i-am prezentat așezământul nostru lui Toshisada Nishida, cercetător de teren cu vechime, primatele nu au avut nici o reacție. Toshisada a stat tot timpul lângă mine, cu trupul puțin aplecat într-o parte, pășind calm, fără mişcări bruşte, cum l-am văzut mergând şi prin pădure, iar primatele au părut că-l acceptă fără probleme.

La un moment dat, Georgia a fost exclusă din grup timp de optsprezece luni. S-a hotărât înlăturarea ei din cauza instabilităţii politice. Masculii se băteau între ei, la fel şi femelele; conflictele erau aşa de aprinse că începuserăm să fim îngrijoraţi pentru viaţa unora dintre cei tineri. Mamele de rang inferior nu mai reuşeau să-şi smulgă odraslele din mâinile cimpanzeilor adolescenţi care-i furau ştiind că au spatele asigurat de adulţii de rang superior. Puii de primate sug până la patru ani, de aceea separările forţate de mame sunt motiv de îngrijorare. Au fost înlăturaţi şi alţi indivizi pentru a mai calma grupul. Unii dintre ei nu s-au mai întors, dar cei mai mulţi au fost reintroduşi treptat. Georgia a fost ultima. În ciuda proastei ei reputaţii, eu am insistat să revină. Se născuse în acest grup, avea relaţii bune cu majoritatea, iar după un timp s-ar fi putut linişti, devenind un cetăţean model. Îmi amintesc că optimismul meu a fost primit cu neîncredere, dar după lungi tratative i s-a permis să revină.

În cazul multor animale, revenirile nu sunt o idee bună. Maimuţele rhesus, de exemplu, nu reacţionează prea bine la întoarcerea unui fost membru al cetei după o absenţă lungă. E ca şi cum postul lor s-ar fi ocupat între timp. Aceste maimuţe au o ierarhie a dominaţiei strictă, aşa că, dacă individul aflat pe poziţia a zecea este înlăturat şi apoi revine, chiar şi după câteva luni, poziţia a zecea va fi fost deja reclamată de altcineva, la fel ca celelalte. Maimuţa care se întoarce e primită cu aproape la fel de multă ostilitate ca un străin. În cazul cimpanzeilor însă, nu e nici o problemă. Ierarhia lor este laxă, aceştia trăind în societăţi de tip fisiune–fuziune, în care membrii se întâlnesc, fuzionează şi se separă tot timpul. Cimpanzeii sălbatici trăiesc şi luni de zile fără să întâlnească un alt membru al comunităţii lor.

Întoarcerea Georgiei a fost un triumf. În ciuda agitaţiei create şi a îmbrâncelilor ocazionale pe care le-a primit, a rămas sigură pe poziţii, ca şi cum ar fi fost plecată doar câteva zile. S-a îmbrăţişat și s-a toaletat cu oricine era disponibil și i-a privit pe masculii care se băteau să stea lângă ea. Mama și sora o purtau în brațe și aveau grijă de Liza, fiica de patru ani a Georgiei, iar Georgia însăși s-a reintegrat atât de repede, încât la sfârșitul aceleiași săptămâni abia dacă-ți puteai da seama că fusese plecată. Avea un comportament dominant față de femelele pe care le dominase și înainte și era la fel de sigură pe ea ca-ntotdeauna.

Când m-am apropiat să le văd mai bine pe ea și pe Liza, s-a întâmplat ceva ce nu am uitat până-n ziua de azi. Când Georgia era tânără și jucăușă, ne înțelegeam bine, dar odată ajunsă la maturitate a început să mă ignore. Aș putea spune că relația noastră era neutră. De data aceasta însă, s-a apropiat de mine și m-a privit drept în ochi. Privirea ei era în mod incontestabil prietenoasă. Mi-a întins mâna. Când i-am cuprins-o, a gâfâit spre mine într-un ritm susținut, unul dintre cele mai blânde sunete pe care le poate emite un cimpanzeu. A fost singura dată când s-a exprimat așa: niciodată înainte, niciodată după. Nu a fost doar un salut, pentru că o vizitasem de multe ori pe Georgia până atunci și nu reacționase așa. Din moment ce incidentul a avut loc imediat după reîntoarcerea ei, probabil că a existat o legătură. Poate a observat cât de mult m-am bucurat s-o revăd. Poate că, chiar mai mult decât atât, a simțit tensiunile legate de soarta ei și faptul că eu îi pledasem cauza. După cum am spus, cimpanzeii știu să citească incredibil de bine limbajul trupului și al vocii. Nu vom ști niciodată sigur, dar eu am simțit că mi-a mulțumit pentru că am avut grijă să se întoarcă unde-i era locul.

Am socotit această întâmplare un exemplu de *recunoștință* din partea unui cimpanzeu, caz deloc singular. Altădată am învățat-o pe o altă femelă cimpanzeu să hrănească un pui cu biberonul. Îi muriseră mai mulți pui din cauza lactației deficiente, așa că a fost bucuroasă să adopte unul. Pierderile anterioare îi provocaseră depresii grave, în timpul cărora se izola și țipa aparent fără motiv. Pe lângă faptul că a crescut puiul adoptiv, datorită acestei noi abilități a putut să-și țină în viață propriii pui în anii care au urmat. Unui animal care folosește unelte nu-i e deloc greu să-i dea altuia să mănânce cu biberonul. Tot restul vieții ei, această femelă își ieșea din minți de bucurie când mă vedea, lucru care se întâmpla o dată la câțiva ani, ca și cum aș fi fost un membru al familiei demult pierdut. Bucuria ei părea să aibă legătură cu faptul că o ajutasem să-și întemeieze o familie. Tot despre recunoștință vorbește și o anecdotă povestită de Wolfgang Köhler, cercetătorul german care a studiat printre primii abilitatea primatelor de a folosi uneltele. Doi cimpanzei rămăseseră închiși pe dinafară în timpul unei furtuni, când Köhler a dat întâmplător peste ei uzi leoarcă și tremurând în ploaie. Le-a deschis ușa. Dar, în loc să se grăbească să ajungă la loc uscat, ambii cimpanzei l-au îmbrățișat mai întâi pe profesor într-o efuzie de mulțumire.

Recunoștința ne ajută să-i răspundem celuilalt cum se cuvine. Din moment ce întreține schimbul de favoruri, este esențială într-o societate bazată pe reciprocitate. Toma d'Aquino avea o părere atât de bună despre recunoștință, încât a numit-o o virtute secundară, legând-o de virtutea primară a dreptății. Recunoștința ne dă un sentiment plăcut în legătură cu binele care ni se face și ne îndeamnă să răspundem cu aceeași monedă. Ce altceva ne-ar motiva să facem bine? Datoria? Acționăm mult mai ușor când memoria ne predispune la a fi recunoscători față de binefăcătorul nostru. Abia dacă ne dăm seama că întoarcem un favor. Iată de ce Robert Trivers, arhitectul teoriei altruismului reciproc, considera recunoștința un element esențial.

Însă, în loc să ne bazăm doar pe povești asemenea celor de mai sus, noi am măsurat efectiv schimbul de favoruri. În multe zile de-a lungul anului, am notat cazurile de toaletare între cimpanzei dimineața, iar după-amiaza am organizat o sesiune de împărțit mâncare. Tăiam crengi cu frunze din pădurea din jurul stației de cercetare (cimpanzeilor le plac foarte mult lăstarii tineri de mur și de arbore de gumă) și le legam la un loc cu crenguțe de caprifoi. Apoi le aruncam două legături de crengi înfrunzite în curte. Orice adult, indiferent de rang, putea să ia și să păstreze mănunchiul, pentru că cimpanzeii au simțul proprietății. La scurt timp, fericiții posesori erau înconjurați de un cerc de cerșetori cu mâna întinsă, care se smiorcăiau și scânceau. Până și masculul alfa putea fi văzut cerșind, gest care mai fusese observat pe teren, atunci când cimpanzeii se strângeau în jurul unei maimuțe moarte. În cele din urmă, toată lumea primea câte ceva, fie direct de la cei care puseseră mâna pe mâncare, fie indirect, de la rude și prieteni. După ce am măsurat aproape șapte mii de interacțiuni în jurul hranei, de-a lungul mai multor sesiuni, din datele mele a reieșit o legătură între accesul la mâncare și toaletarea petrecută mai devreme în aceeași zi. În ziua în care Socko o toaletase pe May, de exemplu, șansele ca el să primească câteva crengi de la May creșteau simțitor în comparație cu zilele în care nu o toaletase. Acest lucru sugerează puternic că cimpanzeii țin minte și apreciază favorurile anterioare.

Reciprocitatea funcționează și în sens negativ, după cum a prezis și Trivers, care considera că *agresivitatea morală* are rolul ei. Suntem indignați de cei care iau bucuroși, dar dau prea puțin înapoi. La fel, cimpanzeii se pot întoarce împotriva aliaților lor dacă aceștia refuză să-i susțină într-un conflict cu alt cimpanzeu. Întind o mână către un bun prieten de pe margine și încearcă să-l convingă să li se alăture și să înfrunte împreună adversarul. Dar prietenul se îndepărtează. Individul părăsit poate să întrerupă confruntarea și să alerge după așa-numitul lui prieten, țipând cât îl țin plămânii. Toate acestea se-ntâmplă în situații cu mult zgomot și agitație – nu e nimic mai haotic și mai iritant decât o bătaie mare între cimpanzei –, dar prin astfel de reacții se asigură respectarea reciprocității. Cimpanzeii se și răzbună. Dacă au pierdut o luptă în fața unei alianțe formate din mai mulți, pot aștepta ocazia potrivită ca să egaleze scorul. Dacă se întâlnesc cu unul dintre membrii alianței și acesta e singur, fără prietenii lui în jur, vor sări la bătaie. Am cunoscut masculi care făceau acest lucru în mod sistematic: dacă fuseseră înfrânţi de un cvartet de adversari, aveau grijă ca-n zilele următoare să aibă patru întâlniri neplăcute cu fiecare dintre ei, separat. Cel mai adesea însă, un cimpanzeu învins de un grup aşteaptă până când unul dintre cei care l-au bătut pierde el însuşi o bătaie în faţa altuia, ocazie perfectă pentru a sări în învălmăşeală şi a-i agrava înfrângerea.[7]

Întotdeauna m-a uimit cât de mult contează să răspunzi cu aceeaşi monedă în societatea cimpanzeilor. Aceste primate îşi clădesc o economie socială bazată pe favoruri şi revanşe, de la mâncare la sex şi de la toaletare la sprijinul oferit în luptă. Ai putea crede că ţin evidenţe contabile şi-şi creează aşteptări, poate chiar sentimentul că ceilalţi le sunt datori; astfel se explică de ce reacţionează atât de vehement când le este înşelată încrederea. Fiind atât de obişnuit cu acest comportament al rudelor noastre apropiate, am fost uimit de lipsa acestei reacţii la un alt animal foarte social. S-a întâmplat în timp ce testam cooperarea în cazul elefanţilor, la un sanctuar thailandez, alături de Josh Plotnik, cel care a făcut şi studiul cu oglinda pe care l-am menţionat mai devreme. Nu puteam aplica metoda obişnuită, adică să folosim un dispozitiv suficient de greu încât să forţeze indivizii să-şi unească puterile. Pentru elefanţi, ne-ar fi trebuit un dispozitiv de mărimea unui camion cu semiremorcă! În schimb, am împrumutat un concept ingenios de la un coleg japonez, constând într-o singură sfoară petrecută pe după un dispozitiv, cu ambele capete ale sforii îndreptate spre animale. Dacă trag doar de un capăt al sforii, aceasta se deşiră şi nu le foloseşte la nimic. Numai trăgând în acelaşi timp de ambele capete ar fi putut aduce dispozitivul mai aproape. Greutatea aparatului este irelevantă, însă sincronizarea e o condiţie necesară.

S-a dovedit o sarcină uşoară pentru elefanţi. Mergeau împreună până în dreptul dispozitivului, apoi apucau fiecare câte un capăt şi trăgeau. Până aici totul era minunat. Dar am început să introducem obstacole ca să vedem cât de bine înţelegeau că au nevoie de partener. Îl întârziam pe unul din ei ca să vedem

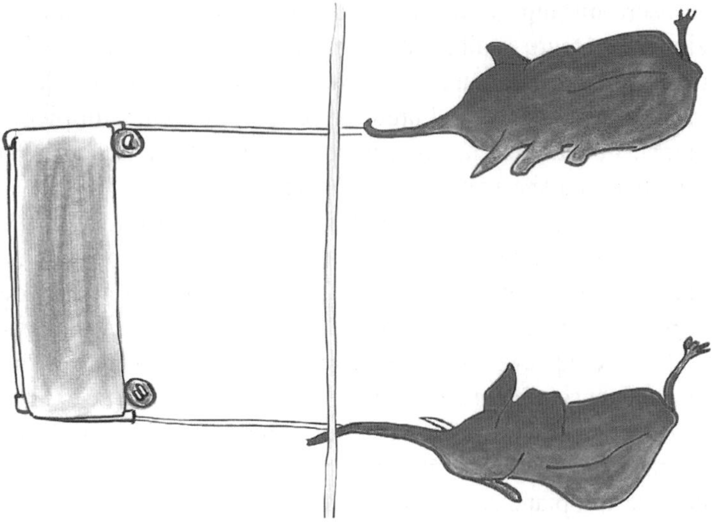

Văzuți de deasupra, doi elefanți trag de o sfoară ca să aducă spre ei o tavă pe roți pe care se află gǎleți cu mâncare. Trebuie să tragă în același timp, altfel sfoara se deșiră, iar ei rămân cu trompa goală.

dacă celălalt știa să aștepte. Elefanții au dat dovadă de o răbdare impresionantă, așteptându-și partenerul până la patruzeci și cinci de secunde. Altă dată am îndepărtat un capăt al sforii, astfel încât unul din cei doi elefanți să nu poată trage. Am constatat că-n astfel de cazuri celălalt nici nu se deranja să încerce. Părea să înțeleagă că n-avea rost să tragă.

O parte dintre elefanți au inventat practici „ilicite“, zădărnicindu-ne planul. De exemplu, o femelă tânără se oprea lângă sfoară și ținea cu piciorul capătul din dreptul ei, așteptând să vină și celălalt elefant. Astfel ea nu mai trebuia să tragă. Cu piciorul ținea sfoara pe partea ei, iar partenerul făcea toată treaba. Cu toate acestea, nu se sfia să se înfrupte din găleată la sfârșit.

Acest comportament nu era doar un semn de inteligență, ci și o încercare de a trișa. În mod ciudat, celălalt elefant nu a protestat niciodată și nici nu a refuzat să tragă. Nu sunt sigur că cimpanzeii ar fi reacționat la fel, de aceea Malini și cu mine avem de gând să le aplicăm și lor același experiment privind cooperarea. Oare diferența dintre primate și elefanți poate fi explicată prin faptul că cei din urmă nu înțeleg contribuția partenerului, sau prin aceea că efortul necesar e foarte mic? Fiecare elefant primea ca recompensă doi știuleți de porumb – un mizilic pentru un animal așa de mare –, și tot ce-aveau de făcut era să tragă de-o sfoară. E posibil ca și efortul, și răsplata să fi fost prea mici ca să fie deranjați de faptul că unul profita de pe urma celuilalt.

Cu atât mai bine pentru noi. Având în vedere cât e de periculos să lucrezi cu elefanți, asta ne mai lipsea, să se și înfurie!

EMPATIE CORP LA CORP

Când Michael Jackson și-a lăsat bebelușul de nouă luni să atârne peste balustrada balconului de la etajul patru al unui hotel, iar copilul ținut într-o singură mână se mai și zbătea, mulți fani din mulțimea care urmărea scena de jos au ovaționat; au fost însă și unii care au țipat. Le-a fost teamă că starul ar fi putut scăpa copilul, care, și mai grav, avea un prosop pe față. A fost o scenă cât se poate de bizară, parodiată de Eminem și criticată de specialiștii în protecția copilului.

Dar de ce ne-ar fi păsat? Nu era copilul nostru. Această reacție se datorează unei capacități care a fost până de curând în bună măsură ignorată de știință: empatia. Nu vorbesc aici de compasiune, care ne dă imboldul de a-i ajuta pe ceilalți, ci de capacitatea neutră și fundamentală de a relaționa cu ceilalți. Când filozoful francez Montaigne a spus în secolul al XVI-lea că îl gâdila pe gât când auzea pe cineva tușind, ne-a oferit definiția de bază a empatiei cu câteva secole înainte ca termenul să intre în uz. Empatia ne conectează fizic la ceilalți. Dacă am fi citit într-un ziar cum a ținut Michael Jackson copilul atârnat deasupra balconului, am fi zis probabil că a fost o stângăcie, însă l-am putut vedea la televizor; am văzut cât de sus era balconul, cum tatăl abia dacă-l ţinea şi cum bebeluşul se zbătea. Empatia ne-a făcut să trăim scena ca şi cum noi înşine am fi ţinut copilul şi-am fi simţit că ne opune rezistenţă. Pentru că am resimţit totul la nivelul trupului, momentul ne-a tulburat mai mult decât o relatare scrisă.

Reprezentarea mentală a trupului este un reflex automat. Filmul *Discursul regelui*, de exemplu, ar fi incredibil de plictisitor dacă ne-ar lipsi capacitatea de a ne identifica cu ceilalţi. Cui îi pasă dacă un cuvânt e pronunţat repede, încet sau deloc? Numai devenind una cu regele înţelegem miza deficienţei sale de vorbire, ca şi cum am suferi noi înşine de ea. Stăm ca pe ace şi suntem tentaţi să pronunţăm cuvintele în locul lui; ne dorim ca el să reuşească, în acelaşi fel în care părinţii se prefac că mestecă când îşi hrănesc copiii cu lingura sau în care mimează fiecare cuvânt pe care copilul îl are de rostit în piesa de teatru de la şcoală. Posedăm această minunată capacitate de a ne pune-n pielea altuia.

În termeni neuroştiinţifici, putem spune că oamenii activează în propriul creier reprezentări neuronale ale unor acţiuni motorii asemănătoare cu cele pe care le percep sau le aşteaptă de la celălalt. Acest impuls inconştient a fost testat cu ajutorul unor expresii faciale afişate pe un ecran. Chiar dacă apar şi dispar prea repede pentru ca noi să le percepem conştient (subiecţii cred că se uită la peisaje), muşchii noştri faciali tot le imită, iar dispoziţia ne este afectată de expresiile respective. Încruntăturile induc tristeţe, zâmbetele – veselie. Ulf Dimberg, psihologul suedez care a realizat cercetarea, mi-a povestit despre opoziţia pe care a întâmpinat-o iniţial, din cauza căreia i-a fost greu să-şi publice rezultatele la începutul anilor '90. Privind retrospectiv, după atâtea confirmări, pare absurd. Dar la momentul respectiv empatia era privită ca o abilitate complexă, controlată de creier. Părerea generală era că *ne hotărâm* să fim empatici după ce reconstituim cu mintea ce am simţi dacă am fi în situaţia celuilalt. Empatia era considerată o abilitate cognitivă. Acum știm că procesul e și mai simplu, și mai automat. Nu se poate spune că nu exercităm nici un control asupra acestei capacități (respirația e automată, dar asta nu înseamnă că nu o controlăm); cu toate acestea, știința a abordat empatia complet greșit. Empatia derivă din asociații inconștiente la nivelul trupului, induse de fețe, voci și emoții. Oamenii nu se hotărăsc să fie empatici; pur și simplu sunt.

E adevărat că ne putem pune în locul altcuiva chiar și în absența indiciilor trupului (ca atunci când citim despre un personaj într-un roman), dar nu în asta constă esența empatiei. Pentru a-i înțelege esența, gândiți-vă la ce o declanșează. Să ne gândim, de exemplu, la un copil sub trei ani care izbucnește în plâns când prietenul său cade și plânge, sau la un copil care râde copios alături de adulții amuzați de o glumă fără perdea, pe care nu o înțelege nicicum. Empatia decurge din sincronizarea trupurilor și din contaminarea stărilor sufletești. Formele complexe bazate pe imaginație și proiecție rezultă din acestea, deci sunt secundare.

În paralel cu acest studiu revoluționar, oamenii de știință din Parma, Italia, au descoperit neuronii-oglindă. Aceștia se activează când facem o acțiune, cum ar fi să ne întindem după o cană, dar și atunci când vedem pe cineva întinzându-se după o cană. Din moment ce neuronii-oglindă nu fac diferența între comportamentul propriu și comportamentul celorlalți, ei ne permit să ne punem în pielea altcuiva. Nu-i de mirare că această descoperire a fost întâmpinată cu urale, fiind considerată la fel de importantă pentru psihologie ca descoperirea ADN-ului pentru biologie. Acești neuroni îi unesc pe oameni la nivelul trupului, ceea ce explică de ce avem un sentiment neplăcut când îl vedem pe Michael Jackson ținând copilul într-o poziție precară sau de ce suntem tentați să rostim cuvintele când ne uităm la *Discursul regelui*.

Descoperirea neuronilor-oglindă se potrivește foarte bine cu primele relatări despre empatie, care se refereau la percepția estetică. Ne putem întreba, de exemplu, de ce ne place așa de mult baletul? Am simți aceeași plăcere dacă am vedea niște cauciucuri țopăind pe scenă după aceeași coregrafie? Ne-am mai emoționa la fel de tare la operă dacă actorii nu ar cânta, ci și-ar exprima dragostea sau gelozia cântând la banjo sau la acordeon? Mă îndoiesc. Când privim un spectacol de balet, ne identificăm cu dansatorii, executăm fiecare pas și fiecare piruetă odată cu ei. Un dansator îl aruncă pe altul în brațele unui al treilea, și timp de-o secundă noi înșine suntem suspendați în aer. Întrucât publicul se identifică total cu acțiunile de pe scenă, o săritură ratată primește o reacție instantanee. Dacă empatia ar fi întru totul cognitivă, ne-am aștepta la o pauză (în care publicul s-ar întreba: „Ce s-a întâmplat?“ sau „S-a rănit oare?“), dar exclamăm „oo“ și „aaaa“ chiar înainte ca dansatorul să atingă podeaua.

Opera creează același tip de legătură prin intermediul vocii umane. De la naștere (și chiar mai devreme), vocea este pentru noi vehiculul plăcerii, al durerii, al furiei etc. Vocea se conectează direct la sistemul nostru nervos central. Ne pătrunde într-un fel în care nici un instrument artificial n-o poate face. Nu percepem doar cognitiv suferința sopranei, ci chiar o simțim și ne face pielea de găină. Ca un împătimit de operă ce sunt, fiecare reprezentație magistrală mă epuizează emoțional.

Artele vizuale mizează pe aceeași legătură. Oricine privește unul dintre sclavii lui Michelangelo, care înfățișează o persoană în mărime naturală luptându-se să se elibereze dintr-un bloc de marmură, simte cum i se încordează mușchii. La fel, nu putem să nu tresărim în fața tabloului lui Caravaggio intitulat *Toma Necredinciosul*, în care Isus își privește discipolul necredincios încercându-i rana din piept cu degetul. Și opera lui Bosch e plină de scene fizice care stârnesc empatia, mila sau groaza. Despre Bosch s-a spus că ar fi fost mizantrop, și totuși arta lui n-ar fi avut nici o șansă în lipsa empatiei publicului. Suferim și noi alături de păcătoșii care sunt străpunși de cuțite sau sunt spânzurați în copaci, pe jumătate morți, care sunt sfâșiați de câini hulpavi, transformați în harpe, cu un fluier înfipt în rect, ori sunt forțați să facă muncă de sclavi și sfârșesc într-o tigaie. În mod ironic, tortura nu poate exista fără empatie, în sensul că nu poți provoca în mod deliberat durere dacă nu știi ce doare. Dacă Bosch ne stârnește atât de multe emoții este pentru că nu ne putem abține să nu trăim pe pielea noastră scenele înfățișate. Vrea să credem că personajele torturate am putea fi chiar noi, și timp de-o clipă chiar suntem.

Empatia fizică funcționează chiar și-n cazul artei abstracte. Într-un articol, Vittorio Gallese, unul dintre cercetătorii care au

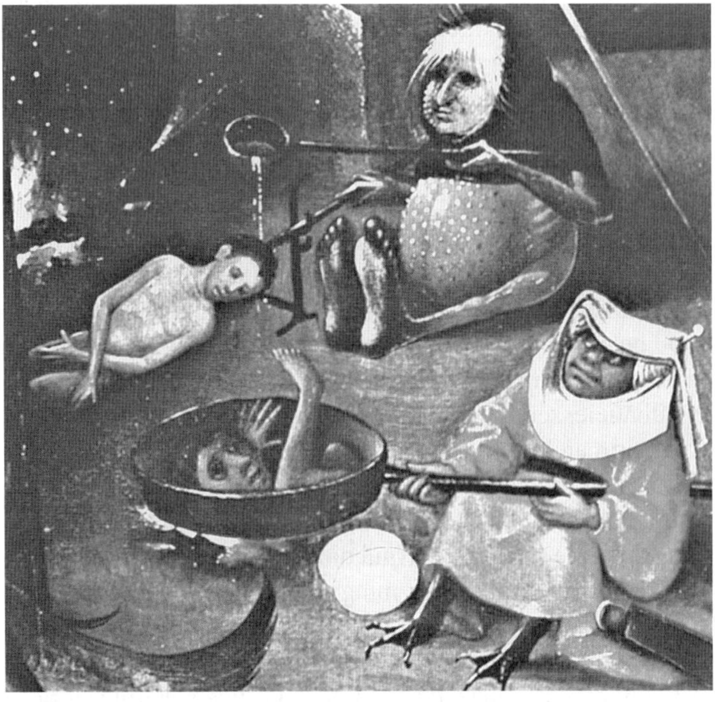

În Judecata de Apoi *a lui Bosch, două cotoroanțe gătesc doi oameni, pe unul la proțap, și pe celălalt într-o tigaie. Vizualizarea chinului păcătoșilor este mult mai eficientă decât orice descriere verbală. În mod inconștient, ne identificăm cu trupurile umane și simțim la propriu fierbințeala din scena pictată.*

descoperit neuronii-oglindă, şi David Freedberg, un istoric american al artei, explică felul în care urmărim, fără să ne dăm seama, mişcările artistului pe pânză. La fel cum un pianist nu poate asculta un concert de pian fără să i se activeze zonele motorii din creier responsabile pentru mişcarea degetelor, cei care privesc o pictură de Jackson Pollock trăiesc „o senzaţie de participare viscerală la mişcările care se întrevăd din urmele fizice – tuşa pensulei sau picăturile de culoare – pe care le-a lăsat cel care a creat opera“[8].

Aceste procese nu sunt în nici un caz apanajul speciei noastre. În mijlocul agitaţiei stârnite în mediul academic de neuronii-oglindă, se uită faptul că aceştia au fost descoperiţi nu la oameni, ci la macaci. Mai mult, până în ziua de azi e mai bine şi mai detaliat documentat „ce face maimuţa“ decât „ce face omul“ în cazul acestor neuroni. Majoritatea studiilor pe oameni pur şi simplu *presupun* existenţa acestor neuroni în anumite zone ale creierului, deoarece confirmarea lor ar necesita introducerea de electrozi, lucru rar practicat.[9] La maimuţe, în schimb, avem dovezi nemijlocite din plin. Neuronii-oglindă le ajută probabil pe primate să se imite între ele: de pildă, atunci când deschid o cutie, cum au văzut la un exemplar dresat, sau când scot, în sălbăticie, seminţele unui fruct urmând exemplul mamei lor. Toate primatele sunt conformiste. Nu numai că imită, dar le şi place să fie imitate. În cadrul unui experiment, doi cercetători au interacţionat cu nişte maimuţe capucin cărora li se dăduse o minge cu care să se joace. Unul din oameni a imitat fiecare mişcare făcută de maimuţe cu mingea, iar celălalt nu. În cele din urmă, maimuţele l-au preferat pe cel care le-a imitat. În mod asemănător, adolescenţii care au ieşit în oraş cu un partener instruit să le imite fiecare gest, de exemplu să ridice paharul sau să se sprijine cu un cot de masă, au declarat că l-au plăcut mai mult pe acesta decât cei care au ieşit cu un partener care nu i-a imitat.

E limpede că modul în care ne raportăm fizic la ceilalţi ne ajută să fim empatici. Dacă vorbim cu o persoană tristă, vom adopta o mină tristă și vom sta, poate, gârboviți. Putem chiar plânge alături de celălalt. Pe de altă parte, dacă vorbim cu o persoană voioasă, care râde, vom începe imediat să râdem, ceea ce ne va crește imediat buna dispoziție. Același tip de contaminare funcționează și în cazul animalelor, deși acest lucru este, din păcate, prea puțin studiat din cauza tabuului legat de emoțiile animalelor. B.F. Skinner desconsidera emoțiile, mai ales pe ale animalelor, afirmând că „«emoțiile» sunt exemple perfecte de cauze fictive pe seama cărora punem în mod obișnuit comportamente“[10]. Influența lui Skinner a fost imensă – școala lui a fost asemenea unei religii –, dar, din fericire, începe să se estompeze. Studierea creierului a reușit să taie nodul gordian al scepticismului față de emoțiile animalelor. Partea din creierul uman numită *amygdala*, de exemplu, se activează când privim imagini cu impact puternic, cu răni deschise și violență, nu foarte diferite de scenele lui Bosch despre iad. Stimularea electrică a amigdalei din creierul șobolanilor îi determină să fugă, să defecheze și să se ghemuiască într-un colț. Prin urmare, ar fi greu să nu tragi concluzia că și șobolanii, și oamenii resimt aceeași stare emoțională în aceeași parte a creierului: frica. Aplicând logica iubirii, a bucuriei, a furiei ș.a.m.d., neuroștiințele moderne explorează în voie viețile emoționale ale animalelor.

Nu m-a atras niciodată ideea că animalele nu sunt decât niște mașinării care răspund la stimuli; e o perspectivă atât de simplistă, încât nici nu aș ști de unde să încep s-o combat. Până și Skinner s-a răzgândit în cele din urmă, după cum a povestit Temple Grandin, o cercetătoare care suferea de autism. Pe când avea optsprezece ani și era studentă, Grandin a avut o întâlnire cu Skinner, care i s-a părut mai degrabă penibilă, mai ales că a trebuit să-i atragă atenția profesorului să nu-i pună mâna pe picior. L-a întrebat dacă n-ar fi extraordinar să știm mai multe despre creier. Skinner i-a răspuns: „N-avem nevoie să știm nimic nou despre creier, avem condiționarea operantă“. Mi se pare absolut șocant că un om de știință poate disprețui cunoașterea, indiferent de tipul acesteia. Nu e cunoaşterea în mod invariabil ceva bun? Doar dacă nu cumva îţi ameninţă teoria! Să fi suferit şi Skinner de partizanat, ca atâţia alţi oameni de ştiinţă? Dat fiind că mare parte dintre problemele ei erau cauzate de funcţionarea creierului, Grandin şi-a exprimat în mod respectuos dezacordul. Aceasta povesteşte însă că Skinner s-a luminat către sfârşitul vieţii sale, când a aflat pe propria piele că nu contează doar condiţionarea creierului. Când a fost întrebat din nou dacă o mai bună cunoaştere a creierului ar fi totuşi utilă, acesta a răspuns: „De când am avut atacul cerebral, m-am gândit şi eu la asta“[11].

Neuroştiinţele ne învaţă două lucruri esenţiale despre empatie. Primul este că nu există o linie de demarcaţie clară între emoţiile umane şi cele animale. Al doilea este că empatia se transmite de la corp la corp. Dacă înfigi un ac în braţul unei femei, centrii durerii din creierul soţului ei se aprind când acesta doar priveşte procedura. Creierul lui reacţionează ca şi cum i-ar fi fost înfipt *lui* acul în braţ. Dat fiind ceea ce ştim deja despre neuronii-oglindă, despre imitaţie şi despre contaminarea emoţională, trupul ca mijloc de comunicare a empatiei este probabil la fel de vechi ca ordinul primatelor, dacă nu chiar mai vechi. În condiţiile în care am scris o carte întreagă despre originile empatiei, *The Age of Empathy*, mă voi limita aici doar la câteva ilustrări ale ei.

Ca-n celebrul cântec pentru copii,* unul dintre colegii mei are o gaură în găleată. Matt Campbell umblă cu o găleată de plastic în fundul căreia a făcut o mică gaură. Cimpanzeii noştri s-au obişnuit să-şi lipească ochiul de gaură ca să urmărească un videoclip pe un iPod ţinut cu mâna deasupra găleţii. Astfel ştim exact identitatea celui care se uită şi-i putem împiedica pe ceilalţi să vadă videoclipurile. Scopul acestui exerciţiu de „tras

---

* *There's a Hole in My Bucket* („Am o gaură-n găleată“) este un cântec pentru copii cu mai multe variante, prima variantă consemnată fiind în germană (n. tr.).

cu ochiul pe gaura cheii“ este să măsurăm cât de molipsitor este căscatul, un fenomen ciudat care are legătură cu empatia. De exemplu, oamenii asupra cărora căscatul are un efect foarte molipsitor sunt și cei mai empatici. Iar copiilor cu deficit de empatie, cum ar fi cei cu autism, le lipsește complet această reacție. Când se uită la videoclipuri cu primate care cască, cimpanzeii noștri cască într-o veselie, dar numai dacă o cunosc personal pe primata din înregistrarea video. Înregistrările cu necunoscuți care cască n-au nici un efect. Aceasta sugerează că nu e vorba doar de a vedea o gură care se deschide și se închide: identificarea cu individul din videoclip joacă și ea un rol. De altfel, orice cercetare despre empatie recunoaște rolul familiarității, fie că e vorba de oameni sau de alte animale. Reacțiile empatice sunt cu atât mai puternice cu cât împărtășim mai multe cu celălalt și cu cât ne simțim mai apropiați de el sau de ea. Într-un studiu de teren făcut pe oameni (realizat pe ascuns în restaurante, săli de așteptare etc.), s-a dovedit că rudele și prietenii intimi se molipseau mai repede și mai adesea de căscat decât cunoștințele îndepărtate și necunoscuții.[12]

Vreau să pomenesc, cu titlu de amuzament, o anecdotă – mai ales în contextul conversației mele cu Dalai Lama – legată de un Premiu IgNobel recent. Această distincție care parodiază Premiul Nobel, propunându-și să onoreze acele studii care „îi fac pe oameni întâi să râdă și apoi să reflecteze“, a fost acordată în 2011 unei încercări de a descoperi căscatul contagios la broaștele țestoase. Cercetătorii de la Universitatea din Viena au expus un grup de țestoase cu picioare roșii la un membru al propriei specii dresat să închidă și să deschidă gura. Din moment ce nu au înregistrat nici o reacție, aceștia au conchis că imitarea căscatului nu e doar un reflex, ci se bazează pe imitație și empatie, calități care le lipsesc țestoaselor.

Există o mulțime de exemple spontane, în caz că cineva ar fi cumva tentat să creadă că imitația empatică la primate se limitează la condițiile experimentale. Acum mult timp, la Grădina

Zoologică din Arnhem, am observat cum un cimpanzeu rănit șchiopăta de colo-colo, sprijinindu-se în încheietura îndoită a mâinii, și nu în pumnul strâns. La scurt timp, cimpanzeii tineri din colonie au început să șchiopăteze în șir indian în spatele bietului mascul, toți sprijinindu-se în încheieturi. Aici, la stația de cercetare de la Yerkes, am asistat la o naștere care a dus la identificarea fizică dintre două femele:

> De la fereastra mea de observație, am văzut o mulțime strângându-se în jurul lui May – repede și în liniște, ca la un semnal secret. May stătea aplecată și cu picioarele ușor depărtate, cu căușul palmei sub ea, gata să prindă puiul când urma să iasă. O femelă mai în vârstă, Atlanta, s-a așezat în picioare lângă ea, într-o postură similară, și a făcut exact același gest cu mâna, dar între propriile picioare, unde nu avea nici un rost. Când, după vreo zece minute, a ieșit puiul – un mascul sănătos –, mulțimea s-a pus în mișcare. Unul dintre cimpanzei a țipat, iar alții s-au îmbrățișat, ceea ce arată cât de implicați fuseseră cu toții. Cel mai probabil, Atlanta s-a identificat cu May pentru că și ea avusese mulți pui. Ca prietenă apropiată, a toaletat-o pe proaspăta mamă aproape încontinuu în următoarele săptămâni.[13]

În altă relatare e vorba de un cimpanzeu infirm din pădurea Budongo, în Uganda. Catherine Hobaiter descrie un mascul de aproape cincizeci de ani, Tinka, cu mâinile grav deformate și cu încheieturile paralizate. Mai mult, acesta mai suferea și de o infecție cronică a pielii care-l chinuia foarte tare, cu atât mai mult cu cât nu se putea scărpina, având membrele atrofiate. Tinka a inventat însă o metodă prin care să se scarpine cu ajutorul unei liane, asemănătoare cu mișcarea pe care o facem noi când prindem un prosop de ambele capete ca să ne ștergem pe spinare. Prindea o liană cu piciorul și își freca capul și restul trupului de ea. Era o practică ciudată, dar eficientă din câte se pare, pentru că o folosea des. Un cimpanzeu sănătos n-ar fi avut nici un motiv să se scarpine așa; cu toate acestea, mai mulți cimpanzei tineri au fost văzuți imitându-l pe Tinka. Se scărpinau adesea cu liane pe care le agățau cu piciorul. Acest obicei ciudat care s-a răspândit numai la această populație de cimpanzei ilustrează încă o dată felul în care funcționează neuronii-oglindă.

Pentru că se activează inconștient, tindem să subestimăm empatia canalizată de trup. Ba chiar am auzit analiști politici comparând empatia cu o „floare fragilă", nedemnă de un rol important în societate. În mod evident, cei care afirmă astfel de lucruri au interese ascunse și uită că Abraham Lincoln considera că liantul care ținea națiunea americană laolaltă era compasiunea. Hotărârea lui Lincoln de a aboli sclavia, de exemplu, s-a datorat în mare parte reacției sale emoționale la nefericirea celorlalți. Imaginea sclavilor legați unii de alții cu lanțuri de fier îl „bântuia neîncetat", după cum îi scria unui prieten din Sud.[14] Dacă deciziile politice memorabile pot fi motivate, cel puțin parțial, de empatie, nu văd de ce i-am minimaliza importanța. Personal, consider că ne-ar fi imposibil să trăim într-o societate lipsită de empatie și solidaritate.

Empatia umană nu se limitează însă la propria specie. Ea influențează și modul în care tratăm animalele aflate în grija noastră. Să luăm, de exemplu, dezbaterea despre castrarea porcilor. În multe țări, aceasta se făcea sau se mai face încă fără anestezie. În cadrul unei comisii care analiza această problemă, oponenții practicii s-au lovit de opoziția rigidă a oamenilor de știință și a veterinarilor, care întrebau cum se poate măsura durerea. S-a vehiculat truismul care spune că „nu putem ști ce simt animalele de fapt". La următoarea ședință, cei care luptau împotriva acestei practici au adus o înregistrare video. N-au făcut nici un comentariu – au spus doar atât: dacă discutăm despre proceduri, e normal să vedem exact despre ce e vorba. Au dat apoi drumul unui film care arăta cum este castrat un porc fără anestezie. Porcul a făcut așa o gălăgie, guițând minute în șir, încât spre finalul înregistrării, în încăperea plină de bărbați, nu era unul care să nu fie palid și să nu-și apere bărbăția cu mâinile. Această înregistrare video a schimbat atitudinea generală față de anestezie mai mult decât orice argument rațional.

Atât de mare este puterea fizică a empatiei.

SALVAT DE-UN ȘOBOLAN

„Cine e aproapele meu?" a întrebat un învățător de lege, nedumerit de îndemnul lui Hristos: „Să iubești pe aproapele tău ca pe tine însuți". Cum îi venea greu să-i iubească pe anumiți oameni, acesta căuta o îndrumare ceva mai puțin generală. Răspunsul pe care l-a primit a fost parabola bunului samaritean.

Pe lângă un om bătut și lăsat să moară pe marginea drumului trece mai întâi un preot, apoi un levit – ambii oameni religioși, familiarizați cu toate finețurile eticii. Ei nu vor să se oprească din drum, așa că trec repede pe partea cealaltă. Numai al treilea trecător, un samaritean, se oprește, îi bandajează rănile, îl urcă pe măgarul lui și-l duce la adăpost. Deși făcea parte din categoria celor necurați, disprețuiți de evrei (cărora le era adresată parabola), samariteanul a fost singurul care i-a arătat milă. Suferința celui rănit l-a afectat la un nivel visceral. Parabola ne îndeamnă să nu fim rigizi în aplicarea moralei, pentru a nu cădea în capcana de a ignora suferința celor din jur.

Parabola mai are însă și alte învățăminte, și anume că oricine poate fi aproapele nostru, inclusiv cei care nu ne sunt asemănători. Acest îndemn este cel mai greu de urmat, dacă ne gândim la limitările empatiei umane și animale. E greu să dovedești că oamenii au empatie față de străini chiar și la nivelul unui gest elementar, cum ar fi căscatul. Și cimpanzeii, și oamenii vor imita mai degrabă un cunoscut care cască decât un străin. Empatia este în mod iremediabil subiectivă, după cum s-a văzut, de exemplu, într-un studiu realizat la Universitatea din Zürich, în cadrul căruia s-au măsurat reacțiile neuronale pe care subiecții le aveau la suferința celorlalți. Mai mulți bărbați au urmărit cum un suporter al echipei lor de fotbal favorite, apoi un suporter al unui club rival erau răniți cu niște electrozi. N-are rost să mai spun că elvețienii iau în serios fotbalul. Numai membrii echipei pe care o susțineau le-au trezit empatia. De fapt, când au privit cum li se administrau șocuri suporterilor clubului rival, li s-au activat zonele din creier responsabile cu plăcerea.[15] Deci nici vorbă de iubit aproapele!

Faptul că suntem părtinitori față de cei din același grup este la fel de vechi ca empatia însăși, după cum a reieșit clar din cercetările făcute pe rozătoare. Șoarecii de laborator au fost introduși în tuburi de sticlă, de unde puteau vedea cum unuia dintre ei i se administra o soluție de acid acetic, care îi provoca – după spusele cercetătorilor – o ușoară durere de stomac. Drept răspuns, șoarecele se întindea într-un fel care sugera disconfortul. Șoarecele care privea devenea din ce în ce mai sensibil la durere, oglindind durerea celuilalt. Acest comportament a fost observat însă numai la șoareci care stătuseră împreună. Vederea unui necunoscut îi lăsa reci.[16]

Ceea ce au demonstrat acești șoareci este capacitatea de *contaminare emoțională*, foarte bine cunoscută și în cazul oamenilor. Știm cu toții cum se transmit bucuria sau tristețea sau cât de mult ne afectează stările emoționale ale celor din jur. Cel mai sigur drum spre fericire, se spune, este să te înconjori de oameni fericiți. S-a făcut un studiu privind contaminarea emoțională pornind de la presupunerea că oamenii se tem, de obicei, mai mult de vorbitul în public decât de moarte. Fără să li se dea timp să se pregătească, subiecților li s-a cerut să se adreseze unui public. După alocuțiune, toți participanții au fost rugați să scuipe într-un recipient. Astfel, oamenii de știință au putut extrage cortizolul, un hormon asociat cu anxietatea, și au aflat că stresul vorbitorului s-a transmis publicului. Cei din public au urmărit fiecare cuvânt al celui care ținea discursul, fiind relaxați atunci când vorbitorul era sigur pe el, și încordați când acesta dădea semne de timiditate. La fel ca în cazul celor care au urmărit filmul *Discursul regelui*, nivelul de hormoni al vorbitorilor și cel al membrilor publicului au fost similare.[17]

Un alt studiu pe rozătoare s-a făcut cu șobolani. Deși au o proastă reputație, eu nu am nici o problemă să accept rezultatele, asta pentru că am avut eu însumi șobolani în timpul facultății.

Chiar dacă nu m-au ajutat să agăț fete, am învățat că sunt niște animale curate, inteligente și afectuoase. În cadrul unui experiment de la University of Chicago, un șobolan a fost pus într-un țarc, alături de un recipient transparent în care se afla un alt șobolan. Șobolanul captiv se zbătea în spatele unei uși închise. Nu numai că primul șobolan a învățat cum să deschidă ușița și să-l elibereze pe al doilea, dar nivelul de motivație în acest sens a fost uimitor. Pus să aleagă între două recipiente, unul cu bucățele de ciocolată, și celălalt cu un tovarăș captiv, de multe ori își salva întâi tovarășul. În schimb, dacă avea de ales între un recipient gol și unul cu ciocolată, invariabil îl deschidea întâi pe al doilea. Aceste rezultate contrazic cât se poate de mult accentul pus de școala skinneriană pe condiționare și constituie o dovadă semnificativă a puterii emoțiilor animale. Interpretând comportamentul șobolanului ca altruism bazat pe empatie, autorii au conchis că „a elibera un coleg de cușcă închis este echivalent cu a accesa bucățelele de ciocolată"[18].

În experimentul cu șobolanul prizonier a fost vorba de un tip mai complex de empatie, cunoscut drept compasiune. Nu știm exact cum se ajunge de la empatie la impulsul de-a ajuta sau de-a aduce alinare, dar ingredientul ei de bază este orientarea către celălalt. Empatia poate fi pasivă, un simplu reflex al sensibilității, pe când compasiunea este activă. Aceasta din urmă exprimă grija față de ceilalți, combinată cu impulsul de a le ameliora starea. La asta se referă parabola bunului samaritean. Dacă nu suntem de piatră, un om care geme pe marginea drumului ne va activa inevitabil empatia. Dar, în loc să transforme empatia în compasiune, cei doi bărbați religioși au încercat să scape de acest sentiment și s-au îndepărtat în mod deliberat de sursa lui. Instinctul de autoapărare e ceva obișnuit, ca atunci când oamenii aflați într-un cinema își pun mâna la ochi ca să nu vadă o scenă de groază. Se spune că foarte puțini dintre cei care au vizionat filmul *127 de ore* au văzut de fapt scena-cheie, cea în care un bărbat prins sub un bolovan își taie brațul cu un briceag. Samariteanul, în schimb, nu numai că a privit spre cel care suferea, dar a și dat dovadă de compasiune. În loc să se gândească că pierde timpul, că-și murdărește hainele sau că este atras în capcană pentru a fi jefuit, a preferat să-l ajute pe cel aflat în nevoie.

Capacitatea omului de a-și găsi scuze ca să nu acționeze a fost testată printr-un experiment ingenios. Unui grup de studenți i s-a cerut să parcurgă rapid drumul dintre două clădiri din campus, iar pe parcurs a fost plasată o „victimă“ căzută la pământ. Numai 40% dintre studenți s-au oprit să-i vorbească celui căzut. Studenții care se grăbeau au ajutat mult mai puțin decât cei care aveau timp. Unii au călcat de-a dreptul peste „victima“ care gemea. Au făcut-o deși, culmea, subiectul cursului la care urmau să participe era bunul samaritean.[19]

Decizia de a-i ajuta pe ceilalți nu depinde însă numai de evaluări raționale, pentru că motivul este întotdeauna de natură

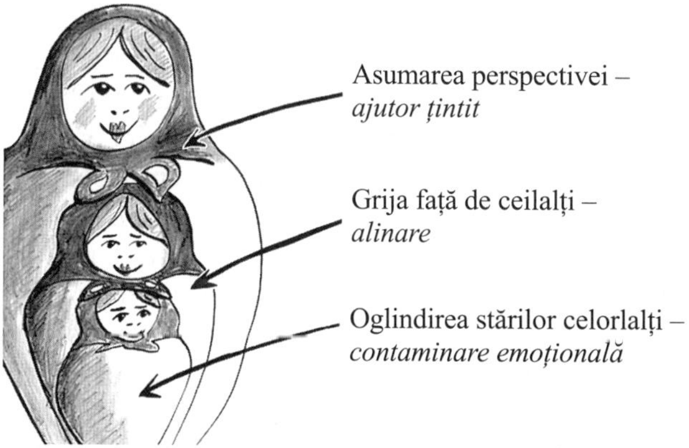

Empatia are mai multe niveluri, asemenea unei păpuși Matrioșka. În centru se află capacitatea de a oglindi stările emoționale ale celuilalt. În jurul acestui nucleu, evoluția a construit capacități mai complexe, precum sentimentul grijii față de ceilalți și asumarea punctului lor de vedere. Puține specii prezintă toate aceste straturi, însă capacitatea fundamentală e la fel de veche ca și mamiferele.

emoţională. Dacă nu ar exista empatia şi compasiunea, e puţin probabil că am fi suficient de motivaţi să-i ajutăm pe ceilalţi. Cine s-ar arunca într-un râu ca să salveze pe cineva doar din temeiuri raţionale? În studiul cu suporterii de fotbal elveţieni, de exemplu, cu cât empatia se activa mai puternic în creierul unui subiect, cu atât era acesta mai hotărât să-i aline celuilalt durerea. Pe de altă parte, emoţiile nu sunt de-ajuns. Înainte de a concepe un plan de acţiune, sau de inacţiune, combinăm emoţiile cu calculele privitoare la raportul dintre costuri şi beneficii. Iată de ce nu toţi studenţii din studiul bunului samaritean au fost dispuşi să ajute. Ajutorul uman este produsul unei combinaţii între impulsurile emoţionale şi filtrele cognitive. Aceeaşi combinaţie acţionează şi în cazul celorlalte animale.

Un mod de a studia rolul empatiei este de a observa reacţiile la suferinţă. În momentele de suferinţă, e tipic pentru cimpanzei şi pentru bonobo să-şi ofere consolare. Victima unei agresiuni, care nu cu mult timp în urmă fugea ca să se salveze, stă singură, îmbufnată şi-şi linge rănile cu o expresie suferindă. Imediat se înviorează când un trecător se opreşte şi o îmbrăţişează, o toaletează sau îi inspectează cu grijă rana. Momentele de consolare pot fi foarte emoţionale: adesea, cele două primate se strâng în braţe şi ţipă. După ce am trecut prin aproape patru mii de situaţii înregistrate, am ajuns la concluzia că, cel mai adesea, cei care oferă consolare sunt prietenii şi rudele şi că femelele au acest tip de comportament mai des decât masculii.[20] Cea din urmă constatare se aplică şi speciei noastre, consolarea fiind considerată o formă de grijă determinată de compasiune. La oameni, ea se studiază de obicei cerându-le membrilor familiei apropiate să se comporte ca şi cum ar fi răniţi sau trişti şi apoi observând reacţia copiilor. La vârste mici, copiii – fetele mai des decât băieţii – folosesc aceleaşi gesturi fizice, atingerea, îmbrăţişarea şi liniştirea, ca şi primatele.

Refuz să folosesc o terminologie diferită pentru a descrie aceleaşi reacţii la oameni şi la primate, aşa cum ne îndeamnă oponenții antropomorfismului. Cei care exclamă că „animalele nu sunt oameni!“ au tendința să uite că, deși acest lucru e adevărat, la fel de adevărat e și că oamenii sunt animale. Minimalizarea complexității comportamentului animalelor, fără a o minimaliza și în cazul oamenilor, construiește o barieră artificială. Personal, sunt adeptul unei altfel de legi a parcimoniei, care spune că, dacă două specii strâns înrudite acționează la fel în condiții similare, procesele mentale care le motivează sunt probabil aceleași. Alternativa ar fi ipoteza că, în scurtul timp petrecut de când s-au despărțit pe scara evoluției, ambele specii au dezvoltat versiuni diferite ale aceluiași comportament. Din perspectivă evoluționistă, această propunere este inutil de complicată. În cazul în care nu se poate dovedi că o primată care consolează o altă primată are o motivație complet diferită de un om care face același lucru, prefer ipoteza mai elegantă că ambele specii acționează sub aceleași impulsuri.

PERSPECTIVA CELUILALT

O expresie și mai complexă a empatiei este *ajutorul țintit.* În acest caz nu este vorba de o simplă reacție la necazul altuia, ci de a înțelege situația în care se află celălalt. Suntem capabili să recunoaștem nevoile specifice ale celorlalți – de exemplu când ajutăm o persoană nevăzătoare să traverseze strada. Ne putem imagina ce înseamnă să fii orb și ne adaptăm ajutorul la suferința respectivă. Nu ducem lipsă de astfel de exemple din viața reală a oamenilor, dar și a altor specii cu creierul de mari dimensiuni, printre care delfinii, elefanții și primatele. Obișnuiam să povestesc cum un bonobo a salvat o pasăre amețită care se izbise de un geam sau cum un cimpanzeu a târât efectiv un prieten neștiutor care trăia în sălbăticie din calea unui șarpe veninos. Sunt foarte multe povești cu primate care își asumă perspectiva celuilalt. Dar voi sări peste ele pentru că între timp a fost testată capacitatea primatelor de a ajuta țintit. Desfășurat la Institutul pentru cercetări în domeniul primatelor din cadrul Universității din Kyoto, Japonia, acest studiu completează foarte bine studiul nostru despre disponibilitatea cimpanzeilor de a-și face unii altora favoruri.

Am vizitat acest institut de mai multe ori. Cimpanzeii trăiesc afară, în țarcuri mari, pline cu arbuști înverziți și structuri înalte pentru cățărat. La fel ca la Yerkes, primatele sunt chemate înăuntru pentru teste voluntare. Dar în Kyoto primatele trebuie întâi să parcurgă un sistem complicat de tuneluri înainte să ajungă într-o cameră în care ele ocupă poziția centrală, iar oamenii stau pe margine. Primatele stau într-o cameră de sticlă, iar cercetătorii se plimbă în jurul lor cu echipamente sofisticate. În experimentul de față însă, echipamentul nu a fost prea avansat. Shinya Yamamoto le-a oferit primatelor două căi de-a obține suc de portocale: fie să tragă spre ele recipientul cu o greblă, fie să bea sucul cu un pai. Nu le-a pus însă la dispoziție și uneltele necesare. În apropiere, într-o zonă separată, se afla un cimpanzeu dotat cu un set întreg de instrumente. Acest cimpanzeu evalua dintr-o privire problema celuilalt, alegea unealta potrivită pentru sarcina respectivă și i-o înmâna printr-o ferestruică. Dacă cimpanzeul cu unelte nu putea vedea cu ce se confruntă celălalt, apuca unelte la întâmplare, arătând că nu știe de ce are nevoie respectivul. Experimentul a demonstrat nu doar că cimpanzeii sunt dispuși să se ajute între ei, ci și că sunt capabili să ia în considerare nevoile specifice ale celuilalt.[21]

În caz că cineva ar putea crede că primatele nu ar împărți niciodată instrumente în sălbăticie, studiul lui Yamamoto a primit o frumoasă confirmare din Fongoli, un loc din Senegal unde cercetătoarea americană Jill Pruetz studiază cimpanzeii care trăiesc în savană. Spre deosebire de exemplarele care trăiesc în pădure, membrii acestei comunități trebuie să parcurgă distanțe foarte mari ca să-și procure hrana. Se știe despre cimpanzei că împart carnea între ei, dar cimpanzeii din Fongoli împart și hrana vegetală (cum ar fi fructele de baobab) și sunt primii la care s-a observat utilizarea în comun a uneltelor. O femelă adolescentă, de exemplu, prindea termite cu o crenguță, când un mascul dominant s-a așezat lângă ea, cu o unealtă gata pregătită în gură. Cimpanzeii își fac unelte de prins termite dintr-o creangă pe care o curăță de frunze. Când i s-a rupt unealta, femela a luat-o pe cea pregătită de mascul, după care acesta a mai făcut o unealtă și a așteptat ca femela să aibă nevoie de ea. Femela a luat-o și pe aceasta din gura masculului ca să-și poată continua activitatea. După ce femela a plecat, masculul s-a oprit din făcut unelte și nu a încercat el însuși să prindă termite.[22]

Știm încă prea puțin despre ce pot face primatele, atât în captivitate, cât și în sălbăticie, dar în ultimii ani am făcut progrese. Este cert însă că nu sunt nici pe departe atât de egoiste pe cât am crezut noi, ba chiar s-ar putea să se poarte mai uman decât se poartă îndeobște preoții sau leviții.

Capitolul 6

ZECE PORUNCI ÎN PLUS

Două lucruri umplu mintea de o veșnic înnoită și sporită admirație și venerație, cu cât mai adesea și mai străduitor se îndreaptă reflecția asupra lor: cerul înstelat deasupra mea și legea morală în mine.

— Immanuel Kant[1]

Ne putem împiedica să simțim durere când ne arde focul? Ne putem împiedica să simțim compasiune față de prieteni? Sunt aceste fenomene mai puțin necesare sau mai puțin puternice pentru că fac parte din sfera subiectivă a experienței?

— Edward Westermarck[2]

La Grădina Zoologică Tama, din Tokyo, am fost martorul unui ritual ciudat. De sus, de pe acoperiș, un îngrijitor împărțea nuci de macadamia la cincisprezece cimpanzei aflați într-un țarc în aer liber. Macadamia sunt singurele nuci care se găsesc în comerț și pe care majoritatea femelelor cimpanzeu nu le pot sparge între dinți. În colonie nu existau masculi adulți (am vizitat un mic altar cu flori proaspete închinat lui Joe, bătrânul lor mascul alfa, care murise cu câteva săptămâni înainte), care au maxilarele suficient de puternice ca să spargă aceste nuci extrem de tari. Cimpanzeii s-au grăbit să apuce cât mai multe nuci, cu gura, cu mâinile și cu picioarele. Apoi s-au așezat în diverse locuri din țarc, fiecare cu câte o grămăjoară frumoasă de nuci, toți cu fața spre un anumit punct, cunoscut drept „instalația pentru spart nuci".

Un cimpanzeu s-a apropiat de instalație, care consta într-un pietroi și o bucată de metal mai mică, legată cu un lanț. A pus nuca pe piatră, iar apoi a lovit-o cu bucata de metal până a ajuns la miez. Femela care spărgea nucile era însoțită de un pui pe care-l lăsa să se înfrupte din roadele muncii ei. După ce a spart toate nucile, i-a dat voie altui cimpanzeu, care și-a pus nucile adunate la picioare și a procedat la fel. Directorul grădinii zoologice mi-a explicat că asistasem la un ritual zilnic, care se desfășura mereu la fel de ordonat, până când se spărgea și ultima nucă.

Am fost mirat să văd cât de pașnică a fost scena, dar nu m-am lăsat păcălit. În spatele unei societăți disciplinate se află de cele mai multe ori o ierarhie. Această ierarhie, care hotărăște cine mănâncă sau cine se împerechează primul, este stabilită în ultimă instanță prin violență. Dacă una dintre femelele cu rang inferior și puii ei ar fi încercat să folosească instalația de spart nuci înainte de-a le fi venit rândul, lucrurile ar fi luat o întorsătură urâtă. Primatele nu doar că își știau locul, ci știau și la ce să se aștepte dacă ar fi sfidat regulile. Orice ierarhie socială este un sistem gigantic de inhibiții, iar moralitatea umană, la rândul ei un astfel de sistem, a fost fără îndoială posibilă datorită acestui mecanism.

Esențial în tot acest proces este controlul exercitat asupra impulsurilor.

DESFRÂNATUL NESTATORNIC

Când o franțuzoaică l-a acuzat pe DSK (Dominique Strauss-Kahn, un politician important) de agresiune sexuală, nu s-a putut abține să nu adauge că acesta s-a comportat ca „un cimpanzeu în călduri"[3]. Când cineva se poartă necontrolat, ne simțim obligați să-l comparăm cu un animal, ceea ce e o jignire groaznică... pentru animal!

Nici în cercurile academice nu reușim să ne descotorosim de imaginea clișeizată a animalelor care nu își pot controla impulsurile. Evoluţia morală depinde de acest lucru, pentru că opusul moralităţii este să facem „ce vrem“, unde „ce vrem“ se presupune din start că nu poate fi ceva bun. Philip Kitcher, de altfel un foarte bun specialist în filozofia biologiei, a spus la un moment dat despre cimpanzei că sunt „desfrânaţi“, nişte creaturi vulnerabile la orice impuls interior. Maliţia şi lascivitatea asociate termenului nu se regăseau în definiţia lui, care se concentra pe tendinţa de a ignora consecinţele propriilor fapte. Dar mesajul a fost acelaşi ca al franţuzoaicei: asemenea unor bărbaţi dezgustători, animalele sunt incapabile să-şi controleze emoţiile. Kitcher a mers cu speculaţia până la a afirma că undeva pe parcursul evoluţiei noi am îmblânzit aceste impulsuri spre desfrânare, devenind astfel oameni. Acest proces ar fi început cu „conştientizarea faptului că anumite tipuri de comportament ar putea avea rezultate problematice“[4].

Oare Kitcher a vrut să spună că, dacă o pisică vede un şoarece, îl va urmări orice-ar fi? Oare pisicile n-au de ales decât să-şi urmeze instinctul de vânător? Atunci de ce-şi dă pisica urechile pe spate, se ascunde şi îşi urmăreşte obiectul dorinţei fără să se grăbească, tiptil-tiptil? De ce iroseşte minute preţioase ca să înainteze pe furiş? Să fi învăţat ea că e mai bine să ataci la momentul potrivit, şi nu prematur? De multe ori îmi vine să le recomand filozofilor să-şi ia un animal de companie. Învăţăm să ne purtăm înţelegând ce consecinţe poate avea comportamentul nostru.

Şi cimpanzeii de la grădina zoologică au arătat că pot să separe impulsul de acţiune. E limpede că voiau cu toţii să-şi spargă nucile cât mai repede, dar înţelegeau că nu era cu putinţă. Să ne imaginăm, de exemplu, o mamă cimpanzeu al cărei pui sugar a fost luat în braţe de o adolescentă bine intenţionată. Mama o va urmări, scâncind şi implorând, în încercarea de a-şi recupera odrasla de la cea care i-a răpit-o. Mama îşi reprimă impulsul de-a o fugări, de teamă că adolescenta s-ar putea refugia într-un copac, punându-i în pericol odorul. Trebuie să rămână calmă și stăpână pe sine. Însă, odată ce puiul e din nou în siguranță pe burta ei, lucrurile se schimbă. Am văzut mame care se răzbună pe adolescentă, o fugăresc pe distanțe lungi, țipând furioase, ca să-și descarce frustrarea. În mod similar, un mascul tânăr, care nu are voie să se împerecheze în văzul celorlalți, se va așeza fără să fie observat lângă o femelă atractivă sexual și va emite semnale subtile, vizibile doar ei: își va desface picioarele ca să-i arate erecția și-o va chema într-un loc liniștit. Odată, un mascul tânăr și-a ascuns penisul cu mâna imediat cum un mascul mai bătrân s-a ivit de după colț, pentru a-și camufla rapid intențiile.

Și cei din poziții superioare au de câștigat dacă își controlează impulsurile. De exemplu, un mascul alfa poate fi provocat în mod deschis de un mascul mai tânăr care aruncă cu pietre spre el sau face o demonstrație de forță, cu părul zbârlit, puțin prea aproape de șef. E un mod de a le pune la încercare nervii masculilor alfa. Cei experimentați ignoră complet zarva, apoi își fac rondul tacticos, toaletându-și aliații, înainte să lanseze o contraofensivă mai târziu în zi. Și atunci tânărul înfierbântat va fi depășit ca forță.

Am înțeles în ce măsură cimpanzeii masculi își inhibă impulsurile atunci când un cercetător mi-a spus că nici nu știa că cimpanzeii masculi își pot rupe oasele unii altora. Nici eu nu mă gândisem la asta până atunci, dar părea perfect logic în cazul unui animal care poate să spargă nuci de macadamia între dinți (prin exercitarea unei presiuni de aproximativ 150 kg pe 2,5 cm^2). După ce a înregistrat sute de întâlniri în pădure între membri care aparțineau unor comunități diferite, Christophe Boesch a observat că, atunci când cimpanzeii masculi apucă un necunoscut de picior și mușcă, se aud efectiv oasele trosnind.[5] Personal, nu am fost niciodată martorul unei astfel de scene în timpul luptelor între cimpanzei care se cunosc, oricât de violente ar fi fost ele. Asta înseamnă că, de cele mai multe ori, cel puțin în cadrul propriului grup, cimpanzeii masculi își stăpânesc instinctele violente.

Ce e frumos la un sistem de reacţie bazat pe emoţii în comparaţie cu unul instinctual este că rezultatele celui dintâi nu sunt bătute-n cuie. Termenul „instinct“ se referă la un program genetic care le spune animalelor, sau oamenilor, să acţioneze într-un anumit mod în anumite circumstanţe. Emoţiile, pe de altă parte, produc modificări interne, însoţite de evaluarea situaţiei şi de cântărirea opţiunilor. Nu e clar dacă oamenii şi alte primate au instincte în sens strict, dar e sigur că au emoţii. Klaus Scherer, un expert german, defineşte emoţiile ca pe „o interfaţă inteligentă care mediază între exterior şi interior, în funcţie de ce este cel mai important pentru organism la momentul respectiv“[6].

Ar putea părea surprinzătoare definiţia, pentru că prezintă emoţiile ca inteligente, dar să nu uităm că însăşi diferenţa dintre emoţie şi cogniţie este supusă dezbaterii. Cele două se întrepătrund. Mai mult, felul în care se întrepătrund este probabil foarte asemănător la oameni şi la alte primate. Se consideră îndeobşte că cortexul prefrontal, care ajută la controlul emoţiilor, este excepţional de mare la oameni, dar această idee nu mai este valabilă. Cortexul cerebral uman conţine 19% din numărul total de neuroni din creier, la fel ca orice creier obişnuit de mamifer. Din acest motiv, s-a spus despre creierul nostru că ar fi „un creier de primată la scară mare“. Deşi este mare, raporturile dintre părţile sale sunt neexcepţionale.[7]

Cei mai mulţi dintre noi ne-am amuzat urmărind filmuleţele video cu copii care stau singuri la masă şi încearcă cu disperare să nu mănânce o bezea – o ling pe ascuns, ciugulesc din ea sau se uită intenţionat în altă parte ca să evite ispita. E unul dintre cele mai directe moduri de a testa capacitatea de a ne controla impulsurile. Copiilor li s-a promis o a doua bezea dacă nu se ating de prima. Acest tip de recompensă amânată a fost testat şi la rudele noastre primate. De exemplu, maimuţele nu se ating de o felie de banană dacă ştiu că astfel au şanse să primească o bucată mai mare mai târziu. Sau un cimpanzeu se uită răbdător la un recipient în care cade o bomboană din treizeci în treizeci de secunde. Ar putea oricând să desfacă recipientul și să devoreze conținutul, dar atunci n-ar mai cădea bomboane. Cu cât așteaptă mai mult, cu atât va primi mai multe bomboane. Primatele au un comportament similar copiilor la această sarcină, putând amâna răsplata până la optsprezece minute. Așteaptă și mai mult dacă au jucării care să le distragă atenția de la dispozitivul cu bomboane. Asemenea copiilor, caută distracții pentru a face față mai bine tentației. Să însemne asta că sunt conștienți de propriile dorințe, dar și le reprimă intenționat? Dacă e așa, înseamnă că până la liberul-arbitru mai e doar un pas![8]

În mod evident, „desfrânații“ lui Kitcher nu există ca specie. Primatele ne ajută foarte bine să înțelegem cum funcționează viața de grup bazată pe emoții și pe controlul emoțional. Parte din țesătura societății, acest tip de control le limitează primatelor comportamentul, acestea fiind dispuse să agite apele doar dacă pot evita pedeapsa sau dacă miza e așa de mare încât să merite riscul. Altfel, după cum am văzut la cimpanzeii de la Grădina Zoologică Tama, își așteaptă rândul și își țin în frâu impulsurile. Avem în spate o serie lungă de strămoși cu ierarhii foarte bine definite, care aveau inhibiția socială în sânge. Dacă scepticii au nevoie de dovezi în ceea ce privește importanța acestui trecut, nu trebuie decât să ia în considerare autoritatea cu care investim regulile morale. Uneori autoritatea e personală, un fel de supermascul alfa, ca atunci când afirmăm că Dumnezeu ne-a înmânat legile pe vârful unui munte. Alteori ne lăsăm seduși de autoritatea rațiunii și credem că unele reguli sunt atât de bine argumentate logic, încât ar fi ridicol să nu le respectăm. Venerația omenirii față de legea morală vădește mentalitatea unei specii ai cărei membri nu vor să-i supere pe cei sus-puși.

Nimic nu e mai grăitor decât felul în care reacționăm când am încălcat o regulă. Ne plecăm capul, evităm privirea celorlalți, ne băgăm capul între umeri, ne îndoim genunchii și, în general, încercăm să părem mai mici. Colțurile gurii ni se lasă-n jos, iar sprâncenele ni se arcuiesc spre exterior, formând o expresie evident neameninţătoare. Ne simţim ruşinaţi şi ne ascundem faţa între palme sau „ne vine să intrăm în pământ“. Această dorinţă de invizibilitate e o reminiscenţă a posturilor care arătau supunerea. Cimpanzeii se târăsc în ţărână prin faţa şefului, se fac mici ca să-l privească de jos în sus şi se întorc cu posteriorul spre el ca să pară neameninţători. În schimb, primatele dominante se fac mai mari şi îşi calcă-n picioare subordonatul, care se fereşte adoptând poziţia fătului. Daniel Fessler, un antropolog care a studiat ruşinea în mai multe culturi umane, compară această poziţie gârbovită cu cea a subordonatului care este mustrat de un superior. Ruşinea arată că am înţeles faptul că purtarea noastră a supărat pe cineva şi că acel cineva trebuie îmbunat. Sentimentele de jenă care o însoţesc sunt secundare în raport cu mult mai vechea structură ierarhică.

Singura expresie exclusiv umană este, după cum a observat şi Darwin, înroşirea obrajilor. Nu ştiu ca altor primate să li se

Un cimpanzeu dominant, cu părul zbârlit, merge în două picioare, cu o piatră-n mână. Pare mai mare decât rivalul său, care îl evită cu mârâituri sacadate, în semn de supunere. Totul ţine însă de ritual, pentru că în realitate cei doi masculi au aceeaşi dimensiune şi aceeaşi greutate.

înroşească instantaneu faţa. Faptul că roşim în obraji este un mister din punct de vedere evolutiv, cu atât mai contrariant pentru cei care cred că omul nu e capabil decât să-l exploateze pe celălalt. Dacă ar fi aşa, n-ar fi fost mai bine să nu ni se urce incontrolabil sângele în obraji şi gât, zone în care schimbarea culorii iese în evidenţă ca un far? Un astfel de semnal n-are nici un sens la o fiinţă născută să manipuleze. Singurul avantaj pe care l-ar putea avea obrajii îmbujoraţi este că le arată celorlalţi că suntem conştienţi de efectul acţiunilor noastre asupra lor. Asta sporeşte încrederea. Îi preferăm pe cei cărora li se pot citi emoţiile pe chip celor care nu arată niciodată nici cea mai mică urmă de ruşine sau de vină. Faptul că ne-am dezvoltat un semnal sincer prin care comunicăm disconfortul pe care-l simţim atunci când încălcăm regulile e semnificativ pentru specia noastră.

Înroşirea obrajilor face parte din acelaşi pachet evolutiv care ne-a dat moralitatea.

MORALITATEA UNU LA UNU

Moralitatea este un sistem de reguli construit în jurul dublului precept hipocratic care spune să facem binele sau măcar să nu le facem rău semenilor. Are ca scop bunăstarea celorlalţi şi pune colectivul înaintea individului. Nu neagă interesul personal, însă îi retează din avânt pentru a promova o societate bazată pe cooperare.

Această definiţie funcţională distinge moralitatea de obiceiuri şi cutume, cum ar fi folosirea cuţitului şi a furculiţei, şi nu a beţişoarelor sau a mâinilor. S-ar putea ca ceilalţi să dezaprobe felul în care mănânc cu mâna, cel puţin în cultura din care fac parte în prezent, dar dezaprobarea lor nu e de ordin moral. Şi copiii mici fac deosebirea între etichetă (băieţii merg la toaleta băieţilor, şi fetele, la toaleta fetelor) şi regulile morale (nu e bine să tragi fetele de coadă). Regulile care derivă din preceptele care ne învață să facem binele sau măcar să nu facem răul sunt luate mult mai în serios decât convențiile. Copiii până-n trei ani cred în universalitatea primului tip de reguli. Când îi întrebi dacă-și imaginează o cultură în care toată lumea merge la aceeași toaletă, răspund că da, dar când îi întrebi dacă ar putea exista o lume în care să fie perfect normal să rănești pe cineva fără motiv refuză să creadă că o astfel de lume ar fi cu putință. După cum a explicat filozoful Jesse Prinz: „Regulile morale sunt ancorate direct în emoții. Gândul la violența fizică ne face să ne simțim rău și nu avem cum să evităm sentimentul“[9]. Înțelegerea morală se dezvoltă uimitor de devreme în viață. Sugarii sub un an își manifestă deja preferința pentru personajul pozitiv dintr-un spectacol de păpuși. Păpușa care se joacă frumos cu mingea cu o altă păpușă este preferată păpușii care fură mingea și fuge cu ea.

Empatia este esențială. La o vârstă fragedă, copilul învață că, dacă își lovește sau își mușcă frații sau surorile, aceștia vor reacționa țipând, ceea ce va declanșa o serie de consecințe negative. În afara celor câțiva copii care vor ajunge psihopați când vor crește mari – a căror copilărie este marcată de torturarea animalelor, de violența excesivă și de absența remușcărilor –, cei mai mulți nu se vor bucura să-și vadă frații plângând. Mai mult, dacă-ți lovești sora sau fratele s-a terminat brusc cu joaca. Nimeni nu vrea să se joace cu cineva care una-două devine violent. În cele din urmă, un părinte sau un profesor furios îl va mustra pe cel care a lovit sau îl va face să se simtă vinovat arătându-i lacrimile victimei. Toate aceste reacții emoționale descurajează gesturile violente. Empatia îi învață pe copii să ia sentimentele altora în serios.

N-ar trebui să ne surprindă faptul că empatia se dezvoltă atât de devreme. Pentru că teoria moralității de fațadă a fost foarte influentă la vremea ei, s-a crezut că bunătatea nu face parte din firea omului și că trebuie să depunem mari eforturi ca să ne învățăm copiii să fie buni. Copiii erau văzuți ca niște monștri egoiști, care învață să fie morali de la profesori și părinți, în ciuda înclinațiilor lor naturale. Erau socotiți refractari la morală. Or perspectiva mea e exact opusă. Copilul e un moralist înnăscut, alcătuirea biologică avantajându-l în acest sens. Noi, oamenii, suntem în mod natural atenți la ceilalți, ne simțim atrași de ei și ne punem în locul lor. Ca toate primatele, suntem afectați emoțional de ceilalți. Și nu doar ca primatele. Motivul pentru care un câine mare se va opri imediat din mușcat când un partener de joacă mai mic scoate un scheunat ascuțit e același: să facem rău altuia ne produce aversiune.

Câinii sunt mai ierarhici decât noi, prin urmare au motive în plus să se teamă de consecințe. Acest lucru ar putea explica reacția puternică pe care a avut-o Bully, unul dintre câinii lui Konrad Lorenz, când a comis un act de violență nu asupra unei ființe vulnerabile, ci chiar asupra stăpânului său. Bully l-a mușcat din greșeală de mână pe celebrul etolog pe când acesta încerca să pună capăt unei încăierări. Deși Lorenz nu și-a pedepsit câinele, ci, dimpotrivă, a încercat să-l liniștească, Bully a suferit o cădere nervoasă severă. Timp de mai multe zile a fost practic paralizat și nu s-a atins de mâncare. Zăcea pe covor, respirând superficial, și ofta adânc, din profunzimile sufletului său chinuit. Părea să sufere de o boală mortală. Bully a avut o atitudine supusă săptămâni întregi, ceea ce l-a făcut pe Lorenz să se întrebe dacă nu cumva are „conștiință“. Bully nu mai mușcase pe nimeni până atunci și deci nu se putea baza pe experiența anterioară pentru a-și da seama dacă ce a făcut era rău sau nu. Poate încălcase un tabu natural rănindu-și superiorul, ceea ce ar fi putut avea cele mai groaznice consecințe, inclusiv excluderea din haită.[10]

În facultate, am urmărit comportamentul unui grup de macaci în prezența, respectiv în absența masculului alfa. Imediat cum acesta din urmă se întorcea cu spatele, alți masculi începeau să le facă avansuri femelelor. În mod normal, ar fi pățit-o. În timpul testului, masculii de rang inferior au refuzat să se apropie de femele atunci când masculul dominant privea dintr-o cutie transparentă, dar, când acesta a dispărut, au renunţat la orice inhibiţii. S-au simţit liberi să copuleze. Ba, mai mult, ţopăiau demonstrativ şi umblau cu cozile în sus, comportamente tipice pentru masculii de rang superior. La întoarcerea şefului însă, deveneau neobişnuit de timizi, întâmpinându-l cu rânjete largi, obediente. Păreau că-şi dau seama că făcuseră ceva greşit.[11]

Situaţiile de tipul „când pisica nu-i acasă" sunt întotdeauna amuzante pentru privitor, dat fiind că pisica e tot timpul prezentă în mintea şoarecilor. Într-un alt grup de macaci, un mascul alfa cu vechime, dl Spickles, se sătura câteodată să stea cu ochii pe cei şase masculi agitaţi în timpul perioadei de împerechere. Sau poate simţea nevoia să-şi încălzească ciolanele bătrâne înăuntru. Cert e că dispărea câte-o jumătate de oră, oferindu-le celorlalţi o mulţime de ocazii să se împerecheze. Masculul beta avea foarte mare trecere la doamne, dar era atât de obsedat de dl Spickles, încât nu se putea abţine să nu meargă la uşa adăpostului şi să tragă cu ochiul printr-o crăpătură. Poate voia să se asigure că dl Spickles nu avea să-l surprindă. Maimuţele rhesus ejaculează după monte multiple, drept care tânărul mascul alerga între parteneră şi uşă de zeci de ori înainte să ducă la capăt seria necesară de monte.

Aşadar, regulile sociale nu sunt respectate în prezenţa membrilor dominanţi şi uitate în absenţa lor. Dacă ar fi aşa, masculii de rang inferior nu ar trebui să verifice mişcările masculului alfa sau să aibă un comportament excesiv de supus după ce fac câte-o poznă. Într-o anumită măsură, ei internalizează regulile. Complexitatea acestui fapt a fost evidentă în colonia cimpanzeilor de la Arnhem, când masculul beta, Luit, l-a învins într-o dispută fizică pentru prima dată pe Yeroen, masculul alfa. Lupta a avut loc în adăpostul de noapte, departe de ceilalţi. A doua zi de dimineaţă, cimpanzeilor li s-a dat drumul pe insula lor, prilej cu care au descoperit dovezile şocante:

Când Mama a descoperit rănile lui Yeroen, a început să urle sacadat și să se uite în jur, în toate direcțiile. În acel moment, Yeroen a cedat, a început să țipe și să scâncească, iar toate primatele au venit să vadă ce se întâmplă. Înghesuit de suratele lui, Luit, „făptașul", a început să țipe și el. Fugea agitat de la o femelă la alta, le îmbrățișa și li se oferea. Apoi a petrecut o mare parte din zi îngrijindu-i rănile lui Yeroen. Yeroen avea o tăietură la laba piciorului și două răni în dreptul coastelor, provocate de caninii puternici ai lui Luit.[12]

Situația lui Luit poate fi comparată cu cea a câinelui Bully, întrucât amândoi au atentat la ordinea ierarhică mușcându-l pe masculul alfa. „Ce lucru groaznic ai făcut!" a părut să fie judecata grupului, astfel că Luit a făcut tot ce-a putut ca să fie iertat. Nu a renunțat însă la strategia de a-l domina pe Yeroen, căci, în săptămânile care au urmat, a continuat să-l încolțească, până când Yeroen s-a retras din poziția de conducere. Faptul că i-a îngrijit rănile bătrânului mascul nu a surprins pe nimeni, pentru că un astfel de gest este normal în relațiile dintre cimpanzei; el este însă și mai tipic pentru maimuțele bonobo. În timpul întâlnirilor între adversari, i-am văzut pe agresori apucând fără să ezite piciorul pe care-l mușcaseră sau întinzându-se ca să atingă brațul celuilalt în locul în care își înfipseseră dinții. Ceea ce nu sugerează numai că-și aminteau exact lupta, ci și că aveau sentimente de regret. Mușcăturile fiind ceva așa de rar la bonobo, e normal ca aceștia să fie îngrijorați în privința rănilor produse și să lingă orice picătură de sânge vărsat în urma comportamentului nestăpânit.

Se poate ca empatia să fi jucat un rol și în aceste incidente, și în reacția lui Luit la rănile lui Yeroen. Deși superficiale după standardele cimpanzeilor, au fost primele mușcături suferite de Yeroen în ani de zile. În general, primatele doresc să mențină relații bune, chiar și atunci când se confruntă cu lupte și neînțelegeri. Faptul că sunt conștiente de efectele neplăcute ale durerii și suferinței se vede și din joaca lor. Când e o diferență mare de vârstă între pui, jocurile devin adesea prea dure pentru cel mai mic, ca atunci când i se răsucesc picioarele sau o ciupitură se transformă în muşcătură. La cel mai mic scâncet de durere, mama va întrerupe jocul. În mod normal, joaca nu e însoţită de zgomote, cu excepţia râsetelor groase şi sacadate care seamănă cu râsul uman. Din sutele de înregistrări cu lupte în joacă, am constatat că maimuţele tinere râd mai ales atunci când e de faţă mama unuia dintre partenerii de joacă mai mici. Râd mai mult în prezenţa ei decât atunci când sunt singuri cu puiul. Aproape că încearcă s-o liniştească pe mamă: „Stai liniştită, ne distrăm foarte bine!“[13]

Pe scurt, există două tipuri de stimuli care susţin codul social după care se conduc primatele şi copiii. Unul vine din interior, iar celălalt, din exterior. Primul stimul este empatia şi dorinţa de-a avea raporturi bune, pentru a evita suferinţa inutilă. Al doilea este teama de consecinţele fizice, precum sancţiunile aplicate de superiori. În timp, cele două tipuri de stimuli formează un set internalizat de linii directoare, pe care îl voi numi *moralitate unu la unu*. Această moralitate le permite partenerilor cu aptitudini şi calităţi diferite să se înţeleagă – de exemplu, masculii cu femelele şi adulţii cu copiii –, aducându-i laolaltă într-un *modus vivendi* agreabil. Uneori, liniile directoare se suspendă – de exemplu când doi rivali concurează pentru aceeaşi poziţie socială –, dar în general primatele fac eforturi pentru a coexista paşnic. Indivizii care nu pot sau nu vor să respecte codul social ajung să fie marginalizaţi. Motorul ultim al acestui proces, din punct de vedere evolutiv, este dorinţa de integrare, din moment ce opusul acesteia – izolarea sau ostracizarea – diminuează drastic şansele de supravieţuire ale unui individ.

În cartea sa din 1985 *Sex and Friendship in Baboons*, Barbara Smuts a fost prima care a folosit termenul „prietenie“ într-un context legat de animale, termen aprig contestat la momentul respectiv. Unii l-au considerat excesiv de antropomorf. Dar, pe măsură ce am aflat mai multe despre legăturile strânse dintre animale, scepticismul s-a risipit, iar termenul a intrat în uz. Doi cimpanzei masculi bătrâni din pădurea Kibale, din Uganda, călătoreau împreună cea mai mare parte a timpului, vânau împreună, împărțeau carnea și se strigau unul pe altul ca să nu se piardă ori de câte ori erau despărțiți de vreun desiș. De asemenea, cei doi se sprijineau unul pe altul în luptele cu terți. Deși nu erau înrudiți, au fost parteneri de încredere timp de mulți ani. John Mitani, un primatolog care i-a observat ani de zile, povestește cum după moartea unuia din cimpanzei prietenul lui a devenit mult mai puțin social, s-a izolat și a părut că ține doliu. Multe astfel de relații au fost consemnate, iar analiza ADN-ului confirmă faptul că de multe ori partenerii nu sunt înrudiți. Cuvântul prietenie nu e o exagerare, așadar, și se aplică și legăturilor strânse dintre elefanți, delfini și alte animale. Studiile de teren cu babuini au arătat că femelele care au prietene trăiesc mai mult și cresc mai mulți pui decât cele care nu au astfel de legături. Prin urmare, evoluția ne dă motive foarte bune să prețuim relațiile apropiate.[14]

Codul social care implică păstrarea bunelor relații în cadrul unui grup reglementează, printre altele, cine se împerechează cu cine, cum să te joci cu puii, în fața autorității cui să te înclini și în ce condiții e permis să-i iei mâncarea altuia sau, din contră, să-ți aștepți rândul. Cimpanzeii și bonobo își respectă unii altora proprietatea, astfel încât până și masculul dominant poate ajunge să ceară de mâncare. Rar se întâmplă ca indivizii dominanți să ia mâncarea altcuiva cu forța, iar cei care încalcă codul se lovesc de o opoziție violentă. Atacul colectiv împotriva lui Volker, descris în capitolul 3, ilustrează modul în care bonobo care trăiesc în sălbăticie îi tratează pe cei care încalcă regulile. Există multe alte exemple de acest fel, cum ar fi următoarea scenă pe care am văzut-o prin fereastra mea de observație. Jimoh, care fusese înainte mascul alfa, l-a pedepsit la un moment dat pe un mascul mai tânăr pentru o presupusă acuplare. În mod normal, Jimoh doar l-ar fi fugărit pe vinovat, dar, dintr-un motiv necunoscut, – poate pentru că aceeași femelă îl refuzase în ziua respectivă – s-a năpustit cu toată forța după rival, fără să dea semne că s-ar domoli. De frică, masculul tânăr a făcut diaree şi părea că treaba nu se va termina prea bine. Înainte însă ca Jimoh să pună mâna pe el, femelele au început să protesteze urlând cu putere. Când li s-a alăturat şi femela alfa, rezultatul a fost un cor asurzitor. Odată protestul ajuns la apogeu, Jimoh a renunţat la atac, cu un rânjet intimidat pe faţă: înţelesese mesajul.

Am avut senzaţia că văd opinia publică în acţiune.

CÂND „CEEA CE ESTE“ SE ÎNTÂLNEŞTE CU „CEEA CE TREBUIE SĂ FIE“

Ceea ce fascinează la codul social este natura sa prescriptivă. Codul are dinţi. Şi nu mă refer doar la cum se comportă animalele, ci la cum *ar trebui* să se comporte. În final, totul se reduce la deosebirea dintre „ceea ce este“ şi „ceea ce trebuie să fie“. Poate părea o paranteză lingvistică nelalocul ei, dar diferenţa dintre „ceea ce este“ şi „ceea ce trebuie să fie“ constituie, întâmplător, un subiect foarte important pentru filozofi. De fapt, e imposibil să discuţi originile moralităţii fără să te confrunţi cu această distincţie. „Ceea ce este“ descrie lucrurile aşa cum sunt (tendinţele sociale, capacităţile mintale, procesele neuronale), în timp ce „ceea ce trebuie să fie“ se referă la cum ne-am dori să fie lucrurile şi la cum ar trebui să ne comportăm. „Este“ corespunde realităţii, iar „trebuie“ – valorilor. Animalele care trăiesc după un cod de prescripţii au făcut tranziţia de la „ce este“ la „ce trebuie să fie“. Şi, mai mult, au făcut trecerea fără să le pese vreo clipă de oceanul de cerneală vărsat pe această temă.

Filozoful scoţian care a dat lumii deosebirea dintre „ceea ce este“ şi „ceea ce trebuie să fie“, David Hume, ne atrăgea atenţia acum aproape trei sute de ani să nu presupunem că cele două sunt acelaşi lucru, adăugând că „este nevoie de o justificare“ pentru modul în care invocăm realităţile vieţii ca argument în favoarea anumitor valori spre care ar trebui să tindem.[15] Cu alte cuvinte, moralitatea nu e o doar reflectarea naturii umane. La fel cum nu putem deduce regulile de circulație din aspectul unei mașini, nu putem deduce nici normele morale din ceea ce știm despre noi. Observația lui Hume e pertinentă, însă e cât se poate de departe de interpretările exagerate ale filozofilor care au venit după el și care au transformat apelul său la prudență în „ghilotina lui Hume", susținând că între „ce este" și „ce trebuie să fie" ar fi un abis de netrecut. În continuare, au ascuțit ghilotina ca să stârpească orice încercare, chiar și pe cele mai prudente, de a folosi logica evoluționistă sau neuroștiința în analiza moralității. Știința nu ne poate spune cum să interpretăm moralitatea, au susținut aceștia. Deși acest lucru este adevărat, știința ne poate ajuta totuși să explicăm de ce prevalează anumite rezultate, cu alte cuvinte de ce moralitatea este așa cum este. În primul rând, n-ar avea nici un rost să avem reguli morale imposibil de urmat, la fel cum n-ar avea nici un rost să facem reguli de circulație pe care mașinile nu le pot respecta, de exemplu să le cerem să sară peste mașinile care merg mai încet. Printre filozofi, acesta este argumentul „trebuie presupune că pot". Moralitatea trebuie să fie în acord cu specia pentru care e concepută.

„Este" și „trebuie" sunt *yin*-ul și *yang*-ul moralității. Le avem pe amândouă, avem nevoie de amândouă; nu sunt același lucru, dar nici nu sunt complet separate. Sunt complementare. Hume însuși a evitat „ghilotina" care-i poartă numele insistând asupra importanței firii umane: pentru el, moralitatea era un produs al emoțiilor. Empatia (căreia îi spunea compasiune) se afla în capul listei lui. O considera foarte valoroasă din punct de vedere moral. Ceea ce nu implică vreun fel de contradicție, din moment ce filozoful doar îndemna la prudență atunci când facem trecerea de la cum suntem la cum ar trebui să ne comportăm. Nu a spus nici o clipă că această mișcare ar fi interzisă. De asemenea, nu trebuie să uităm că tensiunea dintre cele două e resimțită mult mai puțin clar în viața reală decât la nivel conceptual, unde le place celor mai mulți filozofi să adaste. Ei sunt de părere că nu putem trece de la un nivel la altul prin mijloace *raționale* – și au dreptate –, dar cine spune că moralitatea este sau trebuie construită rațional? Și dacă își are rădăcina în valorile emoționale, cum credea Hume?

Valorile sunt parte integrantă din ceea ce suntem. Se crede uneori că, în cadrul ecuației morale, biologia se confundă în totalitate cu „ceea ce este", dar orice organism are niște obiective. Supraviețuirea e unul, reproducerea e altul, dar mai sunt și alte obiective mai imediate, cum ar fi îndepărtarea rivalilor de pe teritoriul propriu sau evitarea temperaturilor extreme. Animalele „trebuie" să se hrănească, să se ferească de prădători, să-și găsească partener ș.a.m.d. Chiar dacă să ai burta plină nu e, în mod evident, o valoare morală, deosebirea e mai puțin evidentă când ajungem în sfera socialului. Animalele sociale „trebuie" să se înțeleagă între ele. Moralitatea umană se dezvoltă pornind de la sensibilitatea față de ceilalți și de la înțelegerea faptului că, pentru a ne bucura de viața în grup, trebuie să facem compromisuri și să ținem cont de ceilalți.

Nu toate animalele împărtășesc această sensibilitate. Chiar dacă ar fi la fel de inteligenți ca noi, peștii piranha sau rechinii n-ar putea avea vreodată un cod social ca al nostru, dat fiind că nu-i deranjează nicidecum să le facă rău altora – cu excepția cazului în care ar putea exista repercusiuni. Din punct de vedere emoțional, suntem complet diferiți, ceea ce explică de ce printre noi dublul precept de a face bine sau măcar de a nu face rău se bucură de un statut special. În loc să ni se reveleze din exterior sau prin mijloace logice, aceste valori sunt bine înrădăcinate în trunchiul nostru cerebral. În cartea sa *Braintrust*, Patricia Churchland se folosește de binomul „este–trebuie să fie" ca să explice cum ne-a predispus evoluția la moralitate:

> Din punct de vedere biologic, emoțiile de bază sunt modul mamei-natură de a ne orienta spre ceea ce ar fi prudent să facem. Emoțiile sociale sunt un mijloc prin care suntem determinați să facem ceea ce trebuie din punct de vedere social, iar sistemul de recompensă și

pedeapsă ne învață să folosim experiențele trecute pentru a ne îmbunătăți prestația în ambele domenii.[16]

Tensiunea dintre ceea ce suntem și ceea ce ar trebui să fim duce la dezbateri interesante, precum cea pe care am avut-o cu un autor de blog care susținea că oamenii care au o înclinație naturală spre altruism sunt mai puțin demni de respectul nostru decât cei care nu au o astfel de înclinație, dar dau totuși dovadă de altruism. Immanuel Kant, unul dintre cei mai influenți filozofi ai moralității, era de aceeași părere. Punea la fel de mult preț pe bunătate cât punea Dick Cheney pe conservarea energiei. Cheney lua în râs conservarea pentru că era „etică", dar irelevantă, în timp ce Kant spunea despre compasiune că e „frumoasă", dar inutilă din punct de vedere moral. Cine are nevoie de sentimente bune când tot ce contează e datoria?

Un alt blogger prefera oamenii care ajută în mod spontan celor care nu ajută decât după ce cântăresc bine situația. Pentru el, bunătatea instinctivă era preferabilă altruismului din obligație. E o dilemă interesantă, comparabilă cu întrebarea „cu cine ai vrea să te căsătorești?": cu cineva care te iubește, sau cu cineva care-ți oferă exact același sprijin doar pentru că-l mână simțul datoriei? Acesta din urmă va depune cu siguranță mai mult efort și merită multă admirație, dar eu aș prefera să fiu căsătorit cu cel dintâi. S-ar putea să fiu eu un romantic incurabil, dar nu cred în soliditatea unei legături bazate exclusiv pe datorie. În mod similar, moralitatea ar fi mult mai puternică dacă ar fi motivată de sentimente autentic prosociale.

IADUL PE PĂMÂNT

Un al doilea motor al moralității îl constituie înclinația noastră naturală spre ierarhie și frica de pedeapsă. Iată o temă veche, mai ales pentru cei care susțin că moralitatea nu poate exista în afara lui Dumnezeu. Nu trebuie să fim de acord cu concluzia lor sumbră, dar nici nu putem nega importanța autorității și a presiunii sociale. Spre deosebire de tendințele prosociale, care sunt prezente în prima parte a vieții, regulile intră în acțiune oarecum târziu. Până și maimuțele rhesus, cunoscute pentru simțul lor ierarhic bine definit, se arată incredibil de tolerante față de cei mici. În anii '80, am făcut mai multe experimente care se desfășurau astfel: lăsam timp de câteva ore o ceată mare de maimuțe fără nici o sursă de apă, apoi le umpleam adăpătoarea. Toți adulții veneau să se adape în ordinea ierarhică, la fel ca atunci când cei mari spărgeau nuci la Grădina Zoologică Tama, iar puii sub un an veneau când voiau ei. Puii beau alături de masculii din pozițiile cele mai înalte și se amestecau nestingheriți cu matriarha-șefă a familiei. Pedeapsa intervenea doar în al doilea an de viață, și atunci își învățau repede locul.

Dat fiind că primatele se dezvoltă mai încet decât maimuțele, cei mici nu sunt pedepsiți în primii patru ani de viață. Totul le e permis: pot să sară pe spatele unui mascul dominant, să le ia altora mâncarea din mână sau să lovească un pui mai mare cu toată forța. Nici măcar mamele nu intervin. Strategia mamelor este să le distragă atenția puilor. Dacă puiul se apropie, pus pe rele, de un adult sau e gata să se ia la bătaie cu un partener de joacă, mama îl va gâdila, îl va duce de-acolo sau îl va lua în brațe ca să-l alăpteze. Ne putem imagina, așadar, șocul primei pedepse. Cele mai dramatice sancțiuni le primesc masculii tineri care s-au apropiat prea tare de o femelă atractivă sexual. Până la un punct li se permite să stea pe lângă aceste femele și chiar să se împerecheze cu ele în măsura în care sunt în stare. În mod inevitabil însă, vine ziua în care atmosfera competitivă dintre masculii adulți se răsfrânge asupra celui mai tânăr sub forma unui atac. Unul dintre masculi se năpustește, zbârlit tot, peste donjuanul care nu bănuiește nimic, îl înșfacă de picior și îl învârte până când îi dă sângele. Nu e nevoie decât de una sau două astfel de lecții. Din acea clipă, va fi de-ajuns ca un mascul adult să arunce o privire sau să facă un pas spre tânărul pretendent pentru ca acesta să sară cât colo de lângă orice femelă.

Adolescenții învață astfel să-și controleze pulsiunile sexuale sau cel puțin să devină circumspecți în legătură cu ele. Copiii din specia noastră învață regulile sociale în același mod. Suntem mult mai toleranți față de un copil de trei ani, ale cărui pozne în general ne amuză, decât față de un adolescent, ale cărui abateri ne supără profund. Oamenii învață la fel ca alte primate, făcând trecerea de la permisivitatea totală la o gamă din ce în ce mai restrânsă de comportamente acceptabile. Nu-i de mirare că pedeapsa ocupă un loc important în sistemele noastre morale, de la aplicarea legii până la ostracizarea celor care ne-au înșelat și de la mentalitatea lui „ochi pentru ochi" la focul etern al iadului care-i așteaptă pe păcătoși.

Să induci frica de pedeapsă nu e treabă ușoară, și atât religia, cât și societatea depun eforturi serioase în acest sens. Aici picturile lui Bosch ocupă un rol aparte. Acesta e cunoscut înainte de toate ca pictor al iadului, care ne amintește caznele îngrozitoare care îi așteaptă pe cei păcătoși. Scenele de tortură și nimicire pe care le înfățișează rezonează cu cele mai profunde temeri ale noastre legate de marginalizare, suferință și moarte. Nu e de mirare că picturile sale au fost reproduse în nenumărate exemplare, așa cum sunt diseminate astăzi imaginile pe Internet. A existat o fabrică de artă în Anvers care se ocupa doar cu reproducerea picturilor lui Bosch. Cu toate acestea, cei care cred că Bosch trebuie să fi fost un om profund religios ca să picteze imaginile cu pricina ar trebui să fie mai atenți. Voleul din dreapta al *Grădinii* a fost ceva nemaivăzut la vremea lui din cauza absenței lui Dumnezeu, Bosch lăsând totul în mâinile oamenilor. La fel cum în budism nu există un Dumnezeu punitiv, dar există totuși conceptul de „karma", prin care cei imorali își găsesc pedeapsa, așa și Bosch a pictat iadul aici, pe pământ. Infernul lui e plin de scene din viața de zi cu zi, care, bizare cum sunt, alcătuiesc un loc mult mai puțin plăcut pentru a-ți petrece sfârșitul vieții decât tradiționalul iaz cu foc și pucioasă din Biblie. La orizont se vede focul, dar pământul însuși e cel care arde. În iadul lui Bosch apare şi un lac îngheţat, pe care patinează oameni goi şi animale fantastice, aşa cum obişnuiesc olandezii să patineze pe orice gheaţă. Avem de-a face, desigur, cu o reprezentare aparte a infernului!

Una dintre figurile importante din tablou este un monstru cu cap de pasăre, căruia i se spune Prinţul Iadului, acesta purtând un cazan pe cap. Monstrul stă pe un tron de forma unei toalete şi se îmbuibă cu oameni osândiţi, pe care apoi îi elimină într-o pungă transparentă, un fel de sac amniotic, aflat dedesubt. Mai vedem şi două urechi uriaşe de sine stătătoare, străpunse de un cuţit mare – imagine care a primit multiple interpretări: cuţitul a fost văzut ca instrument alchimic de purificare, urechile, ca simbol al surzeniei omenirii faţă de mesajul Noului Testament, iar ansamblul, ca un tun pe roţi sau ca un falus cu scrot. Alături de numeroasele instrumente muzicale supradimensionate din iadul lui Bosch (inclusiv prima reprezentare corectă a unei chironde), urechile mari trimit şi la o tortură muzicală sub forma unei cacofonii neîntrerupte.

Bosch ne lasă pe noi, muritorii, cu soarta noastră, cu fricile noastre. Încercând să fac legătura între acest iad pământean şi alte elemente al tripticului, mi-au sărit în ochi bogăţia de fructe din panoul central şi din voleul stâng şi, în contrapondere, absenţa lor din iad. Am menţionat deja că în paradisul lui Bosch nu apar fructe interzise, ceea ce sugerează că Adam şi Eva nu au trecut prin trauma dobândirii înţelepciunii interzise şi prin negrele ei consecinţe. Pictorul a compensat această absenţă copleşind mulţimea de personaje dezbrăcate din panoul central cu o supraabundenţă de fructe. Personajele primesc fructe din ciocul păsărilor, se hrănesc unele pe altele şi umblă purtând pe cap căpşuni uriaşe; e înfăţişat chiar şi un bărbat cu capul în formă de strugure, o posibilă referinţă la o expresie din olandeza mijlocie despre glandul penisului.[17] În timp ce panoul central e plin de fructe ne-interzise, în iad acestea lipsesc cu desăvârşire, de unde putem deduce că Bosch încerca să ne spună ceva.

Naiv fiind, am crezut că voi găsi răspunsul într-un roman intitulat *Big Sur and the Oranges of Hieronymus Bosch*, pe care l-am luat cu mine într-o călătorie în California. Stând printre oamenii care se scăldau goi în apele unui izvor sulfuros, m-am simțit aproape ca-n *Grădină*, iar Big Sur e, desigur, un loc superb, dar mi-a fost foarte greu să termin cartea. Rar mi-a fost dat să citesc un autor mai plin de sine decât Henry Miller și mi-am dat seama repede că nu-l cunoștea aproape deloc pe Bosch. În cartea lui Miller, tripticul lui Bosch e numit *Mileniul*, nume născocit de un istoric de artă german, Wilhelm Fränger, pentru *Grădina desfătărilor lumești*.[18] Fränger credea că Bosch a făcut parte dintr-o sectă eretică, o speculație care a fost foarte mult vehiculată în ciuda lipsei totale de dovezi și care face parte dintr-o serie de afirmații fantastice, cum ar fi că Bosch era de fapt un homosexual reprimat înspăimântat de castrare sau un schizofren dezlănțuit. Miller se entuziasmează în legătură cu detaliul unei livezi de portocali, observând cât de realist sunt reprezentate portocalele („mult mai delectabile, mult mai eficiente decât portocalele din soiul Sunkist, pe care le consumăm zilnic“[19]). E puțin probabil însă ca Bosch să fi știut măcar ce e aceea o portocală. Europa de Nord a descoperit acest fruct abia în secolul al XVI-lea și a început să le crească în oranjerii în secolul al XVIII-lea. Pictorii olandezi, în special Piet Mondrian, înfățișează adesea meri sau alte fructe din nord. Și în *Grădină* avem de-a face, se pare, tot cu o livadă de meri.

Distribuția inegală a fructelor în panourile tripticului e ușor de descifrat: fructele simbolizează plăcerea, și pe cea gustativă, și pe cea erotică, iar în iad nu e loc pentru plăceri. Absența lui Dumnezeu rămâne însă un mister. Din moment ce Dumnezeu apare în celălalt tablou al lui Bosch despre iad, *Judecata de Apoi*, unde tronează deasupra mulțimilor aflate în chinuri, trebuie să existe un motiv al lipsei lui din *Grădină*. Să fi fost mesajul lui Bosch unul secular? Să fi vrut pictorul să sugereze că cei imorali merită pedepse infernale chiar și în afara judecății

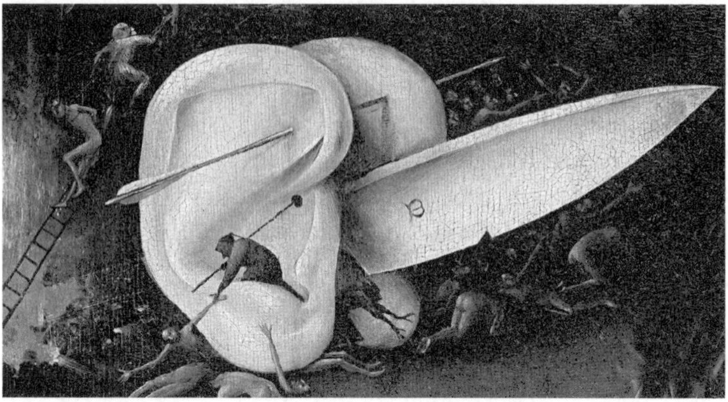

În voleul apocaliptic din dreapta al Grădinii desfătărilor lumeşti *a lui Bosch apar două urechi străpunse de o săgeată. Urechile care poartă un cuţit ascuţit şi strivesc sufletele damnate au nedumerit generaţii întregi de critici de artă.*

divine? Să fi făcut aluzie la faimoasa întrebare socratică: avem nevoie de zei ca să ne spună ce e moral şi ce nu? O acţiune e morală pentru că e pe placul zeilor, sau zeilor le place acţiunea pentru că e morală? l-a întrebat Socrate pe Eutyphron.

Grădina ne invită să ne imaginăm o lume în care ne desfăşurăm activităţile zilnice fără instrucţiuni divine despre ce e bine şi ce e rău şi fără supravegherea lui Dumnezeu. O astfel de lume tot ar avea nevoie de moralitate, pare să spună Bosch, şi tot i-ar pedepsi pe cei care nu duc o viaţă cumpătată, chiar dacă, în loc să meargă ei în iad, vine iadul la ei pe pământ.

GRIJA PENTRU COMUNITATE

Copil al Renaşterii, Bosch a trăit în nişte timpuri care preţuiau raţiunea mai mult decât cucernicia. Umanitatea începea să viseze la o moralitate justificată raţional, vis care a culminat secole mai târziu, când Immanuel Kant a ridicat „raţiunea pură“

la rang de temelie a moralității. Concepția predominantă era că adevărurile morale eterne sunt undeva „în afară“, unite de o logică irezistibilă pe care noi trebuie s-o descoperim. Iar filozofii s-au oferit să-și folosească cunoștințele în acest scop.

Cum a apărut o idee atât de năstrușnică? Să ne amintim de modul în care alcătuirea ochiului e invocată în dezbaterea despre evoluție. Funcționalitatea complexă a ochiului n-ar fi putut apărea în mod accidental, susțin unii, astfel că trebuie să existe un creator inteligent. Majoritatea biologilor nu sunt de acord și invocă stadiile intermediare, de la pigmenții fotosensibili ai viermilor lați până la ochii cât o gămălie de ac ai nautilului. Dacă are suficient timp la dispoziție, selecția naturală poate produce structuri extraordinar de complexe în pași infinitezimal de mici, acționând ca un „ceasornicar orb“, ca să preiau formula inspirată a lui Dawkins. Nu e nevoie de nici un plan. Așa că de ce am trata legea morală ca și cum ar fi un ochi? Într-adevăr, este complexă și sofisticată, dar asta nu înseamnă că e rezultatul unui proiect logic. Mai există ceva în natură care să rezulte dintr-un astfel de proiect? Ideea că putem atribui moralitatea unor cauze prime este un mit creaționist și încă unul șubred, din moment ce nimeni nu a reușit să aducă argumente convingătoare în sprijinul lui. Nu există decât niște aproximări.

Etica normativă poartă amprenta unei epoci apuse. Ideea unei „legi“ morale sugerează existența unui principiu care este sau poate fi impus, de unde întrebarea firească: cine îl impune? În trecut, răspunsul era evident, dar cum să mai aplici acest principiu fără a-l invoca pe Dumnezeu? Pentru o abordare filozofică a acestei chestiuni, recomand cartea lui Philip Kitcher *The Ethical Project*, în care autorul se arată sceptic:

> Teoretizările legate de proiectul etic au fost îngreunate de presupunerea că trebuie să existe o autoritate în etică, un unghi din care adevărul să poată fi văzut cu claritate. Filozofii și-au asumat rolul de locțiitori luminați ai profesorilor religioși care pretinseseră înaintea lor că dețin

această cunoaștere. Dar de ce? Etica ar putea fi pur și simplu rezultatul efortului nostru comun.[20]

Deși trăim într-o epocă care preamărește cerebralul și disprețuiește emoțiile pentru că sunt slabe și confuze, e cu neputință să facem abstracție de nevoile, dorințele și obsesiile intrinseci speciei noastre. Suntem făcuți din carne și oase și urmărim în mod natural anumite obiective: mâncarea, sexul și siguranța fiind cele mai importante. În aceste condiții, ideea de „rațiune pură“ pare ficțiune pură. S-a făcut un studiu care arată că judecătorii sunt mai blânzi după ce au mâncat de prânz decât înainte.[21] Pentru mine, nu există rezumat mai elocvent al rațiunii umane. E practic imposibil să separi deciziile raționale de predispozițiile mintale, de valorile subconștiente, de emoții și de sistemul digestiv. Potrivit științelor cognitive, justificările raționale apar *post factum*. Avem o gândire duală care ne sugerează pe loc soluții intuitive, cu mult înainte să fi reflectat la respectivul subiect, și abia apoi vine un al doilea proces, mai lent, care validează soluțiile din perspectiva calității și a fezabilității. Chiar dacă al doilea proces ne ajută să ne justificăm deciziile, e o simplificare grosolană să prezentăm aceste justificări drept motivațiile reale. Cu toate acestea, facem asta tot timpul, precum proprietarul de sclavi care crede că le face acestora o favoare sau ca instigatorul la război care susține că nu a vrut decât să scape lumea de un tiran. Ne pricepem de minune să găsim motive care ne servesc scopurile. Jonathan Haidt a remarcat această tendință în domeniul argumentelor morale, folosind imaginea foarte nimerită a cozii care dă din câine. Explicațiile pe care le oferim pentru purtarea noastră nu reflectă întocmai adevăratele motive care ne-au împins să acționăm. Pascal a spus acest lucru foarte elegant: „Inima își are rațiunile sale, pe care rațiunea nu le cunoaște“[22].

De fapt, sunt atât de sceptic în legătură cu explicațiile pe care le oferă oamenii pentru a-și justifica comportamentul, încât mă simt nespus de norocos să lucrez cu subiecți care nu pot să completeze chestionare. Și totuși predomină în continuare părerea că gândirea precedă comportamentul. Am auzit filozofi discutând despre „ideea“ de iertare și despre „conceptul“ de echitate, ba chiar susținând că pe cel din urmă îl datorăm Revoluției Franceze. Oare chiar vor să spună că, înainte ca Maria Antoaneta să moară prin ghilotinare, oamenii nu știau ce e echitatea? Dincolo de capacitatea noastră extraordinară de a transforma tendințe preexistente în concepte, rămâne de necontestat faptul că copiii și primatele, care sunt străini de concepte, continuă să se îmbrățișeze după o ceartă sau să protesteze aprig dacă recompensele sau cadourile de Crăciun sunt împărțite inechitabil. Permiteți-mi, așadar, să revin la explicația mea, care pleacă de la bază și ajunge la ultimele consecințe, conform căreia emoțiile sunt cele care ne pun în mișcare. Explicația mea pornește de la premisa că moralitatea are două niveluri fundamentale, unul privitor la relațiile sociale, și celălalt, la comunitate. Primul nivel este cel pe care l-am numit eu „moralitate unu la unu“, care reflectă înțelegerea modului în care comportamentul propriu îi afectează pe ceilalți. Acest nivel se regăsește și la alte animale sociale, care dezvoltă inhibiții și coduri de conduită similare. Dacă nu luăm în considerare interesele celorlalți, ajungem la neînțelegeri; prin urmare, simțim o obligație în sensul acesta – presiunea lui „trebuie“. Nu rațiunea se află la baza acestui proces, deși nu e greu să găsești motive care explică de ce ceilalți ar avea de obiectat în cazul unui comportament greșit sau de ce un cimpanzeu ar pedepsi un rival mai tânăr care dă târcoale unei femele. Reacțiile sunt complet emoționale însă, la fel ca gelozia unui mascul sau ca înțelegerea faptului că pentru a te bucura de compania prietenilor trebuie să te comporți la rândul tău ca un prieten.

Moralitatea unu la unu are însă o acțiune relativ restrânsă. Ne trebuie un al doilea nivel, pe care eu îl numesc *grija pentru comunitate.* Acesta nu intră în contradicție cu interesele personale, dar constituie un salt față de moralitatea unu la unu, în sensul că scopul său e armonia într-o comunitate mai mare. La acest nivel începe moralitatea umană să devină altceva decât ce am întâlnit până acum, deşi câteva animale prezintă forme rudimentare de grijă pentru comunitate.

Am menţionat deja rolul de păstrător al ordinii jucat de Phineas şi de alte primate de rang superior care intervin şi-i despart pe alţii care se bat. Astfel de „poliţişti" imparţiali s-au descoperit şi printre cimpanzeii sălbatici, iar concluziile unui studiu comparativ recent, făcut pe mai multe grupuri, arată că ei stabilizează dinamica socială.[23] Femelele mai în vârstă intervin şi ele, căutând să-i împace pe masculii aflaţi în conflict. De multe ori le iau masculilor violenţi pietrele mari din mână. Fac acest lucru şi dacă nu sunt ele direct implicate şi ar putea foarte bine să stea pe margine. Prin urmare, cimpanzeii îmbunătăţesc climatul social în care trăiesc şi caută să facă pace nu doar pentru ei, ci şi pentru restul comunităţii. Un alt exemplu grăitor e dat de modul în care femelele reacţionează la încercările masculilor de-a se împerechea cu forţa cu una dintre ele. În sălbăticie, masculii reuşesc uneori pentru că se pot distanţa de grup: iau femela cu ei într-un „safari" şi astfel evită intervenţia unor terţi. Pot chiar să folosească crengi ca să le intimideze pe femelele care se opun şi să le facă să cedeze. În captivitate însă, nu pot evita privirile celorlalţi, şi nu de puţine ori am văzut cum avansurile sexuale prea insistente ale unor masculi au stârnit ţipete de protest din partea femelei, urmate de mobilizarea unui grup de femele care l-au pus pe fugă pe agresor. Cum solidaritatea feminină nu e o regulă generală la cimpanzei, felul în care acestea se solidarizează împotriva tentativelor de viol e remarcabil. Au ajuns oare la o înţelegere tacită? Să fi înţeles femelele că, dacă intervin pentru o singură surată aflată la nevoie, va avea de câştigat întreaga comunitate pe termen lung?

Atunci când manifestă grijă pentru comunitate, oamenii acţionează deopotrivă pentru binele personal. Tindem spre un întreg cât mai funcţional pentru că acesta e mediul în care prosperăm. Dacă văd un hoț intrând într-o casă de pe strada mea, chiar dacă jaful nu mă privește direct, voi respecta regulile societății și voi chema poliția. Dacă ceva asemănător s-ar fi întâmplat în timpuri străvechi, întreaga comunitate s-ar fi mobilizat să-l oprească pe hoț. Transgresările de ordin moral, chiar și cele care nu ne afectează direct, dăunează tuturor. Literatura antropologică de specialitate conține descrieri foarte bune ale acestui fenomen, așa cum se desfășoară el în culturile orale. Avem, de exemplu, povestea lui Colin Turnbull despre un vânător pigmeu din tribul Mbuti, pe nume Cephu, care și-a întins plasa în fața plaselor celorlalte familii. Vânătorii din tribul Mbuti întind plase lungi în junglă, iar femeile și copiii hăituiesc animale precum antilopele și porcii mistreți, cu tot felul de sunete, spre plase. Animalele care se prind în plase sunt apoi ucise cu sulița de vânători. Pentru că și-a întins plasa în fața celorlalți, captura lui Cephu a fost deosebit de bună, dar, din nefericire pentru el, ceilalți au observat înșelăciunea. Când s-a întors în sat, a fost întâmpinat de chipuri posomorâte; la scurt timp, au început să curgă remarcile negative la adresa lui Cephu. După cum aflăm de la Turnbull, infracțiunea lui Cephu era de neconceput în ochii pigmeilor, altfel foarte pașnici. În sat, ceilalți vânători au început să râdă de Cephu și să-l ia peste picior. Cei mai tineri au refuzat să se ridice și să-i ofere locul, în timp ce alții i-au spus că le-ar plăcea să-l vadă înfipt în propria suliță. Cephu a început să plângă, iar în scurt timp vânatul lui a fost distribuit celorlalți, inclusiv carnea pe care soția lui încercase să o ascundă sub acoperișul colibei în care locuiau. Cephu a învățat o lecție importantă, iar comunitatea a aplicat legea care constituie salvarea tuturor vânătorilor-culegători. Cooperarea asigură o cantitate constantă de mâncare pentru toată lumea, prin urmare succesul individual la vânătoare trebuie minimalizat, iar punerea în comun – transformată într-o obligație adânc înrădăcinată.

De câte ori văd cum acționează „opinia publică“ printre cimpanzei, ca atunci când femelele înfruntă un mascul prea agresiv, mă gândesc la acest tip de întâmplări. Oare și cimpanzeii au în vedere consecințele supraindividuale, la fel ca cei din tribul Mbuti? Să fie adevărat că indivizilor care au inițiativa în acest sens le crește prestigiul? Prestigiul și reputația joacă un rol esențial în acțiunile morale umane, chiar și atunci când cel care acționează nu are direct de câștigat din asta. Ceilalți sunt mult mai dispuși să urmeze exemplul unui cetățean integru decât pe al cuiva care minte, înșală și-și pune întotdeauna interesele proprii pe primul loc. Ecouri ale ideii de reputație se întâlnesc și printre primate. De exemplu, dacă o luptă scapă de sub control, spectatorii îl trezesc adesea pe masculul alfa, înghiontindu-l. Grație reputației sale de arbitru eficient, acesta trebuie să intervină. Primatele sunt atente și la felul în care un individ îi tratează pe ceilalți, după cum a rezultat dintr-un experiment în care au preferat să interacționeze cu cel care se purtase frumos cu alte primate. Nu a contat cum fuseseră tratate ele, ci reputația omului respectiv, care-și împărțise mâncarea cu alte primate.[24] În studiile realizate de noi, am constatat că, dacă permitem coloniei să se uite la doi cimpanzei care fac giumbușlucuri diferite, dar la fel de simple, pentru a primi recompense, restul îl vor imita pe cel cu o poziție socială mai înaltă. Asemenea adolescenților care copiază frizura lui Justin Bieber, și primatele îi imită pe membrii importanți ai comunității lor, și nu pe cei de la baza scării sociale.[25] Antropologii numesc acest fenomen „efectul prestigiului“.

Dar, deși primatele dau semne că ar înțelege ce înseamnă reputația individuală și manifestă sensibilitate față de comunitate în ansamblul ei, oamenii merg mult mai departe. Ne pricepem mult mai bine să calculăm cum acțiunile proprii și ale altora afectează binele comun și să dezbatem între noi ce fel de reguli să implementăm și ce sancțiuni să aplicăm. Înțelegem că și cea mai mică infracțiune trebuie înăbușită din fașă, pentru ca respectivul individ să nu treacă la fapte și mai grave. Avem, desigur, și avantajul limbajului, care ne permite să transmitem evenimente care s-au întâmplat la mare distanță în timp și spațiu, astfel încât întreaga comunitate află despre ele. Dacă un cimpanzeu îl atacă pe un altul, victima sa va fi singura care știe. La oameni, toată lumea va ști detaliile picante a doua zi de dimineață, inclusiv cei din satele învecinate. Suntem incredibil de bârfitori! Limbajul ne permite să păstrăm amintirile vii și să evocăm repetat anumite transgresiuni. Reputațiile noastre sunt cumulative, conservate în memoria colectivă. Infracțiunea lui Cephu nu va fi uitată cât timp acesta este încă în viață, și s-ar putea ca și copiii lui să afle fapta cu pricina. La oameni, consolidarea unei reputații și grija pentru comunitate au ajuns la un nivel neegalat de alte primate; astfel, constrângerile morale au devenit tot mai accentuate pentru fiecare individ în parte.

Gândirea la nivel de comunitate explică și pasiunea noastră pentru regulile generalizabile. Emoțiile morale se deosebesc de cele obișnuite și prin „caracterul lor dezinteresat, prin aparenta imparțialitate și prin gustul pentru universalitate“, după cum afirma Edward Westermarck.[26] Emoțiile precum recunoștința și resentimentul sunt determinate exclusiv de interesele noastre personale – de cum am fost tratați sau de cum ne dorim să fim tratați –, în timp ce emoțiile morale merg mai departe de-atât. Ele operează cu binele și răul la un nivel mai abstract. Putem vorbi de judecată morală numai atunci când emitem judecăți despre cum ar trebui tratată *orice* persoană în circumstanțele date. Ca să ilustreze aceeași idee, Adam Smith ne-a invitat să ne imaginăm ce-ar crede un „spectator imparțial“ despre actele noastre. Ce părere ar avea cineva neimplicat? Iată moralitatea umană în forma sa cea mai complexă: o părere despre ce e bine sau rău care nu ține cont de interesul personal.

Imparțialitatea acestui spectator imparțial mi se pare problematică însă. În definitiv, vorbim tot despre un om, care fie aparține comunității noastre, fie își poate imagina că aparține. Smith nu a înaintat niciodată ideea că acest spectator ar fi extraterestru. Următoarea poveste relatată de Westermarck în una dintre cărțile sale despre Maroc ne ajută să înțelegem acest lucru. În poveste e vorba de o cămilă răzbunătoare care fusese bătută excesiv și repetat de un „flăcău“ de paisprezece ani pentru că zăbovea pe drum sau o lua în direcția greșită. Cămila a îndurat pedepsele, dar câteva zile mai târziu, pe când era liberă de poveri, singură pe drum cu tânărul ei călăreț, „i-a prins capul băiatului în gura ei monstruoasă și l-a ridicat în aer, apoi a dat cu el de pământ, smulgându-i partea de sus a craniului și împrăștiindu-i creierii pe jos“[27]. Această scenă oribilă se pretează la o interpretare morală, mai ales dacă ținem cont de comportamentul băiatului. Cu toate acestea, cei mai mulți dintre noi o vom judeca în termeni nemorali, exceptând observația că nu suntem de acord ca animalele domestice să omoare oameni (în Evul Mediu, animalele erau judecate pentru acte care încălcau directiva lui Dumnezeu ca „omul să stăpânească natura“). Să împingem distincția și mai departe, așadar, și să ne imaginăm că cel atacat de cămilă ar fi fost un câine, și nu un copil. Un astfel de incident ar fi iscat și mai puține emoții morale. De ce? Oare nu suntem noi perfect imparțiali?

Problema e că suntem *prea* imparțiali. Atât de imparțiali, de fapt, că nu ne pasă cu adevărat de incident. S-ar putea să ne simțim îngroziți sau să ne fie milă de câine, dar incidentul în sine nu ne va stârni aprobarea sau dezaprobarea morală mai mult decât ar face-o o piatră care se izbește de altă piatră. În schimb, de cum vedem doi oameni interacționând, chiar dacă nu-i cunoaștem, nu ne putem abține să nu le raportăm comportamentul la cum credem noi că *ar trebui* să se poarte oamenii unii cu alții. Dacă unul îi dă celuilalt o palmă, ne formăm instant o părere: a fost meritată, nemeritată, sau a fost un act de cruzime? Acest lucru se întâmplă, în parte, pentru că ne e mai ușor să le atribuim intenții oamenilor decât animalelor, dar principala cauză este că o scenă cu actori umani activează automat grija pentru comunitate. E acest comportament, ne întrebăm noi atunci, dezirabil, așa cum sunt disponibilitatea de a ajuta și sprijinul reciproc? Sau nu cumva subminează binele comun, cum fac minciuna, furtul sau brutalitatea? Suntem foarte conştienţi de consecinţe şi ne e greu să rămânem neutri. Interacţiunea dintre cămilă şi câine nu ne provoacă nici una dintre aceste îngrijorări.

Chris Boehm, un antropolog american care a lucrat şi cu oameni, şi cu primate, a scris cu multă perspicacitate despre aplicarea regulilor în comunităţile de vânători-culegători. După părerea lui, aceasta ar putea avea drept rezultat o selecţie genetică activă asemănătoare celei practicate de un crescător care alege animalele în funcţie de aspect şi temperament. Unora li se permite să se reproducă, altora nu. Nu că vânătorii-culegători s-ar gândi explicit la genetica umană, dar, prin ostracizarea şi uciderea celor care încalcă prea multe reguli sau o încalcă pe cea mai importantă, îndepărtează genele respectivului din fondul genetic comun. Boehm descrie cum bătăuşii criminali sau devianţii periculoşi pot fi eliminaţi de un membru al comunităţii, delegat de ceilalţi să-l săgeteze în inimă. Aplicate sistematic timp de milioane de ani, astfel de execuţii pe considerente morale au redus probabil numărul de scandalagii, psihopaţi, escroci şi violatori, odată cu genele responsabile pentru aceste tipuri de comportament. Astfel de oameni mai există încă, s-ar putea spune, dar asta nu exclude faptul că s-a practicat o selecţie în sensul eliminării lor.[28]

E fascinant gândul că umanitatea şi-a luat evoluţia morală în propriile mâini, astfel că din ce în ce mai mulţi membri ai speciei noastre sunt dispuşi să se supună regulilor.

PROZAC ÎN APĂ

Vânătorilor din societăţile de vânători-culegători nu le e permis nici măcar să pomenească ce au vânat. Potrivit lui Richard Lee, vânătorul din tribul Kung San soseşte în sat fără un cuvânt, se aşază la foc şi aşteaptă ca cineva să vină la el şi să-l întrebe ce a văzut în ziua respectivă. La care el răspunde calm cam aşa: „Ah, nu mă pricep la vânat. N-am văzut nimic (pauză)... numai unul mic, mic de tot". La auzul acestor cuvinte, interlocutorul zâmbeşte în barbă: înseamnă că vânătorul a prins ceva mare.[29] Culturile de vânători-culegători sunt organizate în jurul comunităţii şi al împărţirii bunurilor şi preţuiesc modestia şi egalitatea. Cei lăudăroşi vor fi admonestaţi. Societatea occidentală, în schimb, ţine la mare preţ reuşita individuală şi le permite indivizilor de succes să-şi păstreze câştigurile. Într-un astfel de mediu, modestia poate avea consecinţe dezastruoase.

Vânătorii de balene din tribul Lamalera, din Indonezia, străbat oceanul în canoe de mari dimensiuni, în care încap doisprezece bărbaţi, şi prind balenele aproape cu mâinile goale. Vâslesc până în preajma balenei, cel care mânuieşte harponul sare în spatele acesteia şi îşi înfige arma, după care bărbaţii aşteaptă în apropiere până ce balena pierde tot sângele şi moare. Din cauză că întregi familii depind unele de altele şi de această activitate care le pune viaţa în pericol, iar bărbaţii se află literalmente în aceeaşi barcă, distribuirea prăzii îi preocupă foarte mult. În mod deloc surprinzător, membrii tribului Lamalera sunt mai predispuşi să împartă resursele echitabil decât majoritatea culturilor testate de antropologi, care au jucat „jocul ultimatumului" peste tot în lume. Acest joc măsoară preferinţele pentru oferte echitabile. Membrii Lamalera sunt campionii echităţii, deosebindu-se astfel de societăţi cu un grad mai mare de autarhie, cum ar fi cele de horticultori, în care fiecare familie îşi lucrează propria bucată de pământ.[30]

Prin urmare, dacă există o lege morală, aceasta nu va fi aceeaşi peste tot. Nu poate să fie la fel pentru comunităţile Kung San, pentru Lamalera sau pentru o naţiune occidentală modernă. Specia noastră posedă caractere invariante, iar moralitatea umană în ansamblul ei se concentrează pe preceptul dublu „să faci bine sau măcar să nu faci rău"; de aici derivă un anumit grad de universalitate. Cu toate acestea, măsura în care resursele vor fi împărțite echitabil sau în care modestia este dezirabilă nu poate face obiectul unei legi universale. Moralitatea suferă transformări în timp, astfel că subiectele fierbinți de azi pot fi nesemnificative pentru generațiile următoare. Moravurile sexuale sunt un exemplu bun în acest sens. Triburile celtice de care au dat romanii când au invadat Europa de Nord aveau în frunte regine care practicau amorul liber și afișau atitudini sexuale scandaloase, cel puțin în ochii patriarhilor care le-au înlocuit. Deși nu știm exact ce s-a întâmplat, urmașii acestor patriarhi au avut fără îndoială un șoc, câteva secole mai târziu, când căpitanul Cook a ancorat pe coasta insulelor Hawaii. Pentru că erau lipsiți de inhibiții sexuale, indigenii au fost caracterizați drept „desfrânați" și „promiscui". Această terminologie disprețuitoare este însă discutabilă, din moment ce nu sunt semne că cineva ar fi avut de suferit – singurul temei rezonabil, din punctul meu de vedere, pentru a respinge un anumit mod de viață. Pe vremea aceea, copiii hawaiieni erau învățați cu ajutorul masajului și stimulării orale să se bucure de propriile organe genitale. Potrivit sexologului Milton Diamond de la Universitatea din Hawaii: „Ideea de activitate sexuală premaritală și extramaritală lipsea și, la fel ca în aproape toată Polinezia, nici o populație din lume nu se deda plăcerilor senzuale mai mult decât aceasta"[31].

Autonomia sexuală a femeilor este considerabil mai mare în societățile matriarhale decât în cele patriarhale, iar umanitatea a încercat o multitudine de modele reproductive. Se pare că am adoptat monogamia strictă abia după revoluția agricolă, în urmă cu aproximativ 10.000 de ani, când bărbații au început să fie preocupați de cum, odată cu fiicele lor, averea le era cedată altora. Obsesiile reproductive legate de fidelitate și virginitate ar fi apărut tot atunci. Cel puțin asta sugerează Christopher Ryan și Cacilda Jethá în *Sex at Dawn*, carte a cărei premisă plină de îndrăzneală este că bonobo constituie modelul ancestral al vieții sexuale umane. Într-un capitol intitulat „*Who's*

Your Daddies?" („Cine sunt tăticii tăi?"), autorii explică cum în anumite culturi este benefic să ai mai mulți tați. Argumentul are la bază cercetarea inovatoare a lui Sarah Hrdy privind importanța pe care o au în economia supraviețuirii familiile multiparentale, în care, printre altele, aceasta respinge teoria conform căreia bărbații își îngrijesc numai copiii de care sunt siguri că le aparțin. Unele triburi practică „paternitatea împărtășită", și anume consideră că fătul care se dezvoltă este hrănit de sperma tuturor bărbaților cu care se culcă femeia. Fiecare potențial tată își reclamă o parte și are datoria de a ajuta la întreținerea copilului. Acest model, frecvent în rândul triburilor din câmpiile Americii de Sud și care asigură ajutorul necesar într-un mediu cu o rată a mortalității masculine crescută, presupune un grad redus de exclusivitate sexuală. Opțiunile sexuale ale unei femei în afara căsătoriei sunt respectate, și nu pedepsite. În ziua căsătoriei, mirele și mireasa sunt povățuiți să-și îngrijească copiii, dar și să-și stăpânească gelozia față de amanți.[32]

Gelozia sexuală este, desigur, universală, dar societatea o poate încuraja sau nu. Cam așa stă treaba cu normele morale universale. În loc să reflecte natura umană imuabilă, morala se află în strânsă legătură cu modul nostru de organizare. Văcarii nomazi nu vor avea aceleași legi morale ca vânătorii de pradă de mari dimensiuni, de la care nu ne putem aștepta să aibă principii identice cu ale națiunilor industrializate. Putem formula câte legi morale vrem; acestea nu se vor aplica pretutindeni în aceeași măsură. Faptul că cele zece porunci ar face excepție, cum se presupune deseori, e discutabil. Cât de mult ne ajută, de fapt, aceste porunci să luăm decizii de ordin moral? Când un politician conservator invitat la o emisiune de umor, *The Colbert Report*, a susținut că cele zece porunci ar trebui afișate public pentru că „fără ele ne putem pierde busola", gazda emisiunii l-a rugat să enumere poruncile. Politicianul a rămas năuc. Spre marele amuzament al publicului, a știut să spună doar „să nu minți, să nu furi".[33]

Majoritatea poruncilor nu au nimic de-a face cu moralitatea, după cum a arătat Christopher Hitchens, ci cu cinstirea. În primele cinci porunci, Dumnezeu insistă asupra loialității exclusive („Să nu ai alți dumnezei afară de Mine") și pe cinstirea părinților. Abia după aceea trece la poruncile pe care le știe toată lumea. Citându-l pe Hitchens:

> Ar fi greu să găsești o dovadă mai clară că religia este o creație a omului. Ne lovim, mai întâi, de urletul suveran despre respect și teamă, însoțite de avertismentul hotărât despre omnipotență și răzbunare nemărginită, asemănătoare celor pe care un împărat babilonian sau asirian le-ar fi dictat scribilor la începutul unei proclamații. Apoi ni se amintește clar să continuăm să muncim și să ne relaxăm numai când spune suveranul. Urmează câteva recomandări de ordin juridic [...]. Dar [...] e, desigur, o insultă să crezi că poporul lui Moise ajunsese atât de departe crezând că omorul, adulterul, hoția și mărturia mincinoasă erau permise.[34]

A șasea poruncă („Să nu ucizi") pare destul de ușor de urmat, dar, dacă o armată străină mi-ar invada țara sau cineva mi-ar răpi copilul, nu cred că aș avea nevoie de justificări suplimentare ca să ignor această poruncă. Biblia însăși enumeră mai multe excepții. Pedeapsa capitală aplicată de autoritățile de drept, de exemplu, pare să fie o astfel de excepție. În mod evident, cele zece porunci nu au fost menite să fie interpretate literal.

Cele două legi morale cu cea mai mare trecere la oamenii nereligioși nu se prezintă nici ele mai bine. Oricât mi-ar plăcea cum sună regula de aur „Ce ție îți place, altuia-i poți face", aceasta are un defect de neocolit. Pleacă de la premisa că toți oamenii sunt la fel. Ca să dau un exemplu destul de grosolan, dacă la o conferință mă țin după o femeie atrăgătoare pe care nu o cunosc până la camera ei de hotel și sar în patul ei neinvitat, e destul de limpede cum o să reacționeze. Dacă îi explic că fac ce mi-ar plăcea să-mi facă și ea mie, mă tem că regula de aur n-o va impresiona. Sau să presupunem că îi servesc în mod deliberat cârnați de porc unui vegetarian. Cum mie-mi place carnea, nu fac decât să respect regula de aur, dar vegetarianul mă va considera nesuferit, poate chiar imoral. Churchland oferă alt exemplu, de data aceasta legat de nişte birocraţi canadieni bine intenţionaţi, care au luat copii indieni din sânul familiilor lor ca să fie crescuţi de albi. Aceştia s-au gândit probabil că cei mici vor avea o viaţă mai bună decât în satele din pădure, dar – ca în cazul „generaţiei pierdute" de copii aborigeni din Australia – politicile de integrare forţată sunt considerate astăzi profund imorale. Regula de aur nu ajută la rezolvarea celor mai multe dileme, nu ne lămureşte dacă pedeapsa cu moartea este morală sau imorală, sau dacă Jean Valjean, eroul din *Mizerabilii*, a avut sau nu dreptate să fure mâncare pentru nepoata lui care murea de foame. Regula de aur are o sferă de acţiune foarte limitată şi funcţionează doar dacă persoanele implicate au aceeaşi vârstă, sex şi stare de sănătate, dar şi aceleaşi preferinţe şi aversiuni. Din moment ce lumea în care trăim nu arată aşa, regula nu e chiar atât de folositoare pe cât pare.

A doua lege seculară cu mare trecere la public este principiul celei mai mari fericiri, cunoscut şi ca utilitarism, decretat recent de Sam Harris drept temelia „ştiinţifică" a moralităţii.[35] Filozofii s-au dat peste cap să arate că nu e nimic ştiinţific într-o propunere înaintată de Jeremy Bentham şi John Stuart Mill, doi filozofi britanici din secolul al XIX-lea, şi că de fapt aceasta datează de la Aristotel. Ideea că moralitatea ar trebui să sporească fericirea omului (de la grecescul *eudaimonia*) şi că deciziile morale vor face un număr maxim de oameni fericiţi nu se bazează pe dovezi empirice, ci pe o judecată de valoare. Judecăţile de valoare pot fi oricând supuse dezbaterii, iar erorile utilitarismului sunt bine cunoscute de multă vreme. Deşi dorinţa de a spori fericirea din lume ne va îndrepta în mod firesc în direcţia potrivită, ea nu prezintă nicidecum garanţii. Să spunem că eu locuiesc într-un bloc în care un singur om îi face pe ceilalţi o sută nefericiţi din cauză că exersează la tubă toată noaptea, în fiecare noapte. După ce am încercat de mai multe ori să-l convingem să înceteze cu zarva, fără nici un succes, unul dintre noi îl împușcă în somn. Nici nu va ști ce i s-a întâmplat. Ce ar putea fi greșit la decizia noastră, dat fiind că am scăpat lumea de atâta suferință? Și, dacă vă deranjează partea cu împușcatul, îi putem face în schimb o injecție letală. E adevărat că un om a murit, fiind astfel lipsit de șansa lui la fericire, dar e adevărat și că a mai crescut puțin nivelul de fericire din bloc. În termeni utilitariști, am făcut ce trebuia.

Utilitarismul mai are și alte hibe, cum se vede limpede din soluții precum cea de a pune prozac în apa de băut. Iată cum se poate crea o societate de ignoranți fericiți! Putem, de asemenea, să urmăm exemplul nord-coreean și să manipulăm mass-media, astfel încât cei din afară să creadă că în țară totul merge bine: să creăm o „minunată lume nouă“ unde să domnească ignoranța și fericirea.[36] Toate aceste căi ar crește nivelul fericirii, dar nici una nu este neapărat morală. Problema mea cu premisa utilitaristă merge însă și mai în profunzime și e mai serioasă, întrucât contrazice întru totul fundamentele biologiei. Nu-mi pot imagina o societate, umană sau animală, în care să lipsească sentimentul loialității. Natura în ansamblul ei este construită în jurul distincției dintre endogrup și exogrup, dintre rude și cei de alt neam, dintre prieteni și dușmani. Până și plantele recunosc înrudirea genetică și dezvoltă un sistem de rădăcini mai competitiv dacă sunt crescute în același ghiveci cu o plantă străină, și nu cu o plantă-soră.[37] Nu au existat niciodată în natură indivizi care să țintească în mod nediferențiat spre binele general. Premisa utilitaristă ignoră milioane de ani de legături de familie și de loialitate de grup.

S-ar putea spune că ne-ar fi mai bine dacă am ignora aceste partizanate, că nu ar trebui să ne preocupe cine beneficiază de pe urma comportamentului nostru și cine nu. Ar trebui pur și simplu să fim mai presus de biologie, în numele unei moralități generale desăvârșite. Toate bune și frumoase, până când luăm în considerare reversul problemei, respectiv pierderea devotamentului şi a solidarităţii de grup. „Familia e pe primul loc“ nu e un slogan utilitarist. Dimpotrivă, utilitarismul ne cere să subordonăm interesele familiei binelui comun, perspectivă pe care îmi vine greu s-o accept. Dacă toţi copiii au aceeaşi importanţă pentru oricare dintre noi, atunci cine va mai veghea un copil bolnav toată noaptea, sau cine se va mai preocupa ca el să-şi facă temele? Dacă Valjean ar fi fost utilitarist, nu s-ar mai fi grăbit să ducă pâinea furată acasă. Ar fi putut la fel de bine s-o dea unor copii înfometaţi de pe stradă. Perspectiva utilitaristă ridică nişte întrebări şocante, cum ar fi: de ce să rămân cu soţia mea dacă altă femeie are mai mare nevoie de mine, sau de ce să-mi ajut părinţii dacă alţi bătrâni o duc şi mai rău? În acest spirit, nu ar fi greşit nici să vând secretele militare ale ţării mele, mai ales dacă le-aş vinde unei ţări cu o populaţie mare. Dacă numărul de oameni din ţara străină pe care i-aş face fericiţi ar fi mai mare decât numărul celor pe care i-aş face nefericiţi în propria ţară, aş proceda corect. Dacă compatrioţii mei nu sunt de aceeaşi părere, asta înseamnă că sunt hipersensibili? Tind să cred că nu, din moment ce pentru mine înclinaţia spre loialitate nu este doar un impediment de ordin moral, cum ar considera utilitariştii, ci parte integrantă din însăşi ţesătura noastră morală. Avem aşteptări în acest sens, şi gesturile neloiale ne scandalizează; printre ele, neglijenţa părinţilor, refuzul de a plăti pensie alimentară copilului sau trădarea. Pe cea din urmă o detestăm atât de tare încât o pedepsim cu plutonul de execuţie.

Am participat la o dezbatere publică pe aceste teme cu Peter Singer, un filozof atât de utilitarist încât consideră că nici măcar propria specie nu merită vreun ataşament deosebit.[38] Pentru el, suferinţa şi fericirea oamenilor şi a animalelor intră în aceeaşi ecuaţie, care cuprinde diverse grade de conştiinţă, demnitate şi capacitate de a simţi durerea. Calculele care decurg de aici te lasă perplex. Să fie adevărat că un om e echivalent cu o mie de şoareci? Că o primată valorează mai mult decât un bebeluş cu sindromul Down? Că un pacient cu demență severă nu mai are nici o valoare? După un schimb intens de replici, am sfârșit prin a găsi un punct comun, și anume că oamenii ar trebui să trateze celelalte animale cât mai bine cu putință. Un mesaj de compasiune mi se pare mult mai atractiv decât un calcul rece. Singer a trebuit să recunoască dezavantajele abordării sale atunci când presa a aflat că plătea îngrijitori particulari pentru mama lui, care suferea de o formă avansată de Alzheimer. Întrebat de ce nu a canalizat banii spre oameni care aveau mai mare nevoie de ei, cel puțin conform teoriilor sale, a replicat: „Poate e mai greu decât am crezut, mai ales când e vorba de propria mamă“[39]. Cel mai cunoscut utilitarist din lume a permis astfel devotamentului personal să prevaleze asupra bunăstării colective, atitudine care mie mi se pare perfect îndreptățită.

Acest mic excurs despre cele zece porunci, regula de aur și principiul celei mai mari fericiri ilustrează scepticismul meu față de ideea că ceea ce este permis sau nu din punct de vedere moral ar putea fi condensat în reguli simple, inexpugnabile. Încercările de acest fel urmează aceeași logică „de sus în jos“ a moralității religioase, pe care încercăm să o depășim. Aceasta nu este lipsită de pericole, pentru că ne poate duce pe un drum greșit, acela de a pune principiile înaintea oamenilor. Într-un gest extrem, obsesia pentru norme a fost considerată „iresponsabilă din punct de vedere moral“[40]. Când citești autori precum Kitcher, Churchland și alți filozofi, constați că se prefigurează o mișcare alternativă care caută rădăcinile moralității în biologie, fără să nege însă că detaliile acesteia sunt stabilite de oameni.[41] Aceasta este și poziția mea. Nu cred că urmărindu-i pe cimpanzei sau pe bonobo vom afla ce e bine și ce e rău și nu cred că știința ne poate ajuta în acest sens, dar sunt sigur că ceea ce știm despre lumea naturală ne ajută să înțelegem cum și de ce am ajuns să ne pese unii de alții și să avem obiective morale. Ne mână faptul că supraviețuirea depinde de relațiile bune cu ceilalți și de cât de bine se cooperează într-o societate.

Legile morale sunt simple aproximări, poate metafore, despre cum ar trebui să ne comportăm. Faptul că valorile implicite pot fi internalizate până în punctul în care dobândim o conștiință autonomă e ceva ce, după cum remarca și Kant, ar trebui să ne umple de admirație, căci modul în care se întâmplă acest lucru e încă învăluit în mister.

NIMENI NU IESE DIN RÂND

Permiteți-mi să închei cu încă două povești care ilustrează perfect moralitatea unu la unu și grija pe care rudele noastre apropiate o manifestă pentru comunitate. Nu susțin că primatele sunt morale în sensul în care suntem noi, oamenii, ci că regăsim la ele aceste două ingrediente esențiale. Prima poveste continuă remarca mea anterioară despre faptul că bonobo își amintesc exact unde au mușcat pe cineva și arată îngrijorare, poate chiar regret, în legătură cu fapta lor. Nu vorbim însă de un incident între primate, ci de interacțiunea cu o doctoriță veterinară de la Milwaukee County Zoo. Pe vremea când locuiam în Wisconsin, cu zeci de ani în urmă, mergeam des să observ exemplarele bonobo de-acolo. Am văzut la ele expresii remarcabile ale empatiei, mai ales la masculul lor alfa, Lody. De exemplu, se purta foarte protector cu o femelă în vârstă, Kitty. Și oarbă, și surdă, Kitty risca să se piardă într-o clădire plină de uși și tuneluri. Dimineața, Lody o îndruma cu blândețe până la locul ei însorit preferat, afară, pe iarbă, iar la sfârșitul zilei o trezea ca s-o conducă înapoi înăuntru, luând-o de mână. Dacă Kitty făcea un atac de epilepsie, Lody refuza să se miște de lângă ea.[42]

Lody și-a arătat însă și latura complet lipsită de empatie, retezându-i degetul veterinarei când aceasta îi dădea vitamine. Veterinara a încercat să-și tragă mâna, dar el și-a înfipt colții adânc. Când a auzit un pocnet, Lody a ridicat privirea, aparent mirat; a dat drumul mâinii, dar smulsese deja un deget. La spital, doctorii nu au reușit să-l coasă la loc. Câteva zile mai târziu, doctorița a vizitat din nou grădina zoologică și, observându-l pe Lody, și-a ridicat mâna stângă bandajată și a spus: „Lody, băiete, știi ce mi-ai făcut?" Lody a privit spre mână, apoi s-a dus în cel mai îndepărtat colț al țarcului, unde a stat cu capul în jos și s-a îmbrățișat singur.

În anii următori, veterinara s-a mutat și nu a mai trecut pe acolo decât rar, până când, după cincisprezece ani de la incident, le-a făcut o vizită neanunțată. Întrucât se afla într-un grup de vizitatori, Lody ar fi putut foarte bine s-o ignore, în schimb a venit imediat alergând spre ea. A încercat să-i vadă mâna care era ascunsă sub balustradă, inaccesibilă privirii lui. Se tot uita spre stânga, căutând să vadă mâna pe care o mușcase, până când veterinara i-a arătat-o. S-a uitat direct la mâna fără un deget, la fața ei, apoi din nou la mână. „Știa", a conchis aceasta, lăsând să se înțeleagă că bonobo sunt conștienți de consecințele faptelor lor. Și eu am aceeași părere, care este însă greu de dovedit, întrucât nimeni nu face experimente pe un interval de cincisprezece ani. Dacă e într-adevăr așa, atunci e limpede cât de mult le pasă acestor primate de relațiile pe care le stabilesc, demonstrând un tip de grijă care se află la baza tendințelor morale umane.

A doua întâmplare a avut loc la Grădina Zoologică din Arnhem, pe vremea când încă lucram acolo. Într-o seară caldă, am chemat cimpanzeii înăuntru. Dar, pentru că afară era o vreme superbă, două femele adolescente au refuzat să intre. Le plăcea să fie doar ele pe insulă. Regula îngrijitorilor era că nici o primată nu primea de mâncare până nu erau toate înăuntru, astfel că cele două femele și-au atras mânia celorlalți. Când au intrat în sfârșit, după câteva ore, au fost culcate separat tocmai ca să se evite incidentele. A doua zi de dimineață, când noi toți uitaserăm de cele întâmplate, cimpanzeii au arătat că ei nu uitaseră, ba dimpotrivă. După ce au ieșit cu toții afară, întreaga colonie și-a descărcat frustrarea fugărindu-le pe cele două vinovate și pedepsindu-le fizic. Într-adevăr, regula încălcată era impusă de oameni, și poate tocmai de aceea ne-a fost mai ușor să ne dăm seama că a fost respectată. Cimpanzeii păreau să fi înțeles că era mai bine ca toată lumea să se supună regulilor.

În seara aceea, cele două adolescente au intrat primele în adăpost.

Capitolul 7

GOLUL LĂSAT DE MOARTEA LUI DUMNEZEU

Dacă Dumnezeu nu ar exista, ar trebui inventat.

— Voltaire[1]

E o ironie faptul că unul dintre cei mai puțin empatici oameni din istorie, Mobutu Sese Seko, este cel care a conservat jungla în care zburdă acum primatele bonobo, în singurul sanctuar din lume dedicat lor. Este vorba de ultima porțiune de junglă din capitala țării, Kinsasha. În Lola Ya Bonobo („Paradisul Bonobo“, în limba lingala), un număr mare de primate locuiesc pe domeniul cu o vegetație luxuriantă al fostei reședințe de weekend a dictatorului congolez. Chiar aici, bărbatul cu șapcă de leopard care a stors undeva între cinci până la zece milioane de dolari de la această națiune săracă se ospăta cu delicatese aduse cu avionul din Europa, în timp ce punea la cale execuțiile publice prin spânzurare ale rivalilor săi.

Republica Democrată Congo (RDC) este o țară imensă – de mărimea Europei de Vest –, al cărei teritoriu cuprinde habitatul natural al primatelor bonobo. Specia este foarte amenințată însă, estimându-se că au mai rămas între 5.000 și 50.000 de exemplare. Chiar și numărul maxim reprezintă mai puțin decât numărul de locuri dintr-un stadion de mărime obișnuită. Din păcate, bonobo sălbatici sunt omorâți pentru carne, iar puii care se agață de victime sunt ținuți în viață pentru că valorează mii de dolari pe piața neagră. Comerțul cu bonobo e ilegal însă, iar puii de primate sunt confiscați și aduși lui Claudine André, fondatoarea și directoarea belgiană a sanctuarului. La Lola, orfanii sunt crescuţi de *mamans*, localnice care au grijă de ei şi-i hrănesc cu biberonul. După câţiva ani, puii se alătură grupurilor din pădure care hoinăresc în voie, dar rămân dependente de mâncarea oferită de oameni. Aici ne desfăşurăm experimentele despre empatie, pentru că ne putem apropia mult mai mult de aceste primate decât de cele din sălbăticie. Cercetătorii de pe teren se consideră norocoşi dacă îi pot vedea în mod regulat pe acei bonobo pe care-i studiază, observaţia continuă fiind aproape imposibilă din cauza frunzişului des.

Una dintre colegele mele, Zanna Clay, aşteaptă răbdătoare să izbucnească conflicte spontane între bonobo şi le înregistrează video pentru ca apoi să analizăm consecinţele. În mod inevitabil, aceste incidente înseamnă stres pentru una, dacă nu pentru ambele părţi. Cum reacţionează cei de pe margine? Îl consolează pe învins prin intermediul frecării genito-genitale, printr-o montă rapidă sau printr-un masaj manual în zona genitală. Ceea ce cimpanzeii fac prin atingeri platonice la bonobo necesită contact sexual. Principiul este însă acelaşi la ambele specii: primatele îşi alină reciproc starea de anxietate. Este o reacţie emoţională atât de fundamentală că am observat-o şi la orfanii de la creşă, care aproape că nu au nici un model social pe care să-l copieze. Şi ei apelează de multe ori la contactul sexual.

În alte situaţii, bonobo au un comportament asemănător cu al cimpanzeilor, îmbrăţişându-se şi toaletându-se între ei. Să luăm, spre exemplu, întoarcerea lui Makali, un mascul adult care fusese muşcat rău de mână în timpul unui atac colectiv. După incident, Makali s-a ascuns de ceilalţi mai multe nopţi la rând, petrecându-şi timpul în pădure în loc să se alăture grupului la locurile lor de dormit. Când şi-a făcut într-un final apariţia, s-a furişat într-un grup care se relaxa într-o zonă umbroasă. A fost imediat înconjurat de pui curioşi. Unii păreau să imite modul ciudat în care-şi ţinea membrul cu rana infectată. Au încercat să pună mâna pe rană, dar Makali s-a ferit de mâinile lor mici şi avide. Cu o expresie îndurerată pe faţă, şi-a ridicat degetul rănit, cu încheietura îndoită în jos. Adulții s-au dovedit mai plini de tact, inițiind contactul prin toaletare. Primul venit a fost unul dintre masculii dominanți, care l-a pupat pe gât; apoi una dintre femele l-a toaletat. Dacă puii s-au apropiat de el în ceată, adulții și-au așteptat rândul, venind unul câte unul. Prima care s-a ocupat de rană a fost femela alfa, Maya. L-a toaletat scurt, apoi i-a luat mâna și, cu grijă, i-a lins rana deschisă. Iar el a lăsat-o. Prin acest gest se pare că masculul a fost reprimit în grup, moment urmat de intrarea în scenă a unuia dintre principalii săi atacatori. În mod normal, Makali și acest mascul aveau o relație conflictuală. Dar, după ce i-a privit fix rana, masculul l-a toaletat pe Makali, lucru nemaivăzut până atunci.[2]

Acestea sunt cicluri de dragoste și ură normale în viața socială. Regăsim alternanța conflict–împăcare și în familiile și în căsătoriile oamenilor, precum și la orice grup obișnuit de primate. E bine de reținut însă că acești bonobo nu sunt nici pe departe tipici. Au suferit abuzuri inimaginabile din partea oamenilor, și-au pierdut la vârste foarte fragede mamele, ucise de capcanele sau de gloanțele braconierilor. Faptul că sunt capabili să se împace după bătăi și să-și consoleze tovarășii supărați e cu adevărat remarcabil. Zanna a observat că bonobo născuți în grupurile de la Lola (primatele sunt libere să se reproducă, iar unele dintre orfane devin mame) se pricep mult mai bine la soluționarea conflictelor și au o înclinație mult mai pronunțată spre compasiune decât alți orfani. Avantajul de a fi fost crescuți de mamele lor se potrivește cu ce știm despre echilibrul emoțional la oameni. Orfanii români, de exemplu, rămân traumatizați pe viață. De aceea e uimitor că orfanii de la Lola au reușit să-și construiască o viață socială acceptabilă împreună. Este o dovadă a rezistenței lor și a îngrijirii umane deosebite de care au avut parte. După ce au pierdut totul din cauza vânătorilor, au fost hrăniți și alintați de oameni, care le-au devenit mame substitut. Au fost nevoiți, prin urmare, să facă deosebirea între două tipuri de comportament total opuse ale acestei primate bipede, capabilă deopotrivă de mare cruzime și de mare bunătate. E o lecție derutantă, pe care acești bonobo au învățat-o devreme în viață.

Din cauză că au crescut la creșă, bonobo rămân fascinați de biberoane și le folosesc pentru a-și dovedi empatia. O femelă adultă ia o sticlă de plastic goală, o umple cu apă tulbure din râu și se așază în fața a doi pui, unul fiind al ei. Apoi duce cu grijă sticla la gura unuia din pui și o înclină astfel încât apa să curgă printre buzele lui țuguiate și să se strângă în buza de jos. După ce i-a umplut gura cu apă, femela îndreaptă puțin sticla, fără să i-o ia de la gură, și așteaptă să înghită. Îi mai dă niște apă, iar apoi se întoarce spre celălalt pui, care-și țuguie buzele, știind că e rândul lui. Femela îi duce sticla la gură și o ia de la capăt. N-am mai văzut o asemenea procedură, plină de atenție blândă față de capacitatea celuilalt de-a înghiți, la nici o altă primată. S-ar putea ca femela să joace rolul uneia dintre *mamans*, iar puii să i se alăture în joc.

Din moment ce râul e chiar lângă ei, nu poate fi vorba de sete.

VIAȚĂ ȘI MOARTE

Se crede adesea că religia a apărut atunci când oamenii au înțeles că vor muri. Când vorbim despre sentimentul mortalității, ne punem negreșit întrebarea dacă noi, oamenii, suntem singurii care înțelegem iminența morții. Nu am un răspuns tranșant; pot spune însă că nu avem motive să presupunem că rudele noastre primatele n-ar fi conștiente de mortalitatea altora. Cum am văzut în cazul orfanilor de la Lola, primatele sunt familiare cu moartea și cu sentimentul pierderii. Uneori sunt chiar ele ucigașii, așa cum s-a întâmplat în ziua în care bonobo au răpus o *bitis gabonica*, o viperă deosebit de veninoasă. Șarpele a stârnit panică: toată lumea sărea înapoi la fiecare mișcare a sa. Precauți, îl loveau cu un băț, apoi Maya l-a aruncat în aer și l-a izbit de pământ. În mod uimitor, după ce șarpele a fost omorât, nimeni nu a dat semne că s-ar aștepta să învie. Mortul e mort. Puii i-au târât corpul fără viață și s-au jucat cu el, punându-și-l pe după gât sau chiar desfăcându-i gura ca să-i vadă colții veninoși uriași.

Scena mi-a amintit de o vânătoare a cimpanzeilor la care am asistat mai demult. Urmărind primatele prin munții Mahale, în Tanzania, am auzit dintr-odată ceva mișcându-se sus, în frunzișul copacilor. Cimpanzeii emit un țipăt anume atunci când prind prada. Aceste vocalizări indică limpede disponibilitatea lor de-a împărți carnea, altfel ar păstra tăcerea. Țipetele au atras multe animale. Mai mulți masculi prinseseră o maimuță Colobus roșie, genul de pradă pe care cimpanzeii nu prea reușesc s-o prindă singuri. De obicei, e nevoie de o echipă. Când m-am uitat în sus, printre crengi și frunze, am văzut că vânătorii mâncau din maimuța încă vie. Din cauză că nu sunt „prădători" profesioniști, cimpanzeii nu și-au dezvoltat tehnici eficiente de ucidere a prăzii, precum felinele, și – ca și în cazul oamenilor – felul în care se comportă cu prada nu e deloc empatic. Mulți cimpanzei s-au adunat gata să primească hrana, inclusiv femele cu vulvele umflate, care de obicei au prioritate. Totul s-a petrecut într-un haos asurzitor, dar toată lumea s-a ales cu o bucată de carne de maimuță. A doua zi, am observat o femelă cimpanzeu care-și ducea puiul în spate. Fiica ei se distra de minune legănând ceva pufos, care s-a dovedit că-i aparținuse nefericitei maimuțe. Coada unei primate e jucăria alteia.

Într-o dimineață, Geza Teleki a urmărit un grup de cimpanzei, după ce a auzit o serie de vocalizări răgușite în depărtare. Șase masculi alergau înnebuniți în poziție de atac, iar strigătele lor „raaaa" se loveau cu ecou de pereții văii. Într-un mic făgaș format de apă, zăcea nemișcat corpul lui Rix, întins pe pietre. Teleki nu văzuse cimpanzeul căzând, dar și-a dat seama că asista la reacția cimpanzeilor care vedeau pentru prima oară trupul celui care se prăbușise și-și frânsese gâtul. Mai mulți cimpanzei s-au oprit să se uite la cadavrul lui Rix, apoi au rupt-o la fugă, îndepărtându-se și aruncând cu pietre în stânga și-n dreapta. În mijlocul agitației, cimpanzeii se îmbrățișau, se urcau unul pe altul, se atingeau și se liniștea u reciproc lovindu-se ușor cu mâinile, în timp ce pe fețe aveau rânjete largi, intimidate. Mai târziu, au petrecut o bună bucată de vreme studiind cu atenție trupul. Un mascul s-a lăsat în jos de pe o creangă, s-a uitat la corp și a scâncit. Alții i-au atins sau i-au mirosit rămășițele lui Rix. O adolescentă s-a uitat fix la el timp de mai bine de-o oră, nemișcată și tăcută. După trei ore de activități, unul dintre masculii mai în vârstă a părăsit luminișul, luând-o în josul râului. Alții l-au urmat, unul câte unul, privind peste umăr din când în când la cadavrul pe care îl lăsau în urmă.[3]

Există din ce în ce mai multe relatări privind reacțiile primatelor față de moarte. În 2009, a devenit foarte populară pe

Dorothy, o femelă cimpanzeu în vârstă de treizeci de ani, a murit de insuficiență cardiacă la un sanctuar din Camerun. Personalul a adus-o într-o roabă pentru a fi văzută de restul comunității. Cimpanzeii, în mod normal gălăgioși, s-au adunat în jurul ei, o priveau fix și se țineau unii de alții. Au rămas tăcuți, așa cum fac de obicei oamenii la înmormântări.

Internet o fotografie care o înfățișa pe Dorothy fără viață, înconjurată de comunitatea din sanctuar, care o privea foarte atentă (dar ciudat de tăcută). În Blair Drummond Safari Park, din Scoția, moartea unei femele în vârstă, Pansy, a fost analizată îndeaproape după o înregistrare video. În cele zece minute dinainte să moară, ceilalți au toaletat-o sau au mângâiat-o pe Pansy de zeci de ori, iar fiica ei adultă a stat lângă ea toată noaptea. Reacțiile declanșate de moartea ei au fost foarte variate: unii cimpanzei i-au verificat gura și membrele, poate ca să se asigure dacă mai respiră sau dacă ar mai putea merge, iar un mascul chiar a lovit-o. Acest tip de comportament a mai fost observat și în alte cazuri de deces. Pare insensibil, dar ar putea fi o încercare de a-l trezi pe cel mort. Comportamentul primatelor e deseori o combinație între frustrarea legată de lipsa reacției și încercarea de a provoca o reacție. Cei mai mulți dintre cei prezenți sunt însă abătuți, ca și cum ar înțelege că s-a întâmplat ceva groaznic. Din observațiile legate de ultimele ore ale lui Pansy, cercetătorii au conchis că „cimpanzeii înțeleg mai bine realitatea morții decât s-a crezut până acum"[4].

La Grădina Zoologică din Arnhem, o adolescentă cimpanzeu, Oortje, a căzut într-o zi din picioare și a murit. O știam pe Oortje ca pe o fire veselă, jucăușă și blândă, cu urechile clăpăuge (numele ei înseamnă „urechiușă"). În ultimele săptămâni însă, fusese foarte tăcută și începuse să tușească. Starea ei s-a deteriorat rapid în ciuda antibioticelor. Colonia locuia în adăpostul de iarnă și era împărțită în două grupuri care se auzeau, dar nu se vedeau între ele. Pe la mijlocul zilei, o femelă adultă a fost văzută uitându-se în ochii lui Oortje, de foarte aproape. Fără vreun motiv aparent, femela respectivă a izbucnit în țipete isterice, lovindu-se singură cu mișcări spasmodice ale brațelor, cum fac de obicei cimpanzeii când se simt frustrați. Femela părea foarte supărată de ceva ce văzuse în ochii lui Oortje. Adolescenta bolnavă, care până atunci păstrase tăcerea, a scos la rândul ei un țipăt slab, apoi a încercat să se întindă, a căzut de pe bușteanul pe care stătuse până atunci și a rămas nemișcată pe jos. O femelă din cealaltă încăpere a emis țipete asemănătoare cu ale celei dintâi, deși nu avea cum să fi văzut ce se întâmplase. După aceea, cei douăzeci și cinci de cimpanzei din clădire au amuțit. La autopsie, s-a dovedit că inima și abdomenul lui Oortje fuseseră grav infectate.

În general, din modul în care reacționează la moartea celor apropiați se vede că primatelor le e greu să renunțe la cei plecați (mamele își poartă puii morți timp de săptămâni întregi, până când trupurile li se usucă și se mumifică), verifică cadavrul, încearcă să-l învie și au un aer trist. Par să-și dea seama că trecerea de la viață la moarte e ireversibilă. Unele reacții seamănă cu gesturile pe care le fac oamenii în astfel de situații: mângâie, spală, ung și toaletează corpurile înainte de a le îngropa. Oamenii merg și mai departe atunci când pun în mormânt lucruri care să-i servească mortului în „călătorie"; faraonii egipteni, de exemplu, aveau mormintele doldora de mâncare, vin și bere, câini de vânătoare, pisici, babuini de companie și chiar de corăbii în mărime naturală. Oamenii văd adesea moartea ca pe o continuare a vieții. Nu avem dovezi că și alte animale ar avea aceeași percepție.

Primatele par însă să-și facă griji în legătură cu posibila moarte a altora. Când cad în capcane puse de braconieri pentru porci sălbatici și antilope de pădure, bonobo reușesc de obicei să se elibereze, dar numărul mare de bonobo sălbatici cu degete sau mâini lipsă ne arată că nu scapă întotdeauna așa de ușor. După ce au auzit niște țipete neașteptate în mlaștina din pădure, cercetătorii au găsit un mascul, Malusu, stând pe vine cu mâna prinsă într-o capcană de metal, târând după el un copac tânăr de care fusese legată capcana. Din cauza copacului, nu putea să meargă. Alți bonobo au scos capcana din încrengătura de liane și au încercat să-i elibereze mâna. Dar n-au reușit, așa că l-au lăsat în urmă și s-au dus în partea uscată de pădure, unde le era culcușul pentru noapte. A doua zi de dimineață, acești bonobo au făcut ceva nemaivăzut până atunci: s-au întors vreo doi kilometri exact la locul unde-l lăsaseră pe Malusu. Când au ajuns acolo, au încetinit și au început să caute în jur. Dat fiind că știu cum funcționează capcanele, s-ar putea să fi făcut legătura cu absența unui membru al grupului. Nu au reușit să-l găsească pe Malusu, dar o lună mai târziu acesta li s-a alăturat din nou. Deși mâna nu i s-a vindecat niciodată complet, a supraviețuit încercării.[5]

Nu cred că ne hazardăm afirmând că primatele știu ce e moartea, mai precis că înțeleg că e o stare permanentă opusă vieții. Același lucru s-ar putea să fie valabil și în cazul altor animale, cum ar fi elefanții, care ridică cu trompa fildeșii și oasele unui membru mort al turmei, le țin o vreme și apoi le trec de la unul la altul. Unele pahiderme se întorc ani la rândul în locul în care le-a murit o rudă, doar ca să atingă și să inspecteze rămășițele. Oare le e dor de cei morți? Oare își amintesc cum era cel mort în timpul vieții? Chiar dacă nu vom putea niciodată să răspundem la aceste întrebări, e cert faptul că nu suntem singurii fascinați și intimidați de moarte.

Am făcut odată un test ca să vedem în ce măsură înțeleg cimpanzeii de la Arnhem permanența morții, arătându-le înregistrări cu foștii lor prieteni și rivali. *The Family of Chimps* e un documentar minunat, care a surprins personalitatea și inteligența primatelor ca niciodată până atunci. A fost un succes de televiziune peste tot în lume.[6] Plecasem din Olanda înainte ca filmul să fie gata și prima dată l-am urmărit cu lacrimi în ochi datorită atenției iubitoare cu care îi prezenta pe toți vechii mei prieteni. În film, Nikkie apare încă în rolul de mascul alfa al coloniei; în anii care au urmat însă, doi masculi s-au coalizat împotriva lui. Nikkie trebuie să fi fost mai speriat ca oricând, pentru că, într-o dimineață, auzind țipete și urlete sacadate în spatele lui, a luat-o la fugă, a ieșit din clădire și a căzut în șanțul cu apă care împrejmuia insula. Cu un an în urmă, Nikkie reușise să traverseze șanțul pentru că apa era înghețată. Poate s-a gândit că va repeta isprava. Însă de data aceasta s-a înecat. Ziarele au catalogat cazul drept „sinucidere“, dar cel mai probabil a fost un atac de panică cu urmări fatale.

După moartea lui Nikkie, apropierea dintre cei doi masculi s-a transformat, în mod previzibil, în rivalitate. Dandy a devenit noul mascul alfa, dar fantoma lui Nikkie continua să bântuie, după cum s-a văzut din reacția coloniei la vizionarea filmului *The Family of Chimps*. Într-o seară, la mai bine de doi ani după ce filmul fusese terminat, încăperea pentru iernat a fost transformată în cinema. Filmul a fost proiectat în întuneric, pe un perete alb. Primatele l-au urmărit în tăcere, unele dintre ele, cu părul zbârlit. Când, în film, una dintre femele a fost atacată de niște masculi puberi, s-au auzit câteva lătrături indignate, dar nu era clar dacă primatele îi recunoscuseră pe protagoniști. Asta până când a apărut pe ecran Nikkie, în toată splendoarea lui. Dandy și-a dezvelit dinții și a fugit țipând spre masculul care-l susținuse împotriva lui Nikkie, sărindu-i în poală. Cei doi masculi s-au îmbrățișat cu rânjete largi, intimidate pe față.

Reapariția lui Nikkie le reanimase parteneriatul.

DANSÂND ÎN PLOAIE

Ipotezele despre originile religiei sunt câtă frunză și iarbă. Teama de moarte e doar una dintre ele; mai sunt multe altele. Conform uneia dintre teorii, care pare inventată la cârciumă, la baza religiei s-ar afla beția. Vinul și berea au fost în mod tradițional considerate tonice pentru trup, dar și pentru imaginație. Într-un gest de grandomanie tipică bețivilor, strămoșii noștri ar fi început să se creadă invincibili și să privească dincolo de existența lor imediată. Această asociere cu stările de conștiință alterate e încă vizibilă în rolul pe care-l dețin băuturile „spirtoase“* (cuvântul în sine spune totul!) în cadrul ritualurilor

---

* În engleză, „*spirits*“, însemnând și „spirite“, „duhuri“ (n. tr.).

religioase, de exemplu în cultul grecesc al lui Dionysos, în liturghia catolică, în care vinul este sângele lui Hristos, sau în *Kiddush*, o rugăciune iudaică care se rostește înainte de a bea: „Binecuvântat ești Tu, Dumnezeul nostru, făcător al fructului viței-de-vie". Vinul este menționat de 231 de ori în Biblia King James și joacă un rol central în multe religii datorită proprietății sale miraculoase de a dezinhiba spiritul uman.

Calitățile benefice pentru sănătate ale băuturilor fermentate, și grija pentru condiția noastră fizică în general, au fost fără îndoială prezente în primele manifestări religioase. În lipsa unor remedii eficiente, oricine putea muri de la o banală infecție. Oamenii s-au îndreptat spre religie pentru a-și găsi alinarea și vindecarea. Și s-ar putea să nu se fi înșelat, dată fiind legătura epidemiologică clar dovedită între religiozitate și starea de sănătate.[7] Religia pare să promoveze o stare bună a trupului și a minții. Mă voi grăbi însă să adaug că nimeni nu știe exact cum. Chiar dacă multe religii reglementează regimul alimentar, consumul de droguri, căsnicia și igiena, nu acesta pare să fie motivul. Cercetările sugerează în schimb că efectul benefic ar avea legătură cu mersul la biserică, prin urmare cu dimensiunea socială a credinței. Se știe foarte bine că legăturile sociale strânse întăresc sistemul imunitar, iar mersul la biserică ajută sigur în acest sens. Dacă e așa, s-ar putea să nu fie religiozitatea în sine cea care protejează de boală, ci mai degrabă contactul uman. S-ar putea foarte bine ca și membrii unui club de lectură sau ai unei societăți ornitologice să beneficieze de aceleași avantaje. Și totuși bisericile antrenează un angajament colectiv mai puternic, care se adaugă sentimentului de apartenență. Émile Durkheim, părintele fondator al sociologiei franceze, a subliniat faptul că ritualurile colective, muzica sacră și cântatul la unison fac din practica religioasă o experiență de apropiere irezistibilă. Alții au afirmat că Dumnezeu ar fi o figură a atașamentului, care oferă siguranță și mângâiere în momentele de restriște. În plus, multe religii includ și figuri feminine cu o expresie a feței blândă și iertătoare. Aceste surse materne de alinare – de la Maria creștină la Demetra grecilor și la Guanyin a chinezilor – au menirea de a ne mai ușura povara suferinței, la fel cum fac mamele cu copiii lor.

Dar poveștile despre originile religiei nu se opresc aici. Mai intră-n joc și admirația mută și uimirea produse de evenimente naturale pe care nu le putem controla. Nu suntem însă singurii care simțim asta, după cum arată demonstrațiile de forță ale cimpanzeilor în apropierea cascadelor sau în timpul ploilor torențiale. Prima dată când am asistat la o astfel de manifestare, nu mi-a venit să-mi cred ochilor. Cimpanzeii de la Grădina Zoologică din Arnhem stăteau amărâți, cu „mutrele de ploaie" (o expresie de dezgust, cu sprâncenele lăsate în jos și cu buza inferioară în afară), sub copacii cei mai înalți, încercând să se ude cât mai puțin. Când ploaia s-a întețit și a ajuns sub copaci, doi masculi adulți s-au ridicat, cu părul zbârlit, și au început o demonstrație pe care am numit-o „mersul țanțoș în două picioare" (ceea ce, ne putem imagina, îi făcea să semene cu niște gangsteri). Umblând de colo-colo, cu pași mari, ritmici, legănați, s-au udat până la piele. Doar când ploaia s-a mai domolit s-au așezat la loc. După ce am asistat de mai multe ori la acest comportament, numele de „dans al ploii" mi s-a părut îndreptățit. Jane Goodall a descris un cimpanzeu mascul făcând ceva asemănător în apropierea unei cascade urlătoare:

> Pe măsură ce se apropie și urletul apei în cădere se aude din ce în ce mai tare, grăbește ritmul, părul i se zbârlește complet, iar când ajunge lângă cursul apei face uneori o demonstrație magnifică, aproape de baza cascadei. În două picioare, cu spatele drept, se leagănă ritmic de pe un picior pe altul, călcând cu forță în apa puțin adâncă și repede curgătoare, aruncând cu pietre mari. Uneori se agață de lianele subțiri care atârnă de sus din copaci și se leagănă până la perdeaua de stropi fini de apă. Acest „dans al cascadei" poate dura între zece și cincisprezece minute.[8]

Goodall a mers mai departe și s-a întrebat dacă aceste demonstrații s-ar putea transforma în ritualul unei religii animiste și ce s-ar întâmpla dacă cimpanzeii și-ar putea împărtăși între ei aceste sentimente. Ar ajunge astfel la un cult colectiv al forțelor naturii? O cu totul altă interpretare a aceluiași comportament este că, dintr-un motiv necunoscut, primatele cred că pot influența natura. Poate că după ce s-a întâmplat odată să se oprească ploaia în timpul unei demonstrații de forță s-a înfiripat credința superstițioasă că, dacă se străduiesc suficient de tare, pot curma precipitațiile. Cei care consideră aceste asocieri eronate semn de prostie e bine să știe că, atunci când vorbim de cea mai superstițioasă dintre primate, nu vorbim de cimpanzei.

Cimpanzeii tineri sunt mai deștepți decât copiii. Cel puțin aceasta a fost concluzia șocantă a unui experiment în care oamenii de știință le-au arătat aceeași procedură simplă și cimpanzeilor, și copiilor. Un cercetător a introdus un băț în mai multe găuri dintr-o cutie mare de plastic, înfigându-l într-o ordine anume, până când începeau să cadă bomboane. Numai o gaură era importantă însă, restul neavând vreo legătură cu bomboanele. Dacă cutia era din plastic negru, nu se vedea că unele găuri n-aveau nici un rol. În cazul unei cutii transparente, pe de altă parte, se vedea clar de unde veneau bomboanele. Când a venit momentul să acționeze, cimpanzeii au imitat mișcările corecte, ignorând toate găurile fără rol, cel puțin când cutia era transparentă. Fuseseră foarte atenți. Copiii, în schimb, au imitat tot ce a făcut cercetătorul, inclusiv mișcările inutile. Au făcut la fel și când li s-a dat cutia transparentă, abordând problema mai degrabă ca pe un ritual magic decât ca pe o sarcină cu un scop clar, așa cum făcuseră primatele.[9]

Specia noastră este incredibil de superstițioasă; a dezvoltat o sumedenie de obiceiuri neadecvate unui animal rațional. Batem în lemn de câte ori vrem să nu sfidăm soarta, purtăm un tricou ponosit ca să ne poarte noroc la meciurile echipei favorite, unii jucători de fotbal nu intră pe teren dacă nu au lenjeria intimă pe dos, iar jucătorii de baseball îndeplinesc zeci de ritualuri înainte să pună măcar mâna pe bâtă. Turk Wendell mesteca întotdeauna patru bucăți de lemn-dulce când era la aruncarea mingii.

La sfârşitul fiecărui tur, le scuipa şi nu se întorcea să joace decât după ce se spălase pe dinţi. Avem o sensibilitate şi faţă de numere. Chinezii evită sistematic cifra 4, iar occidentalii se tem de numărul 13. Când am venit în Statele Unite, am fost uimit să constat că etajul 13 era omis în clădiri, dar acum m-am obişnuit aşa de tare, încât am fost şocat de tendinţa opusă, când, aflat recent pe o ambarcaţiune de croazieră olandeză de mari dimensiuni, mi s-a recomandat barca de salvare numărul 13, pentru mai multă siguranţă. Compozitorul Arnold Schönberg avea o formă atât de gravă de triskaidekafobie, încât e posibil să fi murit de la ea. Era îngrozit de multiplii lui 13, astfel că, chiar înainte de a împlini şaizeci şi şapte de ani, un prieten i-a atras atenţia că numerele se pot şi aduna. Doar de-asta avem prieteni, nu? După ce şi-a petrecut întreaga zi în pat, Schönberg aproape că supravieţuise zilei lui de naştere, dar la ora 24 fără un sfert, în noaptea de 13 iulie 1951, inima lui a încetat să mai bată. Şi mai era şi vineri pe deasupra!

Unele pisici domestice cred că dacă zgârie canapeaua li se va da de mâncare, iar unii câini se-nvârt în cerc în bucătărie pentru că altă dată au primit mâncare în timp ce făceau asta. Animalele fac şi asocieri negative. Una dintre pisicile noastre, Loeke, a suferit o intervenţie chirurgicală în zona anusului, iar defecaţia a devenit atât de dureroasă pentru ea, încât a început „să dea vina“ pe litieră. Nu se apropia de cutie decât dacă nu se mai putea ţine, aproape o pândea, apoi intra şi ieşea din ea foarte repede, de parcă s-ar fi aşteptat să-l atace. Am fost foarte răbdători şi am curăţat după el timp de jumătate de an, aşteptând să-i treacă fobia. Astfel de asocieri eronate au fost etichetate drept „superstiţii“ de B.F. Skinner. În cadrul experimentelor cu porumbei, a folosit un dispozitiv care distribuia mâncare de păsări la intervale regulate, fără vreo legătură cu comportamentul porumbeilor. În mod spontan, aceştia au început să facă legătura între apariţia mâncării şi acţiunile pe care le făcuseră înainte, astfel încât, în scurt timp, o parte dintre ei au început să se-nvârtă în cerc pe loc, iar alţii să-şi împingă capul mereu în acelaşi colţ al coliviei. E discutabil însă dacă acest gen de comportament e comparabil cu superstițiile umane.

Uneori importanța pe care o acordăm superstițiilor ne încetinește progresul. Un exemplu clasic e paratrăsnetul lui Benjamin Franklin, unul dintre părinții fondatori ai Statelor Unite ale Americii, care a folosit mai întâi un zmeu ca să demonstreze că trăsnetul e de fapt electricitate, iar apoi a inventat un mod de a conduce energia în pământ, pentru a evita pagubele. Cum turlele bisericilor erau adesea lovite de trăsnet, locul ideal pentru noua invenție era în vârful lor. Dar atenția acordată de Franklin bisericilor a intrat în contradicție cu ideea trăsnetului ca semn al nemulțumirii lui Dumnezeu. Montarea paratrăsnetului pe casa lui Dumnezeu era echivalent cu o sfidare. *Stealing God's Thunder* (*Furând trăsnetul Domnului*) este titlul foarte nimerit al unei cărți despre Franklin.[10] Paratrăsnetul s-a dovedit foarte eficient însă. În jurul Bostonului, unde fuseseră montate majoritatea, au fost distruse mai puține biserici decât oriunde altundeva. Cu toate acestea, pentru unii era un sacrilegiu să cauți să te ferești de pedeapsa divină. În 1755, când Massachusetts a fost afectat de un cutremur puternic, un pastor l-a acuzat pe Franklin că atrăsese urgia prin aroganța lui eretică.

Superstiția, ca și religia și credința în Dumnezeu, estompează granița dintre realitate și imaginație. La un anumit nivel, existența lui Dumnezeu este o certitudine absolută pentru mulți, dar la un alt nivel rămâne subiect de critică. Religia înseamnă credință tocmai pentru că presupune să ai încredere în lucruri nevăzute. Noi, oamenii, ne dăm în vânt după asta, după cum s-a văzut în experimentul cu bățul și cutia cu bomboane de mai sus. În timp ce primatele au interpretat pragmatic ce aveau de făcut, ignorând mișcările inutile, copiii au avut încredere în experimentator, copiindu-i fiecare gest. Au atribuit procedurii o semnificație misterioasă. În mod previzibil, psihologii n-au fost mulțumiți de rezultatele experimentului, care sugerau că primatele s-au comportat mai rațional. S-au grăbit să vorbească despre „supraimitație“ în cazul copiilor, pe care o vedeau ca pe ceva pozitiv. De fapt, era chiar grozav! Dat fiind că adulții știu mai multe, copiii trebuie să-i copieze fără să pună întrebări. Credința oarbă, a fost concluzia, este strategia mai rațională.

Asta nu înseamnă că rudele noastre primatele nu sunt capabile de imaginație și simulare. Există astfel de relatări despre primate crescute de oameni, de exemplu Washoe, care își spăla cu grijă păpușa, și o altă primată, Viki, care se prefăcea că trage după ea o jucărie imaginară de o ață imaginară pe care o desprindea dacă „se încurca“ în ceva. Am menționat deja femela bonobo care hrănea puii cu un biberon, deși nu era nevoie, imaginându-și poate că era una dintre *mamans*. Cimpanzeii sălbatici au fost observați îngrijind pui imaginari. Richard Wrangham l-a urmărit pe un cimpanzeu tânăr de doar șase ani, Kakama, care purta și legăna în brațe un mic buștean ca și cum ar fi fost un pui nou-născut. Kakama a făcut așa multe ore la rând, ba chiar o dată a construit și un culcuș într-un copac și a pus bușteanul cu grijă în el. Cercetătorul aflat pe teren s-a abținut să tragă concluzii pe baza a ceea ce văzuse, dar a recunoscut în cele din urmă că era vorba de un mascul tânăr care se juca cu o păpușă. Se poate ca cimpanzeul să fi anticipat nașterea unui frate sau a unei surori, dat fiind că mama lui era gestantă la momentul respectiv. Eu însumi am văzut cimpanzei tineri făcând la fel, ținând în brațe cu blândețe o cârpă sau o mătură. O gorilă sălbatică a fost observată smulgând o bucată de mușchi moale, pe care apoi a purtat-o în brațe și a ținut-o în dreptul sânului ca pe un sugar, de parcă „ar fi alăptat-o“[11].

E posibil ca și primatele să poată crea o realitate nouă, care să coexiste cu cea veche. În realitatea veche, un buștean e doar un buștean, pe când în cea nouă este un pui. Suntem așa de obișnuiți cu această realitate duală, încât o pastilă din zahăr ne însănătoșește chiar dacă asistenta o scoate dintr-un flacon pe care scrie mare „placebo“. Pe de o parte știm că pastila nu are nici un efect, dar pe de alta continuăm să credem că-și va face efectul. La fel, luăm de bune poveștile de dragoste, rivalitățile și morțile din filme, chiar dacă știm totodată că e vorba de actori care joacă un rol. Ne pricepem foarte bine să suspendăm o realitate pentru a face loc uneia noi. Astfel se explică succesul lui Hatsune Miku, o vedetă de muzică pop japoneză care atrage mulțimi de tineri puși pe distracție, deși nu e decât o hologramă. E proiecția 3D a unui personaj feminin, generată pe calculator și însoțită de o voce sintetizată, care dansează și cântă alături de o trupă reală; își domină publicul de undeva de sus, deoarece nu e constrânsă de dimensiunile umane. Biletele la concertele ei se epuizează în câteva minute. Publicul cântă odată cu ea și reacționează la mișcările ei sexy ca și cum ar fi reală.

A insista, așa cum fac neoateii, că tot ce contează e realitatea empirică și că faptele sunt mai importante decât credința înseamnă a-i refuza omenirii speranțele și visele. Ne proiectăm imaginația asupra a tot ce ne-nconjoară. O facem la cinema, la teatru, la operă, în literatură, în realitatea virtuală și, fără îndoială, și în religie. Neoateii sunt ca unii care stau în fața cinematografului și ne spun că Leonardo DiCaprio nu s-a scufundat cu Titanicul. Cine ar fi crezut! Cei mai mulți dintre noi n-avem nici o problemă cu această dualitate. Umorul depinde și el de ea: ne ispitește să ne uităm la o situație dintr-un anumit unghi, pentru ca apoi să ne surprindă cu un cu totul alt mod de abordare. Îmbogățirea realității este una dintre cele mai minunate capacități ale noastre, de la jocurile „de-a" din copilărie până la modul în care ne închipuim viața de dincolo când suntem bătrâni.

Unele realități există, în altele doar ne place să credem.

FĂRĂ GÂNDURI LA ZIUA DE MÂINE

Borie, o femelă cimpanzeu în vârstă suspectă de infecție la o ureche, ne-a uimit cu următoarea cerere. Când ne-am dus s-o vedem în adăpostul de noapte, arăta întruna cu mâna spre o masă pe care nu era decât o oglinjoară de plastic. Pentru că a repetat acest gest câteva minute, ne-am gândit că Borie vrea oglinda și i-am dat-o.

A luat oglinda într-o mână, iar cu cealaltă a apucat un pai; apoi a îndreptat oglinda în așa fel încât să-și vadă urechea în timp ce umbla cu paiul în ea. În tot acest timp, își urmărea atentă rezultatele în oglindă, ca și cum asta și-ar fi propus de la bun început. Oricât de simplă ar părea această acțiune, ea solicită creierul destul de mult. Întâi și-ntâi, Borie trebuia să știe că se poate vedea în oglindă, lucru pe care doar puține animale îl înțeleg. Dar capacitatea primatelor de a se recunoaște în oglindă e bine documentată. Mai mult, e limpede că a planificat dinainte acțiunea, dat fiind că a folosit oglinda fără să stea pe gânduri.

Se crede adesea că animalele sunt prizoniere în prezent, dar Borie a știut dinainte că o să ne arate ce vrea. De fapt, primatele au o capacitate de planificare bine dezvoltată. Se cunosc cazuri de cimpanzei sălbatici care adună fire de iarbă lungi, pe care le duc în gură kilometri întregi până ajung la mușuroaie de termite, unde le folosesc ca unelte de pescuit. În mod asemănător, cimpanzeii din grădinile zoologice adună brațe întregi de paie din culcușurile de noapte și le iau cu ei afară când e frig. Dar cel mai cunoscut caz de planificare este fără îndoială cel al lui Santino, un cimpanzeu mascul de la o grădină zoologică suedeză. În fiecare dimineață, înainte de sosirea vizitatorilor, acesta culegea fără să se grăbească pietre din șanțul care înconjura țarcul, din care clădea grămezi ordonate într-un loc ferit de alte priviri. Astfel avea un întreg arsenal pregătit pentru când grădina zoologică își deschidea porțile. Ca mulți alți cimpanzei masculi, Santino dădea ture prin colonie de câteva ori pe zi, cu părul zbârlit, pentru a-i intimida pe ceilalți membri. Aruncatul cu obiecte făcea parte din spectacol, inclusiv proiectilele azvârlite în direcția publicului. Spre deosebire de majoritatea cimpanzeilor, care se pomenesc că nu au cu ce să arunce la momentul crucial, Santino își pregătea grămezile de pietre din timp. Făcea acest lucru într-un moment de acalmie, când încă nu pompa adrenalină, cum făcea de obicei în timpul reprezentațiilor.[12]

Experimentele despre planificare datează de pe vremea lui Wolfgang Köhler, care în anii '20 a agățat o banană de tavan și le-a oferit primatelor cutii și bețe. După cum am văzut, și elefanții pot să rezolve această problemă. Mai recent, primatelor li s-au prezentat mai multe unelte pe care nu puteau să le folosească imediat, dar care le-ar fi putut fi de ajutor mai târziu. Antropoidele au preferat să aleagă aceste unelte în locul recompenselor imediate, păstrându-le cu răbdare în speranța unor câștiguri viitoare.[13] În cadrul unui experiment ingenios, oamenii de știință au vrut să vadă dacă primatele își pot imagina o soluție pe care n-o mai văzuseră până atunci. Le-au prezentat un recipient transparent, prea îngust pentru ca primata să poată băga mâna în el. Pe fundul recipientului, au pus o arahidă decojită. Neputând să ajungă la arahidă și fără să aibă vreo unealtă, ce altceva ar fi putut face primata decât să se uite la ea? Iată că a găsit totuși o soluție. S-a dus la robinet, și-a umplut gura cu apă, iar apoi a scuipat-o în recipient. O gură de apă nu a fost de-ajuns însă, așa că primata a făcut câteva drumuri între robinet și recipient până când a reușit să apuce cu degetele arahida care plutea. O primată a fost și mai creativă: a ajuns la același rezultat urinând.[14]

Înțelegerea noțiunii de viitor, dimpreună cu conștientizarea morții, ar putea duce la sentimentul mortalității. Dar, chiar dacă rudele noastre primate împărtășesc, într-o oarecare măsură, imaginația și orientarea noastră către viitor, nu știm cu certitudine dacă înțeleg că vor muri. Să luăm, de exemplu, cazul lui Reo, un cimpanzeu de la Institutul pentru cercetări în domeniul primatelor din cadrul Universității din Kyoto. Pe când era în floarea vârstei, Reo a paralizat de la gât în jos din cauza unei inflamări a măduvei spinării. Putea să bea și să mănânce, dar nu-și putea mișca corpul. Continua să slăbească, iar corpul i s-a umplut de răni în cele șase luni petrecute în pat, timp în care veterinarii și studenții l-au îngrijit zi și noapte. Reo și-a revenit, dar cel mai interesant a fost cum a reacționat la chinul prin care trecuse.

> Pentru toți cei care l-am îngrijit, un lucru a fost clar: atitudinea lui Reo nu s-a schimbat deloc în perioada în care a fost complet paralizat. Îi necăjea în continuare pe studenții tineri, scuipându-i cu apă – la fel cum făcea și înainte de boală. Modul lui de a aborda viața a rămas același după îmbolnăvire; nu am remarcat nici o schimbare vizibilă, chiar și atunci când zăcea costeliv și plin de răni. Pe scurt, nu a părut să-și facă griji pentru viitorul său. Nu a devenit depresiv, deși situația părea, cel puțin pentru noi, extrem de gravă.[15]

Mult lăudata noastră imaginație e ca o sabie cu două tăișuri. Pe de o parte, ne aruncă în disperare în circumstanțe în care o primată nu și-ar face griji, pe de altă parte însă, ne permite să sperăm într-un viitor mai bun. De fapt, avem o perspectivă atât de amplă încât ne dăm seama că viața noastră se va sfârși. Înțelegerea acestui fapt ne afectează întreaga existență, ducând la o căutare permanentă a sensului, dar și la glume amare de tipul „Viața e o mizerie și dup-aia mori!". Am fi dezvoltat oare credința în supranatural dacă nu am fi avut acest nor deasupra capului? Un răspuns parțial ni-l dau cercetările care arată că, cu cât oamenii sunt mai conștienți de caracterul lor muritor și cu cât se gândesc mai mult la asta, cu atât cred mai mult în Dumnezeu.[16] Simt că se zgâlțâie barca și, asemenea majorității călătorilor pe mări agitate, apelează la o putere superioară.

Dar, înainte de a trage concluzia că thanatofobia ne face speciali, trebuie să fac o precizare foarte importantă, care mă duce mereu cu gândul la *Grădina* lui Bosch. De cele mai multe ori, în loc să ne contemplăm propria moarte, amânăm orice astfel de cugetări. Nici o persoană întreagă la minte nu-și neagă caracterul muritor, desigur, dar mulți dintre noi acționăm de parcă am trăi veșnic. Pictura lui Bosch este o avertizare de proporții gigantice împotriva acestei iluzii. *Grădina* e doldora de persoane singure, de vârstă mijlocie, preocupate de micile lor plăceri. „Fără gânduri la ziua de mâine“, după cum spunea un specialist, „singurul lor păcat este că nu știu că păcătuiesc“.[17] Deși formează o mulțime deosebit de numeroasă, personajele dezbrăcate par singure și absorbite de sine, semănând oarecum cu adolescenții de astăzi, care nu-și dezlipesc ochii de telefon atunci când merg în grupuri pe stradă. Hedoniștii din panoul central al *Grădinii* nici nu cresc copii, nici nu produc ceva de

Mulți dintre căutătorii de plăceri care populează Grădina desfătărilor lumești *trăiesc într-un cocon. S-a considerat că bula în care se află cuplul era făcută din sticlă crăpată, simbol al fragilității iubirii. Dar crăpăturile par mai degrabă venele unui sac amniotic care-i protejează pe cei doi de lumea exterioară. Bărbatul din dreapta, în schimb, se uită printr-o eprubetă (aluzie la alchimie) la un șobolan. Simbolistica nu e clară, dar eu nu mă pot abține să nu văd un om de știință behaviorist.*

valoare, închiși cum sunt în coconul lor existențial, pe care nu îl părăsesc decât pentru ocazionalele aventuri erotice. Dacă acesta este un paradis al desfătărilor, atunci este lipsit de scop și de realizări. Locuitorii lui par să nu fie conștienți de ce se întâmplă în restul lumii, inclusiv de moarte și de dispariția lor iminentă. Acționează ca și cum ar fi nemuritori. Noi, privitorii, pe de altă parte, vedem și terifiantul voleu din dreapta și știm ce ne așteaptă după colț.

Când scriitoarea turcă Elif Șafak a fost invitată la o emisiune de radio pentru a vorbi timp de șaizeci de secunde despre „o idee care ar putea schimba lumea", s-a inspirat din îndemnul sufist care spune să simți gustul morții înainte de a muri.[18] Și budismul ne recomandă același lucru, să vedem moartea ca pe o eliberare. Din moment ce lumea modernă e clădită pe negarea morții, Șafak a spus că ar trebui să mergem fiecare la un salon, cum sunt saloanele de înfrumusețare, unde timp de o oră să simțim gustul morții, al propriei morți. Asta ne-ar îmblânzi sufletele și ne-ar face să apreciem mai mult viața, a susținut scriitoarea. Deși conștientizăm că suntem muritori, nu reușim să integrăm această noțiune în propriile vieți. Ascultându-i propunerea, m-am gândit că ar funcționa foarte bine pentru cei de vârstă mijlocie, dar ar fi inutilă pentru cei de vârsta mea. Membrii generației mele au fost deja martorii morții părinților lor sau știu că sfârșitul poate surveni oricând. Am pierdut frați sau surori, prieteni, soți, poate chiar copii. Avem prieteni care suferă de Parkinson, de cancer, de Alzheimer sau de altă boală îngrozitoare. Cu cât îmbătrânim, cu atât simțim mai acut ravagiile bătrâneții și devenim mai conștienți că zilele noastre pe pământ sunt numărate.

Pieter Bruegel cel Bătrân a ilustrat această idee cât se poate de explicit și morbid într-un singur tablou. Vedem căruțe întregi pline cu cranii, în timp ce oameni din toate clasele sociale – de la țărani la episcopi și nobili – sunt luați la grămadă și duși pe lumea cealaltă. Morții năvălesc spre cei vii ca o oaste de neoprit și îi strâng în grămezi uriașe, iar în depărtare focul face prăpăd.

La orizont, vedem o spânzurătoare, un câine mănâncă fața unei femei moarte, iar un bărbat cu o piatră de moară pe după gât e ținut deasupra apei. Niște meseni încearcă în van să se opună, scoțând săbiile sau fugind din calea cadavrelor care înaintează, în timp ce în colțul din dreapta jos un îndrăgostit îi cântă iubitei la lăută, orb la ce e în jur, iar din spatele iubitei un schelet îl acompaniază vesel. Această cumplită oștire a morții și distrugerii înfățișată de Bruegel datează din anul 1562, o jumătate de secol după *Grădina desfătărilor lumești*, din care s-a inspirat în realizarea propriului iad pe pământ. Tabloul are un titlu foarte nimerit: *Triumful morții.*

Echivalentul modern al acestui tablou este instalația artistului britanic Damien Hirst intitulată *Imposibilitatea fizică a morții în mintea celui care trăiește*. Lucrarea constă în corpul unui rechin-tigru conservat în formol și expus într-un acvariu; dimensiunea rechinului și gura lui căscată și plină de dinți te fac să vezi moartea cu ochii. Când a fost adus la New York, la Muzeul de Artă Metropolitan, rechinul a fost caracterizat drept „o întrupare deopotrivă a vieții și a morții, pe care nu ai cum s-o înțelegi până nu vezi rechinul, suspendat și tăcut, în acvariul său“[19]. Opera cu pricina a mai fost descrisă și ca un pește teribil de scump, fără garnitura de cartofi prăjiți.*

Pentru că ne e greu să acceptăm moartea, evităm să ne gândim la ea și ne purtăm ca și cum cel care a murit va merge într-un loc mai bun, unde îl vom reîntâlni într-o bună zi. Înmormântările complexe datează de pe vremea strămoșilor noștri de Cro-Magnon, care își pregăteau morții pentru ultimul drum cu mărgele, brățări și coliere de fildeș. Nici o populație nu ar pune atât de multe obiecte prețioase într-un mormânt dacă n-ar crede în viața de după moarte. Suntem singura specie care găsește alinare în astfel de ritualuri, însă eu unul nu sunt pe deplin convins

* Peștele cu cartofi prăjiți (*fish and chips*) este un fel de mâncare tradițional britanic (n. tr.).

că suntem singurii care intuiesc că vor muri. Poate că Reo, un mascul adult tânăr, nu a fost cel mai bun exemplu în acest sens. Iminenţa morţii e rareori întâmpinată cu resemnare la o vârstă fragedă. La multe specii, exemplarele în vârstă par să fie cu mult mai înţelepte decât cele tinere, iar pierderea treptată a puterii de-a lungul multor ani este o cu totul altă experienţă decât felul brusc în care Reo s-a pomenit imobilizat. Când o primată bătrână observă că-i e din ce în ce mai greu să se caţăre în copaci sau un elefant că-i e din ce în ce mai greu să ţină pasul cu turma, oare nu aplică ce au aflat despre viaţă şi moarte şi la propriile trupuri?

Nu putem şti cu certitudine, dar nici nu putem exclude această posibilitate.

TEAMA LUI FREUD

Încercarea de a găsi o definiţie a religiei pe placul tuturor e sortită eşecului. Am participat cândva la un forum de discuţii la Academia Americană de Religie, iar cineva a propus să începem cu o definiţie a religiei. Oricât de rezonabilă ar fi fost propunerea, un alt participant a respins-o, reamintindu-le tuturor că ultima oară când încercaseră să definească religia jumătate din public ieşise din sală supărat. Şi asta la o academie care se ocupă chiar cu religia! Prin urmare, să spunem că religia este o *formă comună de reverenţă faţă de supranatural, sacru sau spiritual, precum şi faţă de simbolurile, ritualurile şi cultul asociate acestuia.* Definiţia mea nu face distincţia dintre spiritualitate şi religie, deşi, insistând pe reverenţa „comună“, exclude demersurile individuale şi ia în considerare doar fenomenele colective. Definită astfel, religia e o valoare umană universală.

Singura excepţie consemnată este populaţia Pirahã. Dar, la o analiză a surselor originale, afirmaţia că această comunitate din jungla braziliană nu ar avea religie (au fost numiţi „tribul ateu") își pierde credibilitatea. Daniel Everett, fostul misionar american care a trăit printre ei, povestește că vorbesc și dansează pentru spirite și poartă coliere din semințe, dinți, pene și cheițe de la cutiile de bere, al căror „scop decorativ e doar secundar, scopul principal fiind să țină la distanță spiritele pe care le văd aproape zilnic"[20]. Nu numai că văd spiritele, dar le și permit acestora să comunice prin intermediul lor, vorbind în falset. Membrilor Pirahã le este însă atât de frică de spiritele malefice, încât refuză să le pronunțe numele. După ce se lasă posedați de spirite și vorbesc cu vocile lor, le neagă prezența („Nu știu, n-am văzut"). Din cauza acestei frici, occidentalilor le e aproape imposibil să-și dea seama în ce crede această populație; cert e că au totuși o credință. Atâta doar că nouă ne e nefamiliară.

Dat fiind cât de răspândită este religia, este normal să ne întrebăm cum se justifică din punct de vedere evolutiv. Biologii caută mereu valoarea pentru supraviețuire. Ce fel de avantaj conferă religia? În încercarea de a găsi un răspuns la această întrebare, s-a făcut o comparație între primii creștini și populația romană în mijlocul căreia trăiau. Când ciuma a lovit imperiul, decimând de fiecare dată o treime din populație, creștinii au supraviețuit în număr mai mare decât romanii. Creștinii le-au adus mâncare și apă celor care erau prea bolnavi ca să se îngrijească singuri, în numele lui Hristos, pe când romanii au fugit de cei dragi, abandonându-i înainte ca aceștia să moară, pentru a nu se molipsi. Deși creștinii și-au asumat acest risc, un studiu al inscripțiilor de pe pietrele funerare a arătat că s-au bucurat de o speranță de viață mai mare.

Ne putem întreba însă cât de corectă este această comparație, dat fiind că romanii înșiși erau foarte religioși, gata oricând să-și îmbuneze și să-și mulțumească zeii și zeițele, precum Marte și Venus. Nu comparăm, așadar, oameni religioși cu oameni nereligioși. Mai mult, primii creștini nu erau o populație tipică: erau o minoritate persecutată, prin urmare făceau parte dintr-o comunitate care lupta împotriva unui dușman comun. Așadar, s-ar putea ca starea lor de sănătate să fi beneficiat tocmai de pe urma acestui scop care-i unea. Din păcate, încercarea de a calcula exact succesul religiei e echivalentă cu a te întreba la ce ne folosește limbajul. Suntem siguri că limbajul are avantajele lui, dar, întrucât îl regăsim la toți oamenii, ne lipsește al doilea element al comparației. Și în cazul religiei situația e aceeași. Un lucru e cert însă: încercările de a elimina sau a descuraja religia au avut consecințe dezastruoase de-a lungul istoriei.

Stau drept dovadă Uniunea Sovietică a lui Stalin, China comunistă a lui Mao Zedong și Cambodgia khmerilor roșii și a lui Pol Pot, toți conducători care au torturat, au ucis și au înfometat milioane de oameni din propriile țări. Khmerii roșii au interzis orice fel de religie, oferind în schimb maselor oprimate următorul slogan cinic: „Nu câștigăm nimic dacă vă ținem în viață, nu pierdem nimic dacă vă ucidem". Aceste ideologii au produs societăți bolnave, iar din punct de vedere biologic au fost un fiasco. Pe de altă parte, atitudinea lor antireligioasă se înscria într-o mișcare mai generală. În toate cele trei țări, ordinea existentă fusese răsturnată, ceea ce a însemnat și limitarea puterii religiilor consacrate. Așadar, ateismul nu este numaidecât cauza atrocităților comise. La fel, credința în Dumnezeu a constituit de multe ori o fațadă în spatele căreia se aflau ambiții politice sau coloniale, așa cum s-a întâmplat în cazul crimelor înfăptuite de cruciați sau de conchistadorii spanioli. Pofta de aur a lui Columb era la fel de mare ca dragostea lui pentru Dumnezeu. Să identificăm religia drept cauză a acestor orori ar fi, prin urmare, problematic. Fapt e că oamenii pot comite acte de o cruzime incredibilă, fie că acționează în numele existenței sau al inexistenței lui Dumnezeu.

Poate că relevanța evolutivă a religiei poate fi explicată la o scară mai mică, după cum a dovedit un studiu despre longevitatea comunităților americane din secolul al XIX-lea. Comunitățile bazate pe o ideologie seculară, precum colectivismul, s-au dezintegrat mult mai repede decât cele clădite pe principii religioase. Pentru fiecare an de viață, comunitățile religioase aveau șanse de patru ori mai mari să supraviețuiască decât echivalentele lor seculare.[21] Se știe că cei care împărtășesc aceleași principii religioase au semnificativ mai multă încredere unii în alții. Știm, de asemenea, ce efect uimitor de apropiere au practicile coordonate, cum ar fi rugăciunea în comun și îndeplinirea acelorași ritualuri. Ne întoarcem astfel la principiul care se aplică tuturor primatelor, potrivit căruia acțiunile săvârșite în comun îmbunătățesc relațiile – principiu evident atât la maimuțele care preferă experimentatorii umani care le imită, cât și la vâslașii din echipele universităților, cărora antrenamentul în echipă, spre deosebire de cel individual, le sporește rezistența fizică (și rezistența la durere).[22] Efortul concertat ar putea stimula eliberarea de endorfine, lucru care reiese și din studiul altor mecanisme de creare a apropierii, cum ar fi râsul împreună. Aceste efecte pozitive ale sincronizării contribuie la explicarea coeziunii produse de religie și a efectului acesteia asupra stabilității sociale.

Pentru Durkheim, beneficiile apartenenței la o religie constituie „utilitatea seculară“ a acesteia. Sociologul era convins că un lucru atât de răspândit și cu o putere de pătrundere atât de mare ca religia trebuie să aibă un scop – nu un scop divin, ci unul social. Biologul David Sloan Wilson, care a analizat datele despre primii creștini, e de acord cu Durkheim, în sensul că vede în religie o adaptare care permite grupurilor umane să funcționeze armonios: „Religiile există în primul rând pentru ca oamenii să realizeze împreună ceea ce nu pot realiza singuri“[23].

Stă în firea noastră să construim comunități religioase. Ținând cont că religia este văzută adesea ca opusă științei, e bine să nu uităm avantajul extraordinar de care se bucură cea dintâi. Știința este o realizare artificială, planificată, în timp ce instinctul religios este la fel de firesc precum mersul sau respiratul. Mai mulți autori au subliniat acest lucru, de la primatologul american

Barbara King, care în *Evolving God* asociază religia nevoii noastre de apartenenţă, până la antropologul francez Pascal Boyer, care vede în religie o capacitate intuitivă a omului:

> Cercetarea şi teoretizarea ştiinţifică au apărut în doar câteva societăţi umane. [...] Deşi rezultatele cercetării ştiinţifice sunt bine-cunoscute, întregul stil intelectual necesar obţinerii lor e foarte greu de însuşit. În schimb, reprezentările religioase au apărut în toate grupurile de oameni pe care le cunoaştem, sunt uşor de însuşit, uşor de perpetuat şi sunt accesibile tuturor membrilor unui grup, indiferent de inteligenţa sau pregătirea lor. După cum arată Robert McCauley, [...] reprezentările religioase sunt în natura oamenilor, pe când ştiinţa e în mod evident nenaturală. Mai exact, religia este în armonie cu intuiţiile pe care noi, oamenii, le-am dezvoltat, în timp ce ştiinţa ne cere să suspendăm sau chiar să ne opunem modului nostru obişnuit de a gândi.[24]

E de-ajuns să comparăm uşurinţa cu care copiii îmbrăţişează religia cu drumul lung şi dificil pe care trebuie să-l parcurgă tinerii ca să-şi ia doctoratul în jurul vârstei de treizeci de ani. McCauley, un coleg filozof de la Emory, mi-a spus odată că, dacă ar trebui să aleagă, ar paria că religia, şi nu ştiinţa, ar supravieţui unui colaps al societăţii: „Religia se bazează pe ceea ce eu numesc cogniţie naturală, o gândire automată care în cea mai mare parte a ei nu este conştientă“. McCauley face o distincţie între acest tip de gândire şi ştiinţă, care este „conştientă, de obicei exprimată prin limbaj. E un proces lent, deliberat“[25].

Să ne imaginăm ce s-ar întâmpla dacă am lăsa un grup de copii pe o insulă, fără adulţi. William Golding a dat un răspuns când a scris *Împăratul muştelor*, o distopie în care copiii se dovedesc sălbatici şi criminali. Deşi e o extrapolare reuşită a vieţii din internatele englezeşti, nu avem totuşi nici un fel de dovezi că nişte copii lăsaţi de capul lor s-ar purta într-adevăr aşa. Copiii de patru până la cinci ani lăsaţi singuri într-o cameră au tendinţa să negocieze între ei, folosind o terminologie morală precum „Nu-i corect!“ sau „De ce nu-i dai şi ei din jucăriile tale?".[26] Nimeni nu știe ce-ar face copiii lăsați singuri mai mult timp, dar e cert că ar forma o ierarhie a dominației. Animalele tinere, de exemplu bobocii de gâscă sau cățeii, au mici confruntări pentru a stabili cine e șeful, și la fel fac și copiii. Îmi amintesc chipurile palide de supărare ale studenților la psihologie, pătrunși de egalitarismul mediului academic, când i-au văzut pe copiii de vârste mici cum se bat între ei în prima zi de grădiniță. Suntem primate ierarhice, și, oricât am încerca să ascundem acest lucru, el devine limpede devreme în viață.

Copiii de pe insulă ar putea, de asemenea, să acceadă la domeniul simbolicului. Probabil ar dezvolta un limbaj precum cel pe care și l-au format, în anii '80, copiii surzi din Nicaragua care au început să comunice într-un cod mimico-gestual simplu pe care cei din afară nu-l puteau înțelege. S-ar mai dezvolta și alte dimensiuni, de exemplu cea culturală. Acești copii și-ar transmite obiceiuri și cunoștințe și ar da dovadă de conformism în uneltele pe care le-ar face și în saluturile pe care le-ar schimba. Ar apărea probabil și dreptul la proprietate, și tensiunile legate de acesta. Și, nu în ultimul rând, ar apărea religia. Nu știm sub ce formă, dar copiii ar crede, desigur, în forțe supranaturale, poate personificate, asemenea zeilor, și ar dezvolta ritualuri pentru a-i îmbuna și a-i convinge să le îndeplinească dorințele.

Copiii aceștia nu ar inventa însă niciodată știința. Din câte știm, știința nu este mai veche de câteva mii de ani, deci a apărut extrem de târziu în istoria omenirii. E o realizare uriașă, de importanță crucială, și totuși ar fi naiv s-o punem pe același picior cu religia. Războiul dintre știință și religie este, în termeni biblici, asemenea celui dintre David și Goliat. Religia o avem dintotdeauna și e puțin probabil să dispară vreodată, din moment ce e parte integrantă din țesătura noastră socială. Știința seamănă mai mult cu un palton pe care l-am cumpărat de curând. Putem oricând să-l pierdem sau să-l aruncăm. Forțele antiștiință din societate trebuie supravegheate constant, dat fiind cât de fragilă este știința în comparație cu religia. A le pune în contrast ca și cum ar concura de pe poziții egale este o reprezentare eronată, care nu poate fi susținută decât dacă socotim că știința și religia se referă la aceleași fenomene. Numai atunci se poate argumenta că, dacă una din cele două are dreptate, cealaltă se înșală.

Când vine vorba de cunoașterea lumii fizice, alegerea e evidentă. Nu pot să pricep de ce în zilele noastre, când toată lumea are laptopuri și călătorește pe calea aerului, trebuie încă să apărăm știința. Gândiți-vă cât de departe a ajuns știința biomedicală și cât de mult a crescut speranța de viață datorită ei. Nu e evident că știința e un mod mai bun de-a afla cum funcționează lucrurile, de-a înțelege de unde vin oamenii sau cum a apărut universul? Mă aflu printre oameni de știință zi de zi și știu că nimic nu dă o dependență mai mare decât bucuria descoperirii. E adevărat, multe lucruri sunt încă un mister, dar știința e singura cale prin care le vom putea descoperi vreodată. Cei care prezintă religia ca pe o sursă de cunoaștere echivalentă cu știința și se agață de povești ancestrale, în ciuda avalanșei de informații noi, merită tot disprețul pe care-l primesc. Pe de altă parte, conflictul dintre știință și religie mi se pare secundar. Religia e mai mult decât o credință oarecare. Întrebarea nu e dacă religia e adevărată sau falsă, ci în ce fel ne influențează viața și ce anume ar putea s-o înlocuiască în cazul în care ne-am descotorosi de ea așa cum un preot aztec smulge inima încă pulsândă din pieptul unei fecioare. Ce anume ar putea umple golul, pentru a prelua funcțiile organului îndepărtat?

Am văzut la un moment dat o piesă la un teatru mic din New York intitulată *Freud's Last Session* (*Ultima ședință a lui Freud*), în care psihanalistul tușea și fuma trabuc în timp ce vorbea cu C.S. Lewis, care se convertise de curând la creștinism, încercând să-i zguduie convingerile mai tânărului său interlocutor. A fost o etalare de scepticism năucitoare, care a făcut lectura ulterioară a operei lui Freud să mi se pară aridă. Deși Freud a respins religia într-un mod neechivoc, afirmând că este o creație umană și o simplă „iluzie", s-a ferit să recomande abandonarea ei. Freud așteaptă până la finalul *Viitorului unei iluzii* ca să ne arate de ce-i este teamă:

> Dacă doriți să eliberați cultura noastră europeană de religie, aceasta nu se poate întâmpla decât printr-un alt sistem de învățături, care să preia de la început, în apărarea ei, toate caracteristicile psihologice ale religiei, aceeași sfințenie, rigiditate, intoleranță, aceeași interdicție de a gândi.[27]

N-a fost întregul experiment comunist o încercare de a clădi o societate atee care să confirme întocmai prezicerile lui Freud? Cu cântecele ei patriotice, cu defilările, cu recitarea jurămintelor de credință și fluturarea „cărticelelor roșii", această mișcare a imitat în mod deliberat religia. Dogmatismul, rigiditatea și fervoarea laică au fost la mare preț și au crescut de-a lungul deceniilor, până când comunismul s-a prăbușit sub propria greutate și lipsă de succes. Întrucât Freud a prins începuturile acestui experiment, i-a putut întrezări inutilitatea.

O altă încercare ciudată de renunțare la Dumnezeu a avut loc în 1793, când altarul din catedrala Notre-Dame a fost înlocuit cu macheta unui munte în vârful căruia se afla un templu dedicat filozofiei. Lângă el ardea „Torța Adevărului". Cultul Rațiunii a abolit duminica, ziua a șaptea, ca zi de odihnă (înlocuind-o cu ziua a zecea), a secularizat sărbătorile care purtau nume de sfinți și a strivit orice speranță legată de viața de apoi așezând epitaful „Moartea e un somn etern" deasupra porților cimitirelor. Cultul avea și propria zeiță, o doamnă îmbrăcată într-o togă, purtată pe străzile Parisului și urmată de un alai de adepți care fluturau frunze de palmier. Procesiunea se termina la „muntele" din catedrală, unde aceasta era așezată între busturile lui Voltaire și Rousseau. Cultul s-a terminat brusc, după ce conducătorii săi au fost executați de Maximilien Robespierre. Robespierre a pus bazele propriului Cult al Ființei Supreme, cu el în rolul de mare preot. Nemurirea sufletului a fost repusă rapid în drepturi – o mișcare înțeleaptă, dat fiind câți nevinovați a trimis Robespierre la ghilotină. Și acest cult a avut o viață scurtă, la fel ca marele său preot.

Freud a punctat bine veșnica mișcare de pendul a gândirii occidentale, care de secole oscilează între batjocorirea religiei ca irațională, un adevărat „opiu pentru popor", cum a numit-o Karl Marx, și îngrijorarea legată de posibilele consecințe ale eliminării ei din viața noastră. Neoateii au inventariat toate argumentele adunate de-a lungul timpului împotriva religiei. Hitchens s-a dovedit a fi un marxist în toată regula când a afirmat că „religia otrăvește totul", Harris a continuat moștenirea lăsată de „Torța Adevărului" pariziană cu aspirația lui la „o religie a rațiunii", iar „amăgirea" lui Dawkins nu aduce nimic nou față de „iluzia" lui Freud.[28] Cum era de așteptat, am ajuns într-o etapă în care nu mai avem curaj. Întrebarea nu este doar dacă am fi capabili să extirpăm acea parte din noi care are nevoie de Dumnezeu, așa cum cer ateii, ci și, la un nivel mai profund, cum să umplem golul lăsat de Dumnezeu în cazul în care am reuși. Alain de Botton este un ateu care admiră religia pentru că înțelege nevoile și slăbiciunile universal umane, în timp ce Philip Kitcher îi îndeamnă pe atei și agnostici să meargă dincolo de necredință. Să critici religia e ușor, spune Kitcher, dar orice ființă umană rațională pe cale să se alăture mișcării ateiste va vrea să știe pentru ce luptă, și nu împotriva a ce:

> Fiecare dintre noi avem nevoie de o explicație a ceea ce suntem și a ceea ce prețuim, avem nevoie de ceva spre care să ne îndreptăm și în funcție de care să trăim. [...] Gândirea seculară evită întrebarea tradițională, pusă de greci la începuturile filozofiei, despre acel lucru care face ca viața omului, așa finită cum este, să aibă sens și să merite trăită. [...] Oricât de elocvent va fi promovată necredința, revoluția seculară nu se va produce până când nu se vor lua în calcul aceste realități. Înlăturarea temporară a superstițiilor, dacă nu este însoțită de atenția la funcțiile îndeplinite de religie, creează un vid în care își pot face loc cu ușurință cele mai rudimentare forme de mitologie [...].[29]

OCHIUL VIGILENT

În timpul unei călătorii recente la Vancouver, psihologul canadian Ara Norenzayan mi-a spus care era titlul noii sale cărți, pe care eu l-am notat iute ca *Big Dogs**. Poate că sunt eu ușor dislexic sau poate a fost o eroare freudiană, mintea mea fiind mai preocupată de animale decât de oameni. Ara spusese de fapt *Big Gods***.

Ara studiază rolul religiei în viața de zi cu zi. În cadrul unui experiment, a vrut să vadă cum poate fi influențată generozitatea subiecților dacă le sunt inoculate înainte gânduri religioase. Pregătirea aceasta (*priming*) se face prin sugestii subliminale, în cazul de față participanții fiind rugați să corecteze gramatical câteva propoziții în care apăreau cuvinte precum „Dumnezeu“, „profet“ și „divin“, fără vreo explicație prealabilă și fără să aibă nici cea mai mică idee despre subiectul experimentului. După prima probă, fiecare participant găsea zece monede de un dolar pe masă, cu indicația să ia cât vrea, știind însă că cel care venea după urma să ia ce rămâne. Rezultatul a fost spectaculos. Subiecții „nepregătiți“ au lăsat în medie doar 1,84 dolari pentru participantul următor, în timp ce subiecții „pregătiți“ cu ajutorul afirmațiilor despre Dumnezeu și religie au lăsat în medie 4,22 dolari. Cam două treimi din grupul celor „pregătiți“ au lăsat mai mult de jumătate dintre monede. În mod ciudat, religiozitatea pare să nu fi jucat un rol important. Întrebați dacă sunt credincioși, cam jumătate au răspuns „nu“, și totuși mulți dintre ei s-au comportat ca cei credincioși.[30]

Cum se explică acest efect? În societățile de mari dimensiuni, cum sunt ale noastre, e nevoie de supraveghere – imaginară sau reală – pentru a asigura un nivel înalt de cooperare. E mult prea simplu pentru profitori să scape nepedepsiți într-o mulțime

---

* Câini mari (n. tr.).

** Zei mari (n. tr.).

anonimă. Participanții la studiu și-au imaginat probabil un Dumnezeu care-i privește, care aprobă bunătatea și condamnă înșelăciunea. „Oamenii care știu că sunt priviți se poartă frumos", a explicat Ara. Astfel s-ar putea explica și „efectul duminical" în cazul creștinilor evlavioși, care duminica donează mai mulți bani cauzelor caritabile și consumă mai puțină pornografie pe Internet.[31]

Figura aceasta, a unei ființe supranaturale care ne supraveghează, ar putea fi însă un fenomen recent, pentru că în preistorie nu aveam nevoie de așa ceva. Trăiam în grupuri mici, asemănătoare grupurilor de primate, în care toată lumea se cunoștea cu toată lumea. Înconjurați de neamuri, prieteni și alți membri ai comunității, aveam toate motivele să respectăm regulile și să ne înțelegem între noi. Trebuia să ne păstrăm reputația nepătată. Numai când strămoșii noștri au început să formeze societăți din ce în ce mai mari, numărând mai întâi mii de oameni, apoi milioane, aceste mecanisme ale interacțiunii directe nu au mai funcționat. Iată de ce Ara consideră că odată cu grupurile mari a apărut și nevoia de zei, care să urmărească tot ceea ce facem, ca niște vulturi. Această explicație îmi confirmă teoria potrivit căreia moralitatea a apărut înaintea religiei, și cu siguranță înaintea religiilor dominante astăzi. Noi, oamenii, eram cât se poate de morali pe când umblam prin savană, în cete mici. Nu a fost nevoie de un Dumnezeu moralizator decât atunci când membrii societății s-au înmulțit, iar principiul reciprocității și al reputației nu au mai fost de ajuns.

Devine limpede, așadar, că nu Dumnezeu ne-a adus moralitatea, ci invers. I-am atribuit acest rol ca să ne asigurăm că trăim așa cum simțeam noi că trebuie să trăim; cum spunea Voltaire în celebra lui butadă, dacă Dumnezeu nu ar fi existat, ar fi trebuit inventat. Gândiți-vă și la întrebarea lui Socrate către Eutyphron: o acțiune e morală pentru că e pe placul zeilor, sau zeilor le plac acțiunile morale? Întreaga menire a lui Dumnezeu e să iubească acțiunile morale. L-am înzestrat cu capacitatea de a ne menține pe același drum drept și îngust pe care-l urmăm încă de pe vremea când trăiam în mici cete.

Pentru cei care se tem că în absența religiei lumea și-ar putea pierde latura prosocială, există totuși câteva raze de speranță. Întâi și-ntâi, experimentul inițial a fost incomplet. Nu i-a pregătit pe subiecți decât cu concepte religioase, nu și cu alternative. Această scăpare a fost corectată într-un al doilea experiment, în care subiecții au fost expuși înainte de testul cu banii la terminologia bunului cetățean, la cuvinte precum „civic“, „juriu“ și „tribunal“. Și – ce să vezi – s-au dovedit la fel de altruiști ca cei „pregătiți“ cu termeni religioși, lăsând în medie 4,44 dolari pe masă. Acest rezultat e dătător de speranță pentru societățile seculare. Dacă apelurile la valorile comunității, la contractul social și la lege induc generozitatea la fel de eficient ca religia înseamnă că efectele pozitive ale acesteia din urmă sunt repetabile.

Mai mult, un studiu recent a comparat motivele pentru care credincioșii și necredincioșii își ajută semenii. S-a constatat că necredincioșii sunt mai sensibili la situația celuilalt, bazându-și altruismul pe sentimente de compasiune. Credincioșii, în schimb, au părut motivați de simțul obligației și de conduita prescrisă de religia lor. Comportamentul a fost același, dar motivațiile au părut diferite.[32] Există, în mod evident, multe motive pentru a fi bun, iar religia e doar unul dintre ele.

În prezent, Europa de Nord testează un model social complet secularizat, care e atât de avansat, încât copiii întreabă cu naivitate de ce sunt atât de multe „semne plus“ pe clădirile mari numite „biserici“, iar oamenii au uitat cu totul originile biblice ale unor expresii care au intrat în limbajul curent, cum ar fi „să te speli pe mâini de ceva“ sau „să nu arunci cu piatra“. Instituțiile civice au preluat mare parte dintre funcțiile pe care le îndeplineau inițial bisericile, de exemplu îngrijirea bolnavilor, a săracilor și a bătrânilor. Deși în marea lor majoritate cetățenii acestor țări sunt agnostici sau nepracticanți, asta nu-i împiedică să susțină cu fermitate acest efort. E un experiment de proporții uriașe, și economic, și moral, care s-ar putea să ne arate dacă statele naționale mari pot produce un contract social funcțional în absența religiei. Dacă cineva crede, așa cum cred eu, că moralitatea vine din interior, atunci are toate motivele să susțină acest efort, deși sunt de acord cu Freud, Kitcher și cu alții că, pentru a avea succes, e nevoie de mult mai mult decât de certificatul de deces al lui Dumnezeu.

Capitolul 8

MORALITATE DE JOS ÎN SUS

În zadar ne cățărăm pe picioroange, că pe picioroange totuși cu picioarele trebuie mers. Iar pe cel mai înalt tron de pe lume totuși pe curul nostru stăm.

— Montaigne[1]

Când am intrat, pentru a doua oară în viața mea, în sala cu numărul 56 din Museo Nacional del Prado din Madrid, am simțit că intru într-un templu. Chiar și după ce citisem atât de mult despre El Bosco și vizitasem centrul de artă Hieronymus Bosch din orașul meu natal, împreună cu prieteni vechi, am rămas plăcut surprins de cât de colorat și de vesel era originalul *Grădinii desfătărilor lumești*. Fundalul verde și albastru, fructele roșii, păsările cu penaj flamboaiant și mulțimea de nuduri roz-pal (și câteva negre) creau o atmosferă încântătoare, festivă. Culorile m-au izbit cu atât mai tare cu cât am intrat în sală din latura în care era expus *Triumful morții*, un tablou sumbru, tot numai maro și nuanțe anoste, de-ți vine să mori de tristețe când îl vezi. Desigur, aceasta a fost intenția artistului, Bruegel fiind perfect capabil să obțină culori vii.

Sala 56 e o sală cu tavane înalte, bine luminată, în care *Grădina* este protejată de cordoane, pentru ca oamenii să nu se poată apropia prea mult. Privind peste capetele unui grup de turiști, am studiat detaliile acestei capodopere care conține o sută de tablouri într-unul singur, căreia îi sunt dedicate tricouri, calendare, agende și suporturi pentru mouse în magazinul de cadouri al muzeului. M-am simţit cum s-a simţit probabil Antonio Damasio, marele cercetător în neuroştiinţe, când a călătorit departe de casă ca să se documenteze pentru cartea sa *În căutarea lui Spinoza*. Damasio a vizitat locurile în care a trăit filozoful iluminist la Haga şi Rijnsburg, în Olanda.

Damasio voia să afle mai multe despre Spinoza, olandezul cu origini portugheze. Părinţii evrei ai acestuia şi-au părăsit ţara natală, fugind de Inchiziţie pentru a evita convertirea cu forţa. Fiind la rândul său născut în Portugalia, Damasio a simţit o apropiere firească faţă de Spinoza, pe care îl compara cu alt filozof, Kant: în timp ce filozoful german dorea să combată pericolele pasiunii cu ajutorul raţiunii, Spinoza considera că pasiunea este motorul gândirii sale. Damasio l-a înfăţişat pe Spinoza ca pe un filozof cu puternice înclinaţii biologice şi a deplâns faptul că filozofia lui a fost dispreţuită din cauză că era sceptic faţă de Dumnezeul abrahamic. Tot aşa am vizitat şi eu Muzeul Prado, ca să văd pictura lui Bosch aflată în exil, cu sentimentul că pictorul mai are încă multe de spus în legătură cu originile moralei şi cu rolul religiei în raport cu morala, deşi nici lui Bosch nu i se recunosc decât prea rar meritele. A avut o influenţă profundă asupra mişcării suprarealiste, care, la patru sute de ani de la moartea lui, a fost celebrată pentru că era inedită, interesantă, o dovadă a expansiunii conştiinţei. Bosch a transformat visele în realitate, ilustrând veşnicele slăbiciuni ale omului într-un stil similar cu cel în care a scris contemporanul său Erasmus din Rotterdam. *Elogiul nebuniei*, cartea lui Erasmus care a cunoscut un succes răsunător, explica într-o latină erudită cât de vanitoasă şi proastă este specia umană. Nu pot decât să empatizez cu aceste încercări timpurii de a aduce cununa creaţiei cu picioarele pe pământ.

Un bun exemplu în acest sens este celălalt triptic al lui Bosch din sala 56, cunoscut sub numele de *Carul cu fân*. Tabloul înfăţişează un car plin cu fân care trece printr-o mulţime de oameni. Privind mai atent, observăm că oamenii se bat pentru paie. În olandeza mijlocie, *hoy* („fân") însemna „vanitate", „nimic", „vid".[2] În tablou, vedem oameni care se omoară între ei pentru niște fân, scot cuțitele și se înjunghie unii pe alții, în timp ce semeni de-ai lor sunt striviți sub roțile carului. Preoțimea participă și ea la învălmășeală, un călugăr îndesat așteptând să-i umple niște călugărițe sacul cu fân. Nobilii și papa vin călare în urma carului, cu demnitatea neatinsă, semn că cei avuți nu au de ce să se amestece cu sărăntocii ca să obțină ce vor. Carul își continuă drumul, atrăgând pe toată lumea, asemenea fluierașului din poveste, către voleul drept, unde-i așteaptă iadul. Tripticul ar putea fi un subiect perfect de conversație în cadrul bisericilor care predică „evanghelia prosperității" – promițându-le enoriașilor binecuvântări financiare –, dat fiind mesajul lui Bosch despre urâțenia și lipsa de noimă a lăcomiei. Aceasta este, fără îndoială, una din cele mai vechi învățături creștine, pe care Hristos o rezumă spunând că îi va fi mai greu bogatului să intre în rai decât unei cămile să treacă prin urechile unui ac. Tripticul demască efectul corupător al bunurilor materiale și zădărnicia unei vieți petrecute în căutarea bogăției.

Și totuși, adevărul e că abia dacă-l înțelegem pe Bosch, despre a cărui viață știm foarte puține și despre ale cărui idei și convingeri știm și mai puțin. Îl interpretăm după puterile noastre, fără vreo certitudine că deducțiile pe care le facem corespund intențiilor sale. După cum conchidea marele istoric de artă german Erwin Panofsky în legătură cu Bosch: „Am făcut câteva găuri în ușa camerei încuiate, dar cheia nu am găsit-o"[3].

Privind voleul stâng al *Grădinii*, am fost uimit încă o dată de sugestia nemaivăzută că paradisul ar fi putut fi populat altfel decât prin intermediul creației. Nu că Bosch ar fi fost evoluționist. Ideile evoluționiste moderne au apărut abia în secolul al XVIII-lea în Franța și Anglia – înaintea lui Darwin, dar cu mult după moartea lui Bosch. Trimiterile din tripticul lui se referă mai degrabă la teoria „autogenezei" a lui Aristotel, conform căreia un amestec de apă, noroi și bălegar intrat în

Bosch a înfățișat autogeneza unor ființe ciudate și diforme care ies din bălțile tulburi în acest fragment (ușor modificat) al Grădinii desfătărilor lumești. *Scena include și două detalii cu prădători care vânează. Oare pictorul voia să agite spiritele plasând această scenă cu tentă evoluționistă chiar la picioarele lui Adam și ale Evei?*

descompunere poate produce vietăți (deși uneori diforme). În *Grădină* apar două bălți cu „supă primordială“, din care ies creaturi cu pene și înotătoare, pești înaripați, un inorog care înoată, o pasăre cu trei capete, o focă cu membre superioare, precum și un fel de amfibieni. Olandezii sunt, desigur, obsedați de apă, pentru că trăiesc sub nivelul mării. Bosch a folosit de mai multe ori apa stătătoare ca simbol al răului, dar în acest caz ea produce viață. Nu mai cunosc alt tablou care să înfățișeze astfel de scene, care i-ar merge la inimă oricărui biolog. Apogeul îl constituie o vietate cu cioc de rață care citește liniștită o carte, aluzie la faptul că fructul cunoașterii se găsea deja în noroiul paradiziac.

Punând alături de Adam și Eva unele specii aflate în plină evoluție, pictorul pare să sugereze o legătură între formele modeste de viață și crearea omului. Deseori prezentat ca un creștin evlavios, Bosch și-a presărat totuși lucrările cu semințele scepticismului.

ÎNCEPUTURI UMILE

Animalele care ies târându-se din noroi ne amintesc de propriile noastre începuturi umile. Începuturile au fost simple. Acest lucru nu e valabil doar pentru corpul nostru – mâinile noastre au evoluat din înotătoare frontale, iar plămânii, dintr-o vezică înotătoare –, dar și pentru mintea și comportamentul nostru. Ideea că moralitatea nu ar avea o origine la fel de modestă ne-a fost indusă de religie și a fost îmbrățișată și de filozofie. Această perspectivă se află în directă contradicție însă cu ceea ce ne spune știința modernă despre caracterul primar al intuițiilor și al emoțiilor. Intră în contradicție, de altfel, și cu ceea ce știm despre alte animale. Unii spun că animalele sunt limitate la ceea ce sunt, în timp ce specia noastră urmează idealuri – lucru foarte ușor de demontat însă. Nu pentru că nu am avea idealuri, ci pentru că le au și alte specii.

De ce-și repară păianjenul pânza? Pentru că în mintea lui există o structură ideală, iar imediat cum pânza deviază de la ea păianjenul muncește din greu s-o refacă. Cum se asigură „mama ursoaică grizzly“[4] că puii îi sunt în siguranță? Oricine a intervenit între o ursoaică și puii ei știe că aceasta are în minte o configurație ideală și că nu-i place ca cineva să i-o strice. Lumea animalelor supraviețuiește prin reparații și corecții, mecanisme care intră în funcțiune când digurile săpate de castori sau mușuroaiele de furnici suferă stricăciuni ori când un animal își apără teritoriul sau locul în ierarhie. Când refuză să respecte ierarhia, o maimuță de rang inferior strică ordinea acceptată și dezlănțuie iadul. Corecțiile sunt prin definiție normative: reflectă felul în care animalele simt că trebuie să fie lucrurile. Foarte relevant în cazul moralității, la rândul ei normativă, este faptul că animalele sociale depun eforturi pentru a avea relații armonioase. Se străduiesc, pe cât posibil, să evite conflictele. Atunci când vedem natura ca pe o luptă continuă greșim profund. Într-un experiment realizat pe teren, doi babuini adulți au refuzat să se atingă de o arahidă aruncată între ei, care le aterizase la picioare. Hans Krummer, primatologul elveţian care a lucrat toată viaţa cu pavianii cu mantie*, povesteşte cum doi conducători de harem care s-au întâlnit într-un pom fructifer prea mic pentru a hrăni ambele familii au rupt-o la fugă ca să evite confruntarea. Au fost urmaţi de femelele şi odraslele lor, iar fructele au rămas neculese. Dat fiind că babuinii au canini enormi şi ascuţiţi, nu merită să se încaiere pentru orice bucăţică de hrană.[5] Cimpanzeii masculi se confruntă cu aceeaşi dilemă. De la fereastra biroului meu, i-am văzut de multe ori dând târcoale unei femele cu vulva umflată. În loc să se bată, masculii încearcă să păstreze pacea. Îi aruncă ocheade femelei şi îşi petrec întreaga zi toaletându-se reciproc. Până nu e toată lumea suficient de relaxată, nu va încerca nici unul să se împerecheze.

Dacă totuşi izbucneşte cearta, primatele reacţionează la fel ca păianjenul în faţa plasei rupte: încep să repare. Împăcarea este motivată de importanţa relaţiilor sociale. Studii făcute pe o mare diversitate de specii arată că, cu cât doi indivizi au relaţii mai apropiate şi fac mai multe lucruri împreună, cu atât au mai multe şanse să se împace după o agresiune.[6] Comportamentul lor arată că înţeleg cât de importante sunt prieteniile şi legăturile de familie. Pentru a aplana conflictele, e nevoie adesea să-şi învingă frica sau să-şi reprime agresivitatea. Dacă nu ar trebui îngropată securea războiului, n-ar avea nici un sens ca primatele să se pupe şi să se îmbrăţişeze cu foştii rivali. Mişcarea cea mai inteligentă ar fi să se ţină departe de ei.

Şi astfel revin la perspectiva mea asupra moralităţii. Legea morală nu e impusă de sus sau derivată din principii raţionale gândite temeinic; ea decurge din valori adânc înrădăcinate, care există de la începutul timpului. Legea morală fundamentală rezultă din valoarea pe care o are traiul în grup pentru supravieţuire. Dorinţa de apartenenţă, de relaţii bune, de a da şi a primi

* O specie de babuini (n. tr.).

dragoste ne determină să facem tot posibilul să rămânem în bună înțelegere cu cei de care depindem. Și alte primate sociale împărtășesc această valoare și se bazează pe același filtru dintre emoție și acțiune pentru a găsi un *modus vivendi* agreabil pentru toți cei implicați într-o relație. Vedem cum acționează acest filtru când cimpanzeii masculi se abțin să se încaiere pentru o femelă sau când masculii babuini se prefac că nu văd arahida care le-a căzut la picioare. Totul se reduce la inhibiții.

Tara, cea mai tânără femelă din colonia noastră de cimpanzei, are un obicei prost care le înnebunește pe doamnele mai în vârstă. Găsește uneori câte un șobolan mort în țarcul aflat în aer liber sau dezgroapă unul din vreo galerie abandonată, apucă mortăciunea de coadă, cu grijă să n-o atingă, și o pune pe furiș pe spinarea sau capul unei femele care doarme. Victima sare-n sus imediat cum simte (sau miroase) șobolanul mort, țipă în gura mare și se scutură violent ca să scape de mortăciune. Uneori chiar se freacă cu iarbă în locul respectiv, să fie sigură că a dispărut mirosul. Tara își recuperează rapid șobolanul și își caută următoarea victimă. Ce e de remarcat aici este lipsa totală a pedepsei. Victimele sunt foarte supărate, iar Tara e pe treapta cea mai de jos a ierarhiei, și totuși nu e pedepsită. Profită de răbdarea enormă pe care o arată adulții celor tineri.

Controlul emoțiilor se dovedește util în situațiile de viață și de moarte, cum a fost cea pe care mi-a descris-o Allan Schmidt, unul dintre principalii îngrijitori de la Grădina Zoologică Taronga, din Sydney, care adăpostește unul dintre cele mai frumoase grupuri de cimpanzei din lume. Aici s-a întâmplat ca Sembe, în vârstă de doi ani, să se încurce într-o zi în lanțul unei frânghii. Bineînțeles, Sembe s-a speriat foarte tare, iar țipetele sale au alertat-o pe mama ei, Shiba, care i-a sărit în ajutor. Shiba a reușit să desfacă lațul din jurul lui Sembe, apoi a luat-o în brațe ca s-o liniștească. După ce Sembe s-a calmat, Shiba s-a urcat din nou pe frânghie și a tăiat lațul cu dinții, asigurându-se astfel că nu va mai fi un pericol în viitor. Gândiți-vă ce

„Negocierea“ prin toaletare la trei cimpanzei adulţi aflaţi în apropierea unei femele atractive sexual (în prim-plan). Masculii inferiori au şanse mai mari să se împerecheze fără să fie alungaţi dacă îşi toaletează superiorii mai întâi.

înseamnă să eliberezi un copil din strânsoarea fatală a unei frânghii. Primul impuls ar fi, cu siguranţă, să tragi de frânghie sau de copil, lucru care ar înrăutăţi situaţia. Însă mama cimpanzeu a procedat corect slăbind nodul, ceea ce arată că a înţeles în ce consta pericolul. Astfel se explică şi măsurile de siguranţă pe care le-a luat ulterior.

Suntem mamifere, un grup de animale sensibile la emoţiile celorlalţi. Deşi prefer să dau exemple despre primate, mare parte din ce am descris până acum se aplică şi altor mamifere. Să luăm, de exemplu, cercetarea zoologului american Marc Bekoff, care a analizat înregistrări video cu câini, lupi şi coioţi filmaţi în timp ce se jucau. Acesta a tras concluzia că în cazul canidelor joaca se supune unor reguli, consolidează încrederea, presupune o doză de respect faţă de celălalt şi îi învaţă pe pui cum să se comporte. „Plecăciunea în semn de joacă“, o poziţie stereotipă în care animalul se apleacă sprijinindu-se pe labele din faţă şi îşi ridică posteriorul, ajută la stabilirea distincţiei dintre joacă şi sex sau dintre joacă şi conflict. Joaca încetează brusc însă imediat cum unul din parteneri se poartă urât sau îl răneşte din greşeală pe celălalt. Cel care a greşit „îşi cere scuze“ făcând o altă plecăciune în semn de joacă, moment în care celălalt poate „să-l ierte“ pentru jignire şi să continue hârjoneala. Inversarea rolurilor face jocul cu atât mai interesant, de exemplu când un membru dominant al haitei se tăvăleşte cu picioarele în sus în faţa unui pui şi îşi expune astfel burta, într-un gest de supunere. În acest fel, îi permite celui mic „să câştige“, lucru pe care nu l-ar permite niciodată în viaţa reală. Bekoff, ca şi mine, vede aici o legătură cu moralitatea:

> În timpul jocului social, când indivizii se distrează într-un cadru relativ sigur, învaţă regulile de bază care sunt acceptabile pentru ceilalţi (cât de tare pot să muşte, cât de dur pot să interacţioneze) şi cum să rezolve conflicte. Cei care joacă cinstit şi au încredere că şi ceilalţi vor face la fel vor fi răsplătiţi. Există coduri de conduită socială care reglementează ce este permis şi ce nu, iar existenţa acestor coduri ar putea fi relevantă în chestiunea evoluţiei moralităţii.[7]

Pentru Bekoff, a juca cinstit se referă la modul în care trebuie să se comporte un câine ca să fie un partener bun de joacă. Un câine mare care fugăreşte unul mic trebuie să-l lase pe celălalt să câştige, şi toţi câinii trebuie să-şi controleze forţa muşcăturii. Aceste reguli constituie ceea ce eu am numit „moralitate unu la unu“. Dar corectitudinea este testată şi altfel, atunci când sunt împărţite resursele. Deşi s-a încercat explicarea dreptăţii distributive prin tot felul de principii abstracte, emoţiile care o motivează sunt, încă o dată, mult mai simple decât s-a crezut. În fond, până şi copiii mici se enervează dacă primesc o felie de pizza mai mică decât fratele sau sora lor şi ţipă: „Nu-i corect!“ Ei sunt lezaţi în simţul dreptăţii şi îşi arată resentimentul faţă de faptul că au primit mai puţin. În absenţa acestei emoţii, de ce ne-ar mai păsa cum sunt împărţite lucrurile?

Egalitarismul vânătorilor-culegători sugerează că preocuparea noastră pentru împărţirea corectă a resurselor are o lungă istorie evoluţionistă. Vânătorii nu au voie nici măcar să-şi tranşeze singuri vânatul, ca nu cumva să-şi favorizeze familia şi prietenii. Antropologii au jucat „jocul ultimatumului" peste tot în lume şi au constatat că oamenilor de pretutindeni le pasă de echitate. „Jocul ultimatumului" constă în împărţirea unei sume între doi jucători. Aceştia vor primi banii numai dacă acceptă cum se face împărţirea. Specia noastră favorizează o împărţire egală, probabil pentru că partea care face propunerea ştie că nu va reuşi să impună o împărţire inechitabilă. Imaginile computerizate ale creierelor jucătorilor confruntaţi cu propuneri inechitabile arată că aceştia încercau emoţii negative, precum dispreţul şi furia.[8]

Modul în care oamenii joacă „jocul ultimatumului" este destul de complex, pentru că nu dau dovadă doar de echitate de ordin prim, adică protestează că au primit mai puţin, ci anticipează această reacţie la ceilalţi, încercând s-o prevină. Facem acest lucru promovând în mod activ echitatea şi ajungem astfel la echitatea de ordin secund, care constă într-o preferinţă faţă de rezultatele echitabile în general. Faptul că evitarea conflictului are un rol esenţial a fost deja intuit de Thomas Hobbes: „Orice om va căuta ce este bun pentru sine în mod natural şi ce este drept doar de dragul păcii şi în mod accidental"[9]. Sunt de acord cu Hobbes, doar că eu nu aş folosi vreodată cuvântul „accidental". O tendinţă umană atât de pronunţată şi universală trebuie să existe cu un scop.

Am înţeles cât de străveche este această tendinţă când, împreună cu Sarah Brosnan, am descoperit-o la maimuţele capucin. Acest experiment în care o maimuţă primeşte felii de castravete, în timp ce alta primeşte boabe de struguri pentru aceeaşi sarcină, a devenit foarte popular. Maimuţele îşi îndeplineau sarcina cu brio câtă vreme primeau aceeaşi răsplată, indiferent de calitatea ei, dar respingeau recompensele inegale atât de vehement, că nu puteau exista dubii în legătură cu ce simţeau. Obişnuiesc să arăt filme cu reacţiile maimuţelor în timpul conferinţelor mele, iar oamenii râd în hohote – ceea ce eu interpretez drept surpriza recunoaşterii.[10] Până atunci nu-şi dăduseră seama cât de mult seamănă emoţiile lor cu ale maimuţelor. Maimuţa care primeşte castravete îşi mestecă mulţumită prima felie, dar o apucă istericalele când vede că surata ei primeşte struguri. În momentul acela, aruncă feliile ei de castravete neapetisante şi începe să zguduie camera de testare atât de virulent, că ameninţă s-o facă praf. Acest tip de reacţie este motivat de aceeaşi emoţie care scoate oamenii în stradă să protesteze împotriva şomajului şi a salariilor mici. Mişcarea „Occupy Wall Street" a fost stârnită de aceeaşi nedreptate: în timp ce unii se tăvălesc în struguri, ceilalţi trăiesc în ţara castraveţilor.

Şi oamenii joacă la fel „jocul ultimatumului": au tendinţa să refuze ceva de mâncare pentru că altcineva primeşte un aliment mai gustos. Economiştii consideră că această reacţie este „iraţională", dat fiind că ceva e întotdeauna mai bun decât nimic. Nici o maimuţă, spun aceştia, n-ar trebui să refuze mâncarea pe care în alte condiţii ar mânca-o şi nici un om nu ar trebui să refuze ce li se oferă, oricât de neînsemnat ar fi. Banii sunt bani. Dacă aceste reacţii sunt iraţionale, aşa cum se spune, înseamnă că iraţionalitatea trece graniţa dintre specii. Atunci când vedem o maimuţă exprimându-se atât de vehement, înţelegem că simţul dreptăţii nu este produsul mult lăudatei noastre raţiuni, ci îşi are rădăcina în emoţii.

Trebuie să adaug însă că experimentul nostru cu maimuţe nu a reuşit să demonstreze că acestea ar avea şi sentimentul echităţii de ordin secund. Proprietarul strugurilor n-a fost văzut niciodată împărţindu-şi recompensa cu mâncătorul de castraveţi. Asta nu înseamnă însă că echitatea de nivel superior se regăseşte doar la om. Să nu uităm de rudele noastre cele mai apropiate, primatele. Primatele rezolvă în mod regulat conflicte legate de mâncare, fără să fie direct implicate. Am văzut o dată o adolescentă despărţind doi pui care se certau pentru o creangă cu frunze. Le-a luat creanga, a rupt-o în două, apoi a dat câte o jumătate fiecăruia. Oare a vrut doar să oprească cearta, sau a înţeles cum stă treaba cu împărţitul? La rândul lor, masculii de rang superior despart alţi membri ai grupului care se ceartă pentru mâncare, fără să se atingă de mâncarea care a stârnit conflictul. Mai e şi cazul Panbanishei, o femelă bonobo care se temea de privilegii. În timpul testelor din laboratorul de cogniţie, Panbanisha primea cantităţi mari de lapte şi stafide, dar simţea cum prietenii şi rudele o privesc cu invidie de la distanţă. După o vreme, a refuzat toate recompensele. Cu ochii la experimentator, a arătat spre ceilalţi până când au primit şi ei bunătăţi. Numai după aceea şi-a terminat porţia ei. Primatele au capacitatea de a gândi cu anticipaţie, iar dacă Panbanisha s-ar fi înfruptat din recompensă de faţă cu ceilalţi ar fi suportat, probabil, consecinţele mai târziu, când se alătura din nou grupului.[11]

Cele mai convingătoare dovezi de echitate de ordin secund sunt aduse însă de studiile lui Sarah pe cimpanzei. După ce am realizat toate testele suplimentare solicitate de critici pentru a demonstra că maimuţelor chiar le pasă de nedreptate, Sarah a pus la punct un proiect de mari dimensiuni cu cimpanzei. Descoperiserăm că sensibilitatea la nedreptate funcţionează doar în combinaţie cu efortul.[12] Simplul fapt că primatele nu primesc aceeaşi hrană nu produce o reacţie negativă. Lucrurile se schimbă însă dacă mâncarea este primită în urma unui efort. În acest context, cimpanzeii au fost recompensaţi cu struguri şi bucăţi de morcov pentru o sarcină simplă, strugurii fiind şi aici mâncarea mai bună. În mod previzibil, cei care au primit morcovi au refuzat să facă ce li s-a cerut sau au aruncat mâncarea dacă partenerul a primit struguri. Până aici, rezultatele confirmau studiile pe maimuţe. Dar nimeni nu a anticipat că şi cei care au primit struguri se vor supăra. După cum a notat Sarah în raportul său: „Am constatat în mod neaşteptat că probabilitatea ca cimpanzeii să refuze un strugure când celălalt cimpanzeu primea un morcov era mai mare decât atunci când celălalt cimpanzeu primea tot un strugure“[13].

Așadar, echitatea și dreptatea ar trebui considerate capacități străvechi. Ele decurg din nevoia de a menține pacea în contextul luptei pentru resurse. Avem în comun cu primatele ambele grade ale echitații, iar cu maimuțele și câinii, pe cel dintâi. Friederike Range, de la Universitatea din Viena, a constatat că un câine refuză „să dea laba“ cu un om dacă el nu primește nimic, în timp ce un alt câine e recompensat.[14] N-ar trebui să ne surprindă să găsim o astfel de reacție la câini, care se înscriu într-o lungă descendență de animale cooperante. A-ți păsa ce primește celălalt poate părea meschin, dar pe termen lung te ferește de a fi păcălit. Cine numește această reacție „irațională“ nu a înțeles nimic. Dacă noi doi vânăm deseori împreună și tu iei mereu cele mai bune bucăți de carne, va trebui să-mi găsesc alt partener de vânătoare. Nu e întâmplător probabil că toate trei speciile cărora le displace inechitatea – cimpanzeii, maimuțele capucin și canidele – sunt iubitoare de carne și vânează în grup. Sensibilitatea la împărțirea recompenselor asigură câștiguri egale cu efortul, lucru esențial în contextul cooperării susținute.

Și astfel ajung la următorul nivel al moralității, cel la care noi o luăm înaintea celorlalte primate. Ne pasă foarte mult de nivelul colectiv și dezvoltăm noțiuni de bine și de rău aplicabile tuturor celor din jur, nu doar nouă sau rudelor noastre apropiate. Nu că acest nivel le-ar lipsi cu totul primatelor – am abordat deja subiectul sub numele de *grijă pentru comunitate* –, dar necesită abilități de gândire abstractă mai mari, precum și anticiparea a ceea ce urmează să se întâmple dacă-i lăsăm pe alții să scape nepedepsiți pentru un comportament care nici măcar nu ne afectează direct. Noi, oamenii, avem capacitatea de-a ne imagina impactul acestor acțiuni asupra binelui comun. Valorile aflate la baza acestei capacități nu sunt nici de data asta complicate, dat fiind că funcționarea unei comunități serveşte interesele fiecărui membru, dar sunt mai greu de reperat la alte animale. Ne construim reputaţii de onestitate şi credibilitate şi îi dezaprobăm până la ostracizare pe cei care înşală şi pe cei care nu cooperează. Scopul nostru e să păstrăm pe toată lumea în rând, punând interesele colective înaintea celor egoiste. Moralitatea ne ajută să distribuim beneficiile vieţii în grup şi ţine în frâu exploatarea de către o elită puternică. Aici urmez perspectiva tradiţională a biologiei, pornind de la Darwin, asupra moralităţii ca fenomen de endogrup. Christopher Boehm a rezumat-o astfel:

> Codurile noastre morale se aplică complet doar în interiorul grupului, fie că e vorba de un grup lingvistic, o cultură orală care trăieşte pe acelaşi teren sau are aceeaşi identitate etnică, sau de o naţiune. Se pare că există un „rabat" moral special, peiorativ, ce se aplică străinilor culturali – care deseori nici măcar nu sunt consideraţi întru totul umani. [...][15]

Dar, chiar dacă e neîndoielnic că moralitatea a evoluat pentru a fi utilă în interiorul grupului, fără a lua în consideraţie omenirea în general, asta nu înseamnă că lucrurile au rămas la fel. În zilele noastre, încercăm din răsputeri să ne lărgim orizontul moral şi să aplicăm ce am învăţat că înseamnă o viaţă umană demnă şi lumii din afară, inclusiv străinilor, ba chiar şi duşmanilor. Ideea că şi duşmanii ar avea drepturi e un lucru nou: Convenţia de la Geneva privind prizonierii de război datează abia din 1929. Suntem nevoiţi, în măsura în care extindem sfera moralităţii, să ne bazăm pe intelect, pentru că, deşi sunt convins că moralitatea îşi are rădăcina în emoţii, biologia ne-a pregătit prea puţin pentru drepturile şi obligaţiile pe care le presupune lumea modernă. Am evoluat ca animale colective, nu ca cetăţeni globali. Cu toate acestea, a trecut o bucată bună de vreme de când reflectăm la aceste chestiuni, cum ar fi drepturile omului, şi nu există motiv să interpretăm etica naturalizată pe care o susţin în această carte drept o închisoare din care nu putem ieşi. Ea nu face decât să ne ofere o explicaţie a modului în care am ajuns până aici, dar noi, oamenii, obişnuim de multă vreme să ridicăm structuri noi pe temelii vechi.

BONOBO ŞI ATEUL

Ce i-ar spune un bonobo unui ateu? L-am cunoscut pe Kanzi, exemplarul bonobo cu cel mai ridicat grad de utilizare a limbajului, pe când trăia în Atlanta, împreună cu sora lui mai mică, Panbanisha. Deşi Kanzi înţelege limba engleză uimitor de bine şi este cel mai deştept bonobo pe care l-am văzut vreodată, enunţurile sale (formate pe un ecran de calculator, cu ajutorul simbolurilor) nu se ridică la nivelul unei dezbateri academice. Dar ne putem preface.

În primul rând, bonobo l-ar îndemna pe ateu „să nu mai doarmă plin de furie". Nu foloseşte la nimic să te agiţi în legătură cu absenţa a ceva, mai ales când acel ceva este atât de deschis interpretării precum existenţa lui Dumnezeu. E adevărat că, dacă să fii ateu autodeclarat constituie un stigmat, cum se întâmplă din păcate în această ţară, frustrarea e de înţeles. Ura dă naştere urii, şi asta explică de ce anumiţi atei critică atât de aspru religia şi afirmă că dispariţia ei ar fi o mare uşurare. Pentru ei nu contează că religia e prea adânc înrădăcinată ca să poată fi eliminată vreodată, nici că încercările de a face acest lucru cu forţa de-a lungul istoriei au adus doar nefericire. Dar dacă am lăsa religia în urmă încet şi cu blândeţe? Asta ar presupune să preţuim moştenirea religioasă cel puţin până la un punct, chiar dacă o considerăm depăşită. Poate că religia e ca o corabie care ne-a ajutat să traversăm oceanul şi să dezvoltăm societăţi de foarte mari dimensiuni, cu o moralitate funcţională. Acum, că vedem uscatul, unii dintre noi sunt gata să debarce. Dar cine poate spune dacă pământul e atât de ferm pe cât pare?

Eu susțin din plin un rol atenuat al religiei, în care accentul să cadă mai puțin pe Dumnezeul cel atotputernic și mai mult pe potențialul uman. Nu propun nimic nou, desigur; aceasta este ideologia umanistă. În zilele noastre, umanismul e văzut adesea ca antireligios, dar cu siguranță nu a fost așa la început.[16] Umanismul timpuriu critica teologia Bisericii, pe care o considera ruptă de viața practică, dar era, în linii mari, compatibil cu valorile creștine. Ar trebui însă să fiu prudent când vorbesc de valori „religioase“, pentru că noțiunea e problematică. Se poate spune mai degrabă că fiecare religie și-a însușit valori umane universale, pe care le-a susținut cu propriile narațiuni. Umanismul a devenit o alternativă la religie abia în secolul al XVIII-lea și și-a câștigat succesul la public pentru că propunea o conduită morală care se baza pe rațiune, și nu pe supranatural. Rămâne însă faptul că umanismul este ne-religios, iar nu anti-religios. Toleranța față de religie, chiar dacă aceasta nu răspunde mereu tot cu toleranță, permite umanismului să se concentreze pe ceea ce este esențial, și anume pe construirea unei societăți mai bune pornind de la abilitățile umane naturale. A rezultat de aici un experiment aflat în plină desfășurare în lumea occidentală: o societate din ce în ce mai seculară. La fel ca la mișcările tectonice, și aici schimbările se petrec treptat. Omenirea nu se poate schimba brusc, iar religia nu este nicidecum o influență străină. Este creată de noi și face parte din țesătura noastră identitară și culturală. Am face bine, așadar, să ne împăcăm cu religia și să învățăm de la ea, chiar dacă, în cele din urmă, vom merge în cu totul altă direcție.

Bonobo l-ar îndemna pe ateu să adopte aceeași perspectivă și pe termen lung. Vestea bună este că printre ingredientele principale ale unei societăți morale nu trebuie să se regăsească neapărat și religia, întrucât moralitatea vine din interior. În ciuda accentului pe care-l pune pe rațiune, umanismul consideră că omul este călăuzit nu doar de intelect, ci și de pasiune. Primata se recunoaşte fără probleme în această latură a noastră. Avem alcătuirea emoţională a unui animal social, mai exact a unui mamifer. Încercările anterioare de a găsi explicaţii biologice comportamentului uman au suferit din cauza insistenţei excesive pe aspectul genetic şi din pricina comparaţiilor abuzive cu insectele sociale. Nu vreau să fiu înţeles greşit, furnicile şi albinele cooperează într-un mod minunat, iar studiile efectuate asupra lor ne-au ajutat să facem mari progrese în înţelegerea altruismului. Este un triumf al teoriei evoluţioniste faptul că logica ei se aplică la o gamă atât de diversă de specii. Şi totuşi, insectele nu posedă circuitele neuronale pe care le-au dezvoltat mamiferele pentru empatie şi afecţiune. Chiar dacă comportamentul insectelor seamănă aparent cu al nostru, nu are la bază aceleaşi procese. E ca şi cum ai compara jocul de şah al calculatoarelor cu jocul marilor maeştri: s-ar putea să facă aceleaşi mutări, dar ajung la ele pe căi total diferite.

Aici bonobo se grăbeşte să remarce că nici el nu e insectă. Comparaţia cu celelalte specii de primate ne fereşte de grilele reducţioniste potrivit cărora am fi sclavii propriilor instincte. Cei care gândesc aşa sunt cei care folosesc repede cuvântul „greşeală" ori de câte ori oamenii se abat de la linia evoluţionistă. Le e mai uşor să blameze natura umană decât să-şi revizuiască teoriile. Problema e că sunt multe straturi între gene şi comportament, de la codificarea proteinelor (asta este sarcina genelor) până la procesele nervoase şi la psihologie. Suntem conduşi de valori şi emoţii înnăscute care nu atât ne dictează comportamentul, cât ni-l ghidează, ne îndreaptă într-o anumită direcţie, dar ne lasă mult spaţiu de manevră. Prin urmare, suntem capabili să le purtăm de grijă celor care nu ne pot răspunde la fel, să adoptăm copii cu care nu suntem înrudiţi, să cooperăm cu necunoscuţii şi să empatizăm cu membrii unei specii diferite. Şi nu suntem singurii; cel mai recent exemplu este cel al balenei cu cocoaşă care a ajutat o mamă balenă cenuşie să-şi apere puiul atacat de o balenă ucigaşă.[17] Mamiferele reacţionează la suferinţa altora şi ajung la un nivel de altruism mult peste cel prevăzut de teoriile centrate exclusiv pe gene.

Iată de ce bonobo n-ar fi de acord cu cei care consideră moralitatea incompatibilă cu evoluţia, cum ar fi Benjamin Carson, un neurochirurg american celebru care a afirmat: „În cele din urmă, dacă acceptăm teoria evoluţiei, ne lipsim de etică şi nu mai trebuie să respectăm un set de coduri morale, ne stabilim propria conştiinţă în funcţie de dorinţele personale“[18]. Dar faptul că oamenii de pretutindeni dezvoltă noţiunea de bine şi de rău înseamnă că una dintre cele mai profunde dorinţe ale noastre este să trăim într-o lume morală, iar asta vine în contradicţie cu afirmaţia lui Carson. Acesta porneşte de la premisa că moralitatea este împotriva firii noastre şi că toate dorinţele noastre sunt rele, pe când întreg scopul acestei cărţi este să dovedească contrariul. Slavă Domnului, dacă pot spune aşa, că avem acelaşi fond colectiv ca primatele, ceea ce ne face să preţuim legăturile sociale. În absenţa acestui fond, religia ar putea ţine predici despre virtute şi viciu *ad nauseam* – noi tot n-am pricepe o iotă. Suntem receptivi doar pentru că am evoluat să înţelegem importanţa relaţiilor, a avantajelor cooperării, a nevoii de încredere şi sinceritate ş.a.m.d. Până şi simţul dreptăţii vine din acest fond.

Aici bonobo s-ar alia cu ateul şi ar susţine că, oricare ar fi rolul religiei în contextul moralităţii, el nu datează de multă vreme. Moralitatea a precedat religia modernă, care i s-a anexat ulterior. Legile morale nu îşi au sorgintea în marile religii, ci, din contră, au fost inventate ca să vină în sprijinul moralităţii. Abia acum începem să înţelegem cum se manifestă această susţinere: întăreşte legăturile dintre oameni şi îi încurajează să aibă o purtare bună. Departe de mine gândul de a-i minimaliza rolul, care a fost vital în trecut şi ar putea rămâne la fel de important în viitorul apropiat, dar religia nu este nicidecum izvorul moralității.

În final, bonobo se amuză pe seama chinului intelectual pe care-l presupune separarea lui „este“ de „trebuie“, dihotomie care tulbură orice dezbatere privind evoluția moralității. E un principiu general acceptat în filozofie că nu putem trece de la modul de a fi al oamenilor sau al animalelor la idei morale. Prima situație e descriptivă, spun filozofii, iar a doua – prescriptivă. Chestiunea e serioasă și nu e deloc ușor de rezolvat, dar un bun punct de pornire ar fi să ne lămurim premisele. Dacă plecăm de la ideea că animalele sunt „desfrânate“ și nu-și pot controla impulsurile naturale, mergem într-o direcție greșită. Ca și noi, animalele preferă anumite comportamente și reacționează prin frică sau violență la orice abatere. Cine spune că un bonobo poate să facă orice i se năzare? Chiar și-n privința comportamentului sexual, unde întâmpină mai puține constrângeri decât noi, antropoidul tot are nevoie de un partener disponibil, precum și de absența masculilor dominanți. Are de împlinit o serie de așteptări, pe care ceilalți nu vor ezita să i le reamintească imediat ce sperie un pui sau atentează la mâncarea unei femele. Chiar dacă pentru bonobo binele și răul nu transcend nivelul experienței personale, valorile sale nu se deosebesc esențial de cele aflate la baza moralității umane. Și el încearcă să se integreze, respectă regulile sociale, empatizează cu ceilalți, reface relațiile deteriorate și obiectează la situațiile inechitabile. Deși suntem reticenți în a folosi termenul moralitate, conduita acestei primate se supune fără îndoială unor prescripții.

Cu această observație, bonobo își încheie cuvântul adresat ateului, pe care-l consideră mai degrabă protestatar decât susținător al unei cauze. Provocarea cea mare este să mergem mai departe, dincolo de religie și, mai ales, dincolo de moralitatea privită de sus în jos. Cele mai cunoscute „legi morale“ ale noastre nu sunt decât niște rezumate *post factum* a ceea ce noi considerăm moral, fiind însă limitate ca sferă de acțiune și pline de hibe. Originile moralității sunt mult mai umile și sunt ușor de recunoscut în comportamentul altor animale. Descoperirile științifice din ultimele decenii contrazic perspectiva pesimistă potrivit căreia moralitatea e o spoială subțire menită să acopere răutatea înnăscută a omului. Dimpotrivă, e limpede că dacă trecutul nostru evolutiv nu ar fi decurs așa cum a decurs nu am fi ajuns niciodată atât de departe.

Mulțumiri

Legătura dintre comportamentul primatelor, religie și umanism nu e numaidecât evidentă, dar are totuși o explicație logică. Interesul pentru aceste subiecte mi-a fost stârnit de studii despre cooperare și rezolvarea conflictelor la primate, care m-au îndemnat apoi să reflectez la evoluția empatiei și a moralității umane. În prima mea carte pe această temă, *Good Natured* (1996), religia era menționată doar în treacăt; pentru mulți însă, moralitatea și religia sunt inseparabile, în vreme ce alții neagă o astfel de asociere. Mi s-a părut oportun, așadar, să cercetez și viziunile religioase și nereligioase asupra vieții. Importanța lor este hotărâtoare dacă vrem să aflăm de ce specia noastră distinge automat între purtarea bună și cea rea.

L-am inclus în această carte pe Hieronymus Bosch, care a fost o prezență constantă în viața mea. Pe unul dintre cimpanzeii de la Arnhem l-am botezat Yeroen, după Bosch, al cărui prenume în neerlandeză este Jeroen. Cunoscându-mi afecțiunea pentru pictorul olandez, studenții mei de atunci, din anii '70, mi-au făcut cadou după ce mi-am susținut teza de doctorat o carte bogat ilustrată despre Bosch. Marianne Oertl, o jurnalistă germană, ea însăși pictoriță, mi-a stârnit și mai tare interesul atunci când a remarcat legătura dintre Bosch și modul meu de a privi natura umană. Ea îl considera unul dintre primii umaniști, și la fel îl înfățișez și eu în cartea de față.

În 2009, antropoloaga americană Sarah Hrdy și cu mine am primit doctorate onorifice de la University of Humanistic Studies din Utrecht, prilej cu care am sondat și mai adânc punctul de vedere umanist, în cadrul discuțiilor cu filozoful Harry Kunneman și cu alții. Dar, bineînțeles, principala direcție din care am abordat moralitatea a fost întotdeauna activitatea mea științifică privind aspectul prosocial al comportamentului animalelor. În deceniile de muncă de cercetare care au contribuit la scrierea acestei cărți, am colaborat cu prea mulți colegi, studenți și am beneficiat de prea multe surse de finanțare pentru a le putea enumera pe fiecare. Vreau doar să le mulțumesc celor mai recenți colaboratori și membri ai echipei mele care au contribuit la rezultatele menţionate, inclusiv la întâmplările din viaţa reală care ilustrează explicaţiile mele: Kristin Bonnie, Sarah Brosnan, Sarah Calcutt, Matthew Campbell, Devyn Carter, Zanna Clay, Marietta Dindo, Tim Eppley, Pier Francesco Ferrari, Katie Hall, Victoria Horner, Kristi Leimgruber, Tara McKenney, Teresa Romero, Malini Suchak, Joshua Plotnik, Jennifer Pokorny, Amy Pollick, Darby Proctor, Diana Reiss, Taylor Rubin, Andy Whiten şi Yuko Hattori. Sunt recunoscător Centrului Naţional Yerkes pentru Studierea Primatelor din cadrul Emory University pentru că mi-a găzduit studiile şi le sunt recunoscător numărului mare de maimuţe şi de primate care au participat la ele şi au ajuns astfel să facă parte din viaţa mea.

De-a lungul anilor am discutat cu mulţi filozofi care m-au lămurit cu privire la felul în care disciplina lor abordează moralitatea. Filozofii cugetă la această temă de milenii bune, pe când biologii sunt abia la început. Le mulţumesc tuturor, dar şi altor specialişti şi prieteni pentru sfaturile şi comentariile lor pe marginea unor fragmente din manuscris: Isabel Behncke, Nathan Bupp, Patricia Churchland, Bettina Cothran, Peter Derkx, Ursula Goodenough, Orin Harman, Sarah Hrdy, Philip Kitcher, Harry Kunneman, Robert McCauley, Ara Norenzayan, Jared Rothstein şi Christopher Ryan. Thomas Vriens şi Centrul de artă Jheronimus Bosch, din Den Bosch, au verificat informaţiile din secţiunile dedicate pictorului, dar interpretările îmi aparţin în totalitate.

Îi mulţumesc agentei mele Michelle Tessler pentru sprijinul ei neîntrerupt şi editorului de la Norton, Angela von der Lippe, pentru lectura critică a manuscrisului. Ca întotdeauna, cel mai aspru critic al meu a fost Catherine, soţia mea, care îmi citeşte cu nerăbdare paginile scrise zilnic şi mă ajută să-mi îmbunătăţesc textul cu părerile ei sincere. Ba mai mult, mă răsfaţă şi mă face un om fericit.

Note

1. DESFĂTĂRI LUMEȘTI

1. Friedrich Nietzsche (1889), p. 5; [2012], p. 1.
2. Cunoscut și sub numele de 's-Hertogenbosch, orașul este capitala de secol XII a unei provincii din sudul Olandei. Pe vremea când a trăit Bosch (cca 1450–1516), era al doilea cel mai mare oraș din țară, după Utrecht.
3. În 2007, Al Sharpton și Christopher Hitchens au ținut o dezbatere despre religie la New York Public Library. Vezi www.fora.tv.
4. Postarea de pe blog a apărut în *The Stone*, pe 17 octombrie 2010, disponibilă la: http://opinionator.blogs.nytimes.com/2010/10/17/morals-without-god/.
5. Marc Kaufman, „Dalai Lama gives talk on science", *Washington Post*, 13 noiembrie 2005.
6. În sprijinul ideii că cimpanzeii ar merita mai multă atenție decât bonobo, Melvin Konner (2002), p. 199, scria: „Și, oricum, cimpanzeii s-au descurcat mult mai bine decât bonobo, care sunt pe cale de dispariție".
7. „Hominin" este cel mai recent termen pentru oameni și strămoșii lor bipezi; termenul anterior a fost „hominid".
8. Jürgen Habermas (2001), în discursul pe care l-a susținut când Asociația Editurilor și Vânzătorilor de Carte Germani i-a decernat Premiul pentru Pace. În textul german apare cuvântul *Schuld*, care înseamnă deopotrivă „învinovățit" și „vinovat": „*Als sich Sünde in Schuld verwandelte, ging etwas verloren*".
9. John Gray (2011), p. 235.
10. Alain de Botton (2012), p. 11; [2013], p. 10.
11. Karl Pearson (1914), p. 91.
12. Sam Harris (2010) și-a subintitulat cartea: *How Science Can Determine Human Values* (*Cum poate știința să stabilească valorile umane*).
13. PLoS Medicine Editors (2011).

2. CUM EXPLICĂM BUNĂTATEA

1. Charles Darwin (1871), p. 72; [1967], p. 88.
2. Catherine Crockford *et al.* (2012).
3. J.B.S. Haldane, citat în Oren Harman (2009), p. 158.
4. John Maynard Smith, citat în Harman (2009), p. 167.
5. Despre Ronald Fisher şi John von Neumann, vezi Harman (2009), p. 110.
6. Din Frans de Waal (1996), p. 25.
7. George Price, într-o scrisoare din 1971 către Henry Morris, părintele creaţionismului modern, citat în Harman (2009), p. 248.
8. Robert Trivers, într-un interviu cu Carole Jahme în *Guardian*, 7 octombrie 2011.
9. Ernst Mayr (1997), p. 250, a scris: „Huxley, care credea în cauze finale, a respins selecţia naturală şi nu a fost nicidecum un reprezentant al adevăratei gândiri darwiniste. [...] E păcat că, dată fiind confuzia lui Huxley, eseul său [despre etică] este adesea invocat astăzi ca o referinţă de încredere".
10. Pentru afirmaţia lui Joseph Hooker şi alte detalii despre dezbaterea Wilberforce–Huxley, vezi Ronald Numbers (2009), p. 155.
11. Scrisoarea lui T.H. Huxley către Charles Darwin, 23 noiembrie 1859, în Leonard Huxley (1901), p. 189.
12. Scrisoarea lui T.H. Huxley către Frederick Dyster, 10 octombrie 1854, în Leonard Huxley (1901), p. 122.
13. De la Leonard Huxley (1916), p. 322.
14. De la T.H. Huxley (1894), p. 81.
15. Adrian Desmond (1994), p. 599.
16. Michael Ghiselin (1974), p. 247.
17. Robert Wright (1994), p. 344.
18. Ca să-şi apere punctul de vedere, George Williams (1988), p. 180, scria: „Aş putea accepta că indiferenţa morală este o caracterizare justă a universului fizic. Pentru lumea biologică e nevoie însă de un termen mai puternic".
19. Un interviu realizat de Frans Roes (1997), p. 3, îl citează pe Richard Dawkins: „Ce spun eu, şi odată cu mine şi alţii, printre care T.H. Huxley, este că în viaţa noastră politică şi socială suntem îndreptăţiţi să ne descotorosim de darwinism, să spunem că nu vrem să trăim într-o lume darwinistă".
20. Francis Collins (2006), p. 218.
21. Richard Dawkins la emisiunea *Real Time* cu Bill Maher, 11 aprilie 2008.

22. Dintr-o scrisoare a lui Charles Darwin către T.H. Huxley, 27 martie 1882, în Desmond (1994), p. 519.
23. Charles Darwin (1871), p. 98.
24. Robert Boyd şi Peter Richerson (2005) o numesc „ipoteza marii greşeli".
25. Jessica Flack *et al.* (2005). V. de Waal (1992) pentru date privind arbitrajul imparţial.
26. Roger Fouts şi Stephen Mills (1997).
27. Jill Pruetz (2011).
28. Christophe Boesch *et al.* (2010).
29. Nietzsche, F. (1887), p. 51; [2006], p. 357.
30. Marcus Aurelius (2002); [2013], p. 231: „Nimeni nu oboseşte primind beneficii; a face un serviciu este, într-adevăr, o acţiune conformă cu natura: nu pregeta, aşadar, să primeşti beneficii, în timp ce le faci".
31. Lara Aknin *et al.* (2012).

3. BONOBO DIN ARBORELE GENEALOGIC

1. Parafrază des întâlnită a unei remarci făcute de Abraham Lincoln după ce a vorbit cu simpatie despre rebelii din Sud. O femeie i-a reproşat că ar face mai bine să-şi distrugă duşmanii decât să se împrietenească cu ei, la care Lincoln i-ar fi replicat (Ury, 1993, p. 146): „Dar, doamnă, oare nu-i nimicesc când mi-i fac prieteni?"
2. Jean-Baptiste Lamarck (1809), p. 170.
3. Din *Elegy of Lamarck*, de Georges Cuvier, citită în faţa Académie des Sciences, la Paris, pe 26 noiembrie 1832.
4. *The Colbert Report*, 30 ianuarie 2008.
5. Frans de Waal (1997a), p. 84.
6. Richard Wrangham şi Dale Peterson (1996), p. 204.
7. Frans de Waal (1989), p. 215.
8. Frans de Waal (1997a), p. 81.
9. Urmăriţi-o pe Isabel Behncke Izquierdo la www.ted.com/talks/.
10. Robert Ardrey (1961) scria: „Ne-am născut din primate evoluate, nu din îngeri căzuţi, iar primatele cu pricina erau, pe deasupra, şi ucigaşi înarmaţi".
11. Gottfried Hohmann, citat în Parker (2007).
12. Susan Block, „Bonobo Bashing in the New Yorker", *Counterpunch*, 25 iulie 2007, disponibil la http://www.counterpunch.org/2007/07/25/bonobo-bashing-in-the-new-yorker/.
13. Takeshi Furuichi, în Parker (2007).
14. Glenn Shepard (2011).

15. Laurinda Dixon (1981).
16. Hieronymus este forma latină a lui Ieronim. Olandezii folosesc în mod uzual „Jeroen“ pentru prenumele pictorului, care îşi semna lucrările cu „Jheronimus Bosch“.
17. Desiderius Erasmus (1519), p. 66.
18. Takeshi Furuichi (2011), p. 136.
19. Gottfried Hohmann şi Barbara Fruth (2011), p. 72.
20. Robert Yerkes (1925), p. 246: „Dacă aş povesti despre comportamentul altruist şi evident plin de compasiune [al acestui bonobo] faţă de Panzee [un cimpanzeu bolnav], aş fi bănuit că idealizez o primată“.
21. Celulele în formă de fus se mai numesc şi „neuroni von Economo“ sau celule VEN. Vezi John Allman *et al.* (2002).
22. James Rilling *et al.* (2011), p. 369.
23. Kay Prüfer *et al.* (2012). Pentru mai multe despre „primatele bipolare“, vezi de Waal (2005).
24. Harold Coolidge (1933), p. 56.

4. DUMNEZEU A MURIT, SAU E DOAR ÎN COMĂ?

1. Jonathan Swift (1667–1745), citat în Maturin Murray Ballou (1872), p. 433.
2. Eticheta de „atei noi“, pe care-i voi numi neoatei, se aplică mai ales celor patru autori de bestselleruri care critică religia şi adepţilor lor: Sam Harris, Dan Dennett, Richard Dawkins şi Christopher Hitchens.
3. A.C. Grayling, într-un interviu din *Guardian*, 3 aprilie 2011.
4. Născut în 1525 în aceeaşi regiune, Pieter Bruegel cel Bătrân a fost foarte influenţat de Bosch. Mai puţin moralizator şi mai interesat de viaţa de zi cu zi, acesta a trăit şi a pictat mai ales în Anvers şi în Bruxelles.
5. Puteţi viziona emisiunea *The O'Reilly Factor* din 4 ianuarie 2011 la www.youtube.com/watch?v=2BCipg71LbI.
6. Christopher Hitchens (2007), [2012], se mândrea, înainte de a deveni ateu, cu parcursul său spiritual: fusese anglican, primise o educaţie metodistă, se căsătorise cu o ortodoxă din Grecia, fusese adept al lui Sai Baba şi fusese cununat de un rabin.
7. Hitchens, C. (2007); [2012], p. 154.
8. Sam Harris (2010), [2013], p. 74: „Islamul conservator, o religie «uşor de criticat»“.
9. Cartea lui John Draper *History of the Conflict between Religion and Science* (1874) şi cartea lui Andrew White *A History of Warfare of Science with Theology in Christendom* (1896).
10. Olaf Blanke şi Shahar Arzy (2005), p. 17.

11. Frans de Waal *et al.* (1996).
12. Observând că neoateii sunt „siguri că lumea ar fi un loc mai bun dacă religia ar fi anihilată“, Dan Dennett (2006) adaugă: „Eu rămân agnostic în această privință. Nu știu cu ce am putea înlocui religia – sau ce ar apărea neinvitat în locul ei –, așa că prefer să explorez în continuare posibilitatea reformării religiei“.
13. Joseph Smith (1938).
14. Bernard Barber (1961), p. 596.
15. Jerry A. Coyne, „Science and religion aren't friends“, *USA Today*, 11 octombrie 2010.
16. Michael Gazzaniga, intervievat în *Annals of the New York Academy of Sciences* (The Year in Cognitive Neuroscience), vol. 1224 (2011), p. 8.
17. Albert Einstein: „Ce-mi displace la acest gen de argumentație [a lui Niels Bohr și a altora] este atitudinea pozitivistă frustă, care din punctul meu de vedere nu poate fi susținută. [...] «Ființa» e întotdeauna ceva construit de mintea noastră, adică ceva ce postulăm noi în mod liber“. Citat în Michael Dickson (1999), un articol despre împletirea strânsă dintre teorie și observație.
18. Matt Ridley (2001) a descris prima expoziție cu primate, găzduită de la Grădina Zoologică din Londra.
19. Conform unui sondaj Gallup realizat în Statele Unite în mai 2011, 30% dintre cei chestionați au răspuns că Biblia reprezintă efectiv cuvântul lui Dumnezeu, 49% – că este un text inspirat de Dumnezeu, iar 17% – că e o carte cu fabule și legende.
20. Am făcut o recenzie a acestei cărți despre viol pentru *New York Times Book Review* din 2 aprilie 2000.
21. În 2009, Pew Research Center a făcut un sondaj întrebându-i pe americani dacă sunt de acord „că evoluția este cea mai bună explicație a originii vieții pe pământ“. Budiștii (80%) și hindușii (80%) au fost în cea mai mare măsură de acord, urmați de catolici (58%) și de protestanții tradiționali (51%); cel mai mare dezacord l-au manifestat protestanții evangheliști (24%) și mormonii (22%).
22. Dintr-o discuție între Matthieu Ricard și tatăl său, Jean-François Revel, un filozof francez important, în care Ricard spune că știința face „*une contribution majeure à des besoins mineurs*“ (Revel și Ricard, 1997, [2015]). Ricard a adăugat de curând că și-a schimbat părerea și că știința a ameliorat mult condiția umană.
23. Lev Tolstoi (1882), [2009], căuta răspunsuri la întrebări precum „Care e sensul vieții mele?“, „Ce se va alege de viața mea?“, „Pentru ce există tot ceea ce există, și pentru ce exist eu?“.

24. Albert Einstein a scris într-o scrisoare din 25 octombrie 1929 (Jammer, 1999, p. 51): „Noi, adepții lui Spinoza, îl vedem pe Dumnezeul nostru în ordinea și în legile frumoase a tot ceea ce există și în sufletul său, așa cum se arată în om și animal. E cu totul altă întrebare dacă credința într-un Dumnezeu personal ar trebui contestată. [...] Eu unul nu m-aș încumeta niciodată la un asemenea demers. Căci o astfel de credință mi se pare preferabilă lipsei unei viziuni transcendente asupra vieții și mă întreb dacă omenirea va mai primi vreodată cu atâta succes un mijloc mai sublim de a-și satisface nevoile metafizice".
25. Interviu din 2011 cu Paul Kurtz: www.superscholar.org/interviews/paul-kurtz/.
26. Charles Renouvier (1859), p. 390: *„à proprement parler, il n'y a pas de certitude; il y a seulement des hommes certains*".
27. Ursula Goodenough (1999).
28. John Steinbeck (1951), p. 178.

5. PARABOLA BUNULUI SIMIAN

1. Michel de Montaigne (1877, vol. 1, p. 94), [1971, vol. I, p. 89].
2. Keith Jensen *et al.* (2006), p. 1013: „Cimpanzeii fac alegeri exclusiv pe baza câștigului personal, fără să țină cont de impactul pe care acțiunile lor l-ar putea avea asupra unui congener".
3. Ernst Fehr și Urs Fischbacher (2003).
4. Joan Silk *et al.* (2005), p. 1359: „Faptul că cimpanzeii nu manifestă preferințe față de ceilalți cimpanzei ar putea indica faptul că astfel de preferințe sunt o proprietate derivată a speciei umane, din aceeași categorie cu [alte] capacități sofisticate".
5. Victoria Horner *et al.* (2011a).
6. John Skoyles (2011); vezi replica Victoriei Horner *et al.* (2011b).
7. Tacticile de răzbunare au fost confirmate statistic în Frans de Waal (1992).
8. David Freedberg și Vittorio Gallese (2007), p. 197.
9. Prima demonstrație neurofiziologică a existenței neuronilor-oglindă umani de către Roy Mukamel *et al.* (2010).
10. B.F. Skinner (1953), p. 160.
11. Temple Grandin și Catherine Johnson (2004), p. 11.
12. Ivan Norscia și Elisabetta Palagi (2011).
13. Frans de Waal (2009), p. 61.
14. Într-o scrisoare către Joshua Speed din 24 august 1855, Lincoln scria: „[Este] un lucru care a exercitat și continuă să exercite asupra mea puterea de a mă face nefericit". Disponibil la http://showcase.netins.net/web/creative/lincoln/speeches/speed.htm.

15. Grit Hein *et al.* (2010).
16. Dale Langford *et al.* (2006).
17. Tony Buchanan *et al.* (2011).
18. Inbal Ben-Ami Bartal *et al.* (2011), p. 1429.
19. John Darley şi Daniel Batson (1973).
20. Teresa Romero *et al.* (2010).
21. Shinya Yamamoto *et al.* (2012).
22. Jill Pruetz şi Stacy Lindshield (2011).

6. ZECE PORUNCI ÎN PLUS

1. Immanuel Kant (1788), *Critique of Pratical Reason*, disponibil la www.gutenberg.org/cache/epub/5683/pg5683.html; [*Critica raţiunii pure*, trad. de Traian Brăileanu, Paideia, Bucureşti, 1972, p. 252.]
2. Edward Westermarck (1912), p. 19.
3. Potrivit mass-media franceze, Tristane Banon l-a comparat pe DSK cu „*un chimpanzé en rut*".
4. Philip Kitcher (2006), p. 136, a împrumutat termenul „desfrânat" de la Harry Frankfurt (1971), care îl foloseşte în contextul unei discuţii despre liberul-arbitru.
5. Christophe Boesch (2010).
6. Klaus Scherer (1994), p. 127.
7. Pentru mai multe informaţii privind mărimea relativă a cortexului uman, vezi Katerina Semendeferi *et al.* (2002) şi Suzana Herculano-Houzel (2009).
8. Pentru gratificaţia amânată la primate, vezi Theodore Evans şi Michael Beran (2007).
9. Jesse Prinz (2006), p. 37.
10. Konrad Lorenz (1960).
11. Chris Coe şi Leonard Rosenblum (1984) descriu experimentul în care masculii subordonaţi „au reacţionat într-un mod care denotă percepţia încălcării codului social".
12. Din Frans de Waal (1982), p. 92.
13. Jessica Flack *et al.* (2004).
14. Vezi Kevin Langergraber *et al.* (2007), Joan Silk *et al.* (2009) şi Carl Zimmer, „Friends with benefits", *Time*, 20 februarie 2012.
15. David Hume (1739) notează cât de des trec autorii de la descrieri despre cum sunt lucrurile la afirmaţii despre cum ar trebui să fie, adăugând la p. 335: „Schimbarea este imperceptibilă, dar în acelaşi timp de o importanţă covârşitoare. Căci, atât timp cât acest „trebuie" (sau „nu trebuie") exprimă o revelaţie sau o afirmaţie nouă, este necesar

să fie observat şi explicat; şi în acelaşi timp să se ofere o justificare pentru ceea ce pare cu totul de neconceput, felul în care această relaţie poate fi dedusă din altele, cu totul diferite de ea“ [traducerea în limba română îmi aparţine, n. tr.].

16. Patricia Churchland (2011).
17. Eric de Bruyn (2010).
18. Wilhelm Fränger (1951).
19. Henry Miller (1957), p. 29.
20. Philip Kitcher (2011), p. 207.
21. Numărul de hotărâri judecătoreşti favorabile eliberării condiţionate emise de judecătorii israelieni se apropia de 0 înainte de pauza de prânz, dar dintre cele emise după pauza de prânz 65% erau favorabile (Danziger *et al.*, 2011).
22. Blaise Pascal: „*Le cœur a ses raisons, que la raison ne connaît point*“, în *Cugetări* ([1897], 1998), p. 269.
23. Claudia von Rohr *et al.* (2012).
24. Francys Subiaul *et al.* (2008).
25. Victoria Horner *et al.* (2010).
26. Edward Westermarck (1917), p. 238.
27. Edward Westermarck (1912), p. 38.
28. Christopher Boehm (2012).
29. Richard Lee (1969).
30. Michael Alvard (2004) şi Joseph Henrich *et al.* (2001).
31. Condensat din Milton Diamond (1990), p. 423.
32. Despre diversitatea sexuală umană, inclusiv comparaţii cu bonobo, vezi Sarah Hrdy (2009), Christopher Ryan şi Cacilda Jethá (2010), Robert Walker *et al.* (2010) şi Frans de Waal (2005).
33. Reprezentantul statului Georgia, Lynn Westmoreland, la *The Colbert Report*, 14 iunie 2006.
34. Christopher Hitchens (2007), p. 99; [2012], p. 107.
35. Sam Harris (2010).
36. Filozoful britanic Simon Blackburn a folosit acest argument al „paradisului proştilor“ când a refutat public teoriile lui Harris, în 2010: www.youtube.com/watch?v=W8vYq6Xm2To&feature=related.
37. Recunoaşterea rudeniei la plante, teorie propusă de Susan Dudley şi Amanda File (2007).
38. Dezbatere în cadrul Prelegerilor Tanner organizate la Princeton University, în 2004. Vezi Stephen Macedo şi Josiah Ober (2006).
39. Michael Specter, „The dangerous philosopher“, în *The New Yorker*, 6 septembrie 1999.

40. Filozoful american Mark Johnson (1993), p. 5, scria: „Este iresponsabil din punct de vedere moral să gândești și să acționezi ca și cum am poseda o rațiune universală, detașată de corp, care generează norme absolute, proceduri de luare a deciziilor și legi universale sau categorice pe baza cărora facem diferența dintre bine și rău, în orice situație de care ne lovim".
41. Dezbaterea e prea complexă pentru a putea fi redată pe deplin de un nefilozof, cum sunt eu. În afara cărților menționate de Kitcher și Churchland, recomand Martha Nussbaum (2001) și Richard Joyce (2005).
42. Povești cu bonobo de la Milwaukee County Zoo, spuse de îngrijitoarea Barbara Bell lui Jo Sandin (2007) și mie.

7. GOLUL LĂSAT DE MOARTEA LUI DUMNEZEU

1. Voltaire (1768), p. 402: *„Si Dieu n'existait pas, il faudrait l'inventer"*.
2. În urma unei infecții cronice, degetul lui Makali a fost amputat de un veterinar.
3. Geza Teleki (1973).
4. James Anderson *et al.* (2010), p. R351.
5. Nahoko Tokuyama *et al.* (2012).
6. Documentarul realizat de Bert Haanstra, în 1984, *The Family of Chimps*.
7. Jeffrey Levin (1994) și William Strawbridge *et al.* (1997).
8. Jane Goodall (2005), p. 1304.
9 Victoria Horner și Andrew Whiten (2005).
10. Philip Dray (2005).
11. Richard Wrangham și Dale Peterson (1996), și Richard Byrne (1995).
12. Mathias Osvath (2009).
13. Mathias și Helena Osvath (2008).
14. Natacha Mendes *et al.* (2007).
15. Tetsuro Matsuzawa (2011), p. 304.
16. Ara Norenzayan și Ian Hansen (2006).
17. Carl Linfert (1972).
18. BBC, *The Forum*, 10 octombrie 2010.
19. Roberta Smith, „Just when you thought it was safe", în *New York Times*, 16 octombrie 2007.
20. Daniel Everett (2005), p. 30. Andrew Nevins *et al.* (2009) își exprimă îndoiala în legătură cu absența miturilor și credințelor în rândul populației Pirahã.
21. Richard Sosis și Eric Bressler (2003).
22. Emma Cohen *et al.* (2010).
23. David Sloan Wilson (2002), p. 159.

24. Pascal Boyer (2010), p. 85.
25. Michael Fitzgerald, „Why science is more fragile than faith“, în *Boston Globe*, 8 ianuarie 2012. Vezi şi Robert McCauley (2011).
26. William Arsenio şi Melanie Killen (1996).
27. Sigmund Freud (1928), p. 89; [2010], p. 216.
28. Sam Harris a spus: „Ar exista o religie a raţiunii“, ca răspuns la întrebarea cum ar arăta o lume fără Dumnezeu. Gary Wolf, „The church of the non-believers“, în *Wired*, noiembrie 2006.
29. Philip Kitcher (2009).
30. Ara Norenzayan şi Azim Shariff (2008), şi Shariff şi Norenzayan (2007).
31. Deepak Malhotra (2010) şi Benjamin Edelman (2009).
32. Laura Saslow *et al.* (2012).

8. MORALITATE DE JOS ÎN SUS

1. Michel de Montaigne (1877), vol. 3, p. 499; [1971], vol. II, p. 686.
2. O expresie olandeză despre viaţă, din secolul al XV-lea, spune aşa: „*Tis al hoy en stof*“ („Totu-i fân şi praf“).
3. Erwin Panofsky (1966), p. 357.
4. Expresia „Mama Grizzly“ s-a răspândit în 2008 datorită lui Sarah Palin, candidată la postul de vicepreşedinte al SUA.
5. Hans Kummer (1995).
6. Frans de Waal (2000).
7. Marc Bekoff (2001), p. 85.
8. Joe Henrich *et al.* (2001) şi Alan Sanfey *et al.* (2003).
9. Thomas Hobbes (1651), p. 36.
10. Înregistrarea video despre echitatea la maimuţe încheie prelegerea TED pe care am susţinut-o în 2012, disponibilă la: www.ted.com/talks.
11. Incidentul cu Panbanisha este povestit în Frans de Waal (1997a) de Sue Savage-Rumbaugh, care a observat că primatele bonobo pe care le are în grijă sunt mai fericite când toată lumea primeşte aceeaşi recompensă.
12. Megan van Wolkenten *et al.* (2007).
13. Sarah Brosnan *et al.* (2010).
14. Friederike Range *et al.* (2008).
15. Christopher Boehm (2012).
16. Peter Derkx (2011).
17. Candace Calloway Whiting, „Humpback whales intervene in orca attack on gray whale calf“, în *Digital Journal*, 8 mai 2012, disponibil la http://digitaljournal.com/article/324348.
18. Jonathan Gallagher, „Evolution? No: A conversation with Dr. Ben Carson“, în *Adventist Review*, 26 februarie 2004.

Bibliografie

Aknin, L.B., J.K. Hamlin și E.W. Dunn, „Giving leads to happiness in young children", în *PLoS ONE*, 7, e39211.

Allman, J., A. Hakeem și K. Watson, „Two phylogenetic specializations in the human brain", în *Neuroscientist*, 8, pp. 335–346, 2002.

Alvard, M., „The Ultimatum Game, fairness, and cooperation among big game hunters", în *Foundations of Human Sociality: Ethnography and Experiments from Fifteen Small-Scale Societies*, J. Henrich *et al.* (ed.), Oxford University Press, London, pp. 413–435, 2004.

Anderson, J.R., A. Gillies și L.C. Lock, „Pan thanatology", în *Current Biology*, 20, R349–R351, 2010.

Ardrey, R., *African Genesis: A Personal Investigation into the Animal Origins and Nature of Man*, Simon & Schuster, New York, 1961.

Arsenio, W.F., și M. Killen, „Conflict-related emotions during peer disputes", *Early Education and Development*, 7, pp. 43–57, 1996.

Bakewell, M.A., P. Shi și J. Zhang, „More genes underwent positive selection in chimpanzee evolution than in human evolution", în *Proceedings of the National Academy of Sciences USA*, 104, pp. 7489–7494, 2007.

Ballou, M.M., *Treasury of Thought*, Osgood, Boston, 1872.

Barber, B., „Resistance by scientists to scientific discovery", în *Science*, 134, pp. 596–602, 1961.

Bartal, I.B.-A., J. Decet și P. Mason, „Empathy and pro-social behavior in rats", în *Science*, 334, pp. 1427–1430, 2011.

Bekoff, M., „Social play behaviour cooperation, fairness, trust, and the evolution of morality", în *Journal of Consciousness Studies*, 8, pp. 81–90, 2001.

Belting, J., *Hieronymus Bosch: Garden of Earthly Delights*, Prestel, München, 2005.

Blanke, O., și S. Arzy, „The out-of-body experience: Disturbed self-processing at the Temporo-Parietal Junction", în *Neuroscientist*, 11, pp. 16–24, 2005.

Boehm, C., *Moral Origins: The Evolution of Virtue, Altruism, and Shame*, Basic Books, New York, 2012.

Boesch, C., „Patterns of chimpanzee's intergroup violence", în *Human Morality and Sociality: Evolutionary and Comparative Perspectives*, H. Høgh-Olesen (ed.), Palgrave Macmillan, Basingstoke, UK, pp. 132–159, 2010.

Boesch, C., C. Bolé, N. Eckhardt şi H. Boesch, „Altruism in forest chimpanzees: The case of adoption", în *PLoS ONE*, 5, e8901, 2010.

Bowles, S., şi H. Gintis, „The origins of human cooperation", în *The Genetic and Cultural Origins of Cooperation*, P. Hammerstein (ed.), MIT Press, Cambridge, MA, pp. 429–444, 2003.

Boyd, R., şi P.J. Richerson, „Solving the puzzle of human cooperation", în *Evolution and Culture*, S. Levinson (ed.), pp. 105–132, MIT Press, Cambridge, MA, 2005.

Boyer, P., *The Fracture of an Illusion: Science and the Dissolution of Religion*, Vandenhoeck & Ruprecht, Göttingen, 2010.

Brosnan, S.F., şi F.B.M. de Waal, „Monkeys reject unequal pay", în *Nature*, 425, pp. 297–299, 2003.

Brosnan, S.F., *et al.*, „Mechanisms underlying responses to inequitable outcomes in chimpanzees", în *Animal Behaviour*, 79, pp. 1229–1237, 2010.

Brown, S.L., R.M. Nesse, A.D. Vinokur şi D.M. Smith, „Providing social support may be more beneficial than receiving it: Results from a prospective study of mortality", în *Psychological Science*, 14, pp. 320–327, 2003.

Buchanan, T.W., S.L. Bagley, R.B. Stansfield şi S.D. Preston, „The empathic, physiological resonance of stress", în *Social Neuroscience*, 7, pp. 191–201, 2011.

Byrne, R., *The Thinking Ape*, Oxford University Press, Oxford, 1995.

Churchland, P.S., *Braintrust: What Neuroscience Tells Us about Morality*, Princeton University Press, Princeton, NJ, 2011.

Coe, C.L., şi L.A. Rosenblum, „Male dominance in the bonnet macaque: A malleable relationship", în *Social Cohesion: Essays toward a Sociophysiological Perspective*, P.R. Barchas şi S.P. Mendoza (eds), Greenwood, Westport, CT, pp. 31–63, 1984.

Cohen, E.E.A., R. Ejsmond-Frey, N. Knight şi R. Dunbar, „Rowers' high: Behavioural synchrony is correlated with elevated pain thresholds", în *Biology Letters*, 6, pp. 106–108, 2010.

Collins, F., *The Language of God: A Scientist Presents Evidence for Belief*, Free Press, New York, 2006.

Coolidge, H.J., „Pan paniscus: Pygmy chimpanzee from south of the Congo River", în *American Journal of Physical Anthropology*, 18, pp. 1–57, 1933.

Crockford, C., R.M. Wittig, R. Mundry și K. Zuberbühler, „Wild chimpanzees inform ignorant group members of danger", în *Current Biology*, 22, pp. 142–146, 2012.

Damasio, A., *Looking for Spinoza: Joy, Sorrow, and the Feeling Brain*, Harcourt, Orlando, FL, 2003. [V. ed. rom.: *În căutarea lui Spinoza. Cum explică știința sentimentele*, trad. rom. de Ioana Lazăr, Humanitas, București, 2010.]

Danziger, S., J. Leva și L. Avnaim-Pesso, „Extraneous factors in judicial decisions, în *Proceedings of the National Academy of Sciences USA*, 108, pp. 6889–6892, 2011.

Darley, J.M., și C.D. Batson, „From Jerusalem to Jericho: A study of situational and dispositional variables in helping behavior", în *Journal of Personality and Social Psychology*, 27, pp. 100–108, 1973.

Dart, R.A., „The predatory transition from ape to man", în *International Anthropological and Linguistic Review*, 1, pp. 201–217, 1953.

Darwin, C., *The Descent of Man, and Selection in Relation to Sex*, Princeton University Press, Princeton, NJ, 1981 [orig. 1871]. [V. ed. rom.: *Descendența omului și selecția naturală*, trad. de Eugen Margulius, Editura Academiei Republicii Socialiste România, 1967, București.]

Dawkins, R., *The Selfish Gene*, Oxford University Press, Oxford, 1976. [V. ed. rom.: *Gena egoistă*, trad. de Dan Crăciun, Editura Publica, București, 2013.]

———, *The God Delusion*, Houghton Mifflin, Boston, 2006. [V. ed. rom.: *Dumnezeu: o amăgire*, trad. de Victor Godeanu, Curtea Veche, București, 2013.]

de Botton, A., *Religion for Atheists: A non-believer's Guide to the Uses of Religion*, Pantheon, New York, 2012. [V. ed. rom.: *Religia pentru atei*, trad. de Mihaela Ghiță, Vellant, București, 2013.]

de Bruyn, E., „Hieronymus Bosch's Garden of Delights triptych: The eroticism of its central panel and Middle Dutch", în *Jheronimus Bosch: His Sources*, pp. 94–106. 's-Hertogenbosch: Jheronimus Bosch Art Center, 2010.

Dennett, D., „Review of Richard Dawkins, *The God Delusion*", în *Free Inquiry*, 2006.

Derkx, P., *Humanisme, Zinvol Leven en Nooit meer „Ouder Worden"*, VUBPress, Bruxelles, 2011.

Desmond, A., *Huxley: From Devil's Disciple to Evolution's High Priest*, Perseus, Reading, MA, 1994.
de Waal, F.B.M., *Peacemaking among Primates*, Harvard University Press, Cambridge, MA, 1989.
———, „Coalitions as part of reciprocal relations in the Arnhem chimpanzee colony", în *Coalitions and Alliances in Humans and other Animals*, A. Harcourt şi F.B.M. de Waal (eds), Oxford University Press, Oxford, pp. 23–57, 1992.
———, *Good Natured*, Harvard University Press, Cambridge, MA, 1996.
———, *Bonobo: The Forgotten Ape*, University of California Press, Berkeley, 1997a.
———, „The chimpanzee's service economy: Food for grooming", în *Evolution and Human Behavior*, 18, pp. 375–386, 1997b.
———, „Anthropomorphism and anthropodenial: Consistency in our thinking about humans and other animals", în *Philosophical Topics*, 27, pp. 255–280, 1999.
———, „Survival of the rapist. Review of Thornhill and Palmer, *A Natural History of Rape*", în *New York Times Book Review*, 2, aprilie, pp. 24–25, 2000.
———, *Our Inner Ape: A Leading Primatologist Explains Why We Are Who We Are*, Riverhead, New York, 2005.
———, *Chimpanzee Politics: Power and Sex among Apes*, Johns Hopkins University Press, Baltimore, MD, 2007 [orig. 1982].
———, *The Age of Empathy: Nature's Lessons for a Kinder Society*, Harmony, New York, 2009.
de Waal, F.B.M., H. Uno, L.M. Luttrell, L.F. Meisner şi L.A. Jeannotte, „Behavioral retardation in a macaque with autosomal trisomy and aging mother", în *American Journal of Mental Retardation*, 100, pp. 378–390, 1996.
Diamond, M., „Selected cross-generational sexual behavior in traditional Hawai'i: A sexological ethnography", în *Pedophilia: Biosocial Dimensions*, J.R. Feierman (ed.), Springer, New York, pp. 422–444, 1990.
Dickson, M., „The light at the end of the tunneling: Observation and underdetermination", în *Philosophy of Science*, 66, pp. 47–58, 1999.
Dindo, M., B. Thierry, F.B.M. de Waal şi A. Whiten, „Conditional copying fidelity in capuchin monkeys (*Cebus apella*)", în *Journal of Comparative Psychology*, 124, pp. 29–37, 2010.
Dixon, L.S., „Bosch's Garden of Delights: Remnants of a „fossil" science, în *Art Bulletin*, 63, pp. 96–113, 1981.

———, *Bosch*, Phaidon, London, 2003.

Douglas-Hamilton, I., S. Bhalla, G. Wittemyer și F. Vollrath, „Behavioural reactions of elephants towards a dying and deceased matriarch", în *Applied Animal Behaviour Science*, 100, pp. 87–102, 2006.

Dray, P., *Stealing God's Thunder: Benjamin Franklin's Lightning Rod and the Invention of America*, Random House, New York, 2005.

Dudley, S.A., și A.L. File, „Kin recognition in an annual plant", în *Biology Letters*, 3, pp. 435–438, 2007.

Edelman, B.G., „Red light states: Who buys online adult entertainment?", în *Journal of Economic Perspectives*, 23, pp. 209–220, 2009.

Erasmus, D., *In Praise of Marriage*, 1519, în Rummel, E., *Erasmus on Women*, University of Toronto Press, Toronto, 1996.

Evans, T.A., și M.J. Beran, „Chimpanzees use self-distraction to cope with impulsivity", în *Biology Letters*, 3, pp. 599–602, 2007.

Everett, D.L., „Cultural constraints on grammar and cognition in Pirahã: Another look at the design features of human language", în *Current Anthropology*, 46, pp. 621–646, 2005.

Fehr, E., și U. Fischbacher, „The nature of human altruism", în *Nature*, 425, pp. 785–791, 2003.

Fehr, E., H. Bernhard și B. Rockenbach, „Egalitarianism in young children", în *Nature*, 454, pp. 1079–1083, 2008.

Fessler, D.M.T., „From appeasement to conformity: Evolutionary and cultural perspectives on shame, competition, and cooperation", în *The Self-Conscious Emotions: Theory and Research*, J.L. Tracy, R.W. Robins și J.P. Tangney (eds), pp. 174–193, Guilford, New York, 2007.

Flack, J.C., L.A. Jeannotte și F.B.M. de Waal, „Play signaling and the perception of social rules by juvenile chimpanzees", *Journal of Comparative Psychology*, 118, pp. 149–159, 2004.

Flack, J.C., D.C. Krakauer și F.B.M. de Waal, „Robustness mechanisms in primate societies: A perturbation study", în *Proceedings of the Royal Society of London B*, 272, pp. 1091–1099, 2005.

Foerder, P., M. Galloway, T. Barthel, D.E. Moore și D. Reiss, „Insightful problem solving in an Asian elephant", în *PLoS ONE*, 6, e23251, 2011.

Fouts, R., și T. Mills, *Next of Kin*, Morrow, New York, 1997.

Fränger, W., *The Millennium of Hieronymus Bosch: Outlines of a New Interpretation*, Hacker Art Books, New York, 1976 [orig. 1951].

Frankfurt, H.G., „Freedom of the will and the concept of a person", în *Journal of Philosophy*, 68, pp. 5–20, 1971.

Freedberg, D., și V. Gallese, „Motion, emotion and empathy in esthetic experience", în *Trends in Cognitive Sciences*, 5, pp. 197–203, 2007.
Freud, S., *The Future of an Ilussion*, translated by W.D. Robson-Scott, Martino Publishing, Masfield Centre, CT, 2010 [orig. 1928]. [V. ed. rom.: „Viitorul unei iluzii", în *Opere Esențiale*, vol. 9: *Studii despre societate și religie*, trad. de Roxana Melnicu, Editura Trei, București, 2010.]
Furuichi, T., „Female contributions to the peaceful nature of bonobo society", în *Evolutionary Anthropology*, 20, pp. 131–142, 2011.
Ghiselin, M., *The Economy of Nature and the Evolution of Sex*, University of California Press, Berkeley, 1974.
Goodall, J., „Primate spirituality", în *The Encyclopedia of Religion and Nature*, B. Taylor (ed.), pp. 1303–1306, Continuum, New York, 2005.
Goodenough, U., „The holes in Gould's semipermeable membrane between science and religion", în *American Scientist*, mai–iunie, 1999.
———, *The Sacred Depths of Nature*, Oxford University Press, New York, 2000.
Gould, S.J., „Nonoverlapping Magisteria", în *Natural History*, 106(2), pp. 16–22, 1997.
Grandin, T. și C. Johnson, *Animals in Translation: Using the Mysteries of Autism to Decode Animal Behavior*, Scribner, New York, 2004.
Gray, J., *The Immortalization Commission: Science and the Strange Quest to Cheat Death*, Allen Lane, London, 2011.
Haidt, J. „The emotional dog and its rational tail: A social intuitionist approach to moral judgment", în *Psychological Review*, 108, pp. 814–834, 2001.
Hamlin, J.K., K. Wynn și P. Bloom, „Social evaluation by preverbal infants", *Nature*, 450, pp. 557–559, 2007.
Hare, B. și S. Kwetuenda, „Bonobos voluntarily share their own food with others", în *Current Biology*, 20, R230–R231, 2010.
Hare, B., et al. „Tolerance allows bonobos to outperform chimpanzees on a cooperative task", în *Current Biology*, 17, pp. 1–5, 2007.
Harman, O., *The Price of Altruism*, Norton, New York, 2009.
Harris, S., *Letter to a Christian Nation*, Knopf, New York, 2006.
———, *The Moral Landscape: How Science Can Determine Human Values*, Free Press, New York, 2010. [V. ed. rom.: *Cum poate determina știința valorile umane. Peisajul moral*, trad. rom. de Radu Timnea, Paralela 45, București, 2013.]
Hein, G., G. Silani, K. Preuschoff, C.D. Batson și T. Singer, „Neural responses to ingroup and outgroup members' suffering predict

individual differences in costly helping“, în *Neuron*, 68, pp. 149–60, 2010.

Henrich, J., R. Boyd, S. Bowles, C. Camerer, H. Gintis, R. McElreath și E. Fehr, „In search of *Homo economicus*: Experiments in 15 small-scale societies“, în *American Economic Review*, 91, pp. 73–79, 2001.

Herculano-Houzel, S., „The human brain in numbers: A linearly scaled-up primate brain“, în *Frontiers in Human Neuroscience*, 3, pp. 1–11, 2009.

Hitchens, C., *God is Not Great: How religion poisons everything*, Hachette, New York, 2017. [V. ed. rom.: *Dumnezeu nu este mare. Cum otrăvește religia totul*, trad. rom. de Patricia Neculae, Litera, București, 2012.]

Hobaiter, C., și R.W. Byrne, „Able-bodied wild chimpanzees imitate a motor procedure used by a disabled individual to overcome handicap“, în *PLoS ONE*, 5, e11959, 2010.

Hobbes, T., *De Cive*, Kessinger, Whitefish, MT, 2004 [orig. 1651].

Hohmann, G., și B. Fruth, „Is blood thicker than water?“, în *Among African Apes*, M.M. Robbins și C. Boesch (eds), pp. 61–76, University of California Press, Berkeley, 2011.

Horner, V., și A. Whiten, „Causal knowledge and imitation/emulation switching in chimpanzees (*Pan troglodytes*) and children (*Homo sapiens*)“, în *Animal Cognition*, 8, pp. 164–181, 2005.

Horner, V., D.J. Carter, M. Suchak și F.B.M. de Waal, „Spontaneous prosocial choice by chimpanzees“, în *Proceedings of the Academy of Sciences USA*, 108, pp. 13847–13851, 2011a.

———, „Reply to Skoyles: Misplaced assumptions of perfect human prosociality“, în *Proceedings of the Academy of Sciences USA*, 108, E836, 2011b.

Horner, V., D. Proctor, K.E. Bonnie, A. Whiten și F.B.M. de Waal, „Prestige affects cultural learning in chimpanzees“, în *PLoS ONE*, 5:e10625, 2010.

Hrdy, S.B., *Mothers and Others: The Evolutionary Origins of Mutual Understanding*, Belknap Press of Harvard University Press, Cambridge, MA, 2009.

Hume, D., *A Treatise of Human Nature*, NuVision, Sioux Falls, SD, 2008 [orig. 1739].

Huxley, L. (ed.), *Life and Letters of Thomas Henry Huxley*, vol. 1, Appleton, New York, 1901.

———, *Life and Letters of Thomas Henry Huxley*, vol. 2, Appleton, New York, 1916.

Huxley, T.H, *Evolution and Ethics*, Princeton University Press, Princeton, NJ, 1989 [orig. 1894].

Jammer, M, *Einstein and Religion*, Princeton University Press, Princeton, NJ, 1999.

Jensen, K., B. Hare, J. Call și M. Tomasello, „What's in it for me? Self-regard precludes altruism and spite in chimpanzees", *Proceedings of the Royal Society B*, 273, pp. 1013–1021, 2006.

Johnson, M., *Moral Imagination: Implications of Cognitive Science for Ethics*, University of Chicago Press, Chicago, 1993.

Joyce, R., *The Evolution of Morality*, MIT Press, Cambridge, MA, 2005.

Kano, T., *The Last Ape: Pygmy Chimpanzee Behavior and Ecology*, Stanford University Press, Stanford, CA, 1992.

[Kant, I., *Critica rațiunii practice*, traducere, studiu introductiv, note și indici de Nicolae Bagdasar, postfața de Niculae Bellu, Editura Științifică, București, 1972.]

King, B.J., *Evolving God: A Provocative View of the Origin of Religion*, Doubleday, New York, 2007.

Kitcher, P., „Ethics and evolution: How to get here from there", în *Primates and Philosophers: How Morality Evolved*, S. Macedo și J. Ober (eds), pp. 120–139, Princeton University Press, Princeton, NJ, 2006.

———, „Beyond Disbelief", în *50 Voices of Disbelief: Why We Are Atheists*, R. Blackford și U. Schuklenk (eds), pp. 87–96, Wiley-Blackwell, Hoboken, NJ, 2009.

———, *The Ethical Project*, Harvard University Press, Cambridge, MA, 2011.

Konner, M., „Some obstacles to altruism", în *Altruistic Love: Science, Philosophy, and Religion in Dialogue*, S.G. Post *et al.* (eds), pp. 192–211, Oxford University Press, Oxford, 2002.

Kummer, H., *The Quest of the Sacred Baboon*, Princeton University Press, Princeton, NJ, 1995.

Lamarck, J.B., *Zoological Philosophy*, translated by Hugh Elliot, Macmillan, London, 1914 [orig. 1809].

Langergraber, K.E., J.C. Mitani și L. Vigilant, „The limited impact of kinship on cooperation in wild chimpanzees", în *Proceedings of the Academy of Sciences USA*, 104, pp. 7786–7790, 2007.

Langford, D.J., *et al.*, „Social modulation of pain as evidence for empathy in mice", în *Science*, 312, pp. 1967–1970, 2006.

Lee, R.B., „Eating Christmas in the Kalahari", în *Natural History*, 78(12), pp. 14–22, 60–63, 1969.

Levin, J.S., „Religion and health: Is there an association, is it valid, and is it causal?“, în *Social Science and Medicine*, 38, pp. 1475–1482, 1994.

Linfert, C., *Hieronymus Bosch*, H.N. Abrams, New York, 2003 [orig. 1972].

Lorenz, K., *So kam der Mensch auf den Hund*, Borotha-Schoeler, Vienna, 1960.

Macedo, S., şi J. Ober (eds), *Primates and Philosophers: How Morality Evolved*, Princeton University Press, Princeton, NJ, 2006.

Malenky, R.K., şi R.W. Wrangham, „A quantitative comparison of terrestrial herbaceous food consumption by *Pan paniscus* in the Lomako Forest, Zaire, and *Pan troglodytes* in the Kibale Forest, Uganda“, în *American Journal of Primatology*, 32, pp. 1–12, 1994.

Malhotra, D., „(When) are religious people nicer? Religious salience and the 'Sunday Effect' on pro-social behavior“, în *Judgment and Decision Making*, 5, pp. 138–143, 2010.

Marcus Aurelius, *The emperor's Handbook: A New Translation of the Meditations*, Scribner, New York, 2002 [orig. 170–180 d.Hr.]. [V. ed. rom.: *Gânduri către sine însuşi (ediţie bilingvă)*, trad. din greaca veche, studiu introductiv, note şi indici de Cristian Bejan, Humanitas, Bucureşti, 2013.]

Matsuzawa, T., „What is uniquely human? A view from comparative cognitive development in humans and chimpanzees“, în *The Primate Mind*, F.B.M. de Waal şi P.F. Ferrari (eds), pp. 288–305, Harvard University Press, Cambridge, MA, 2011.

Mayr, E., *This Is Biology: The Science of the Living World*, Harvard University Press, Cambridge, MA, 1997.

McCauley, R.N., *Why Religion Is Natural and Science Is Not*, Oxford University Press, New York, 2011.

Mendes, N., D. Hanus şi J. Call, „Raising the level: Orangutans use water as a tool“, în *Biology Letters*, 3, pp. 453–455, 2007.

Mercader, J., *et al.*, „4,300-year-old chimpanzee sites and the origins of percussive stone technology“, în *Proceedings of the National Academy of Sciences USA*, 104, pp. 3043–3048, 2007.

Mercier, H., şi D. Sperber, „Why do humans reason? Arguments for an argumentative theory“, în *Behavioral and Brain Sciences*, 34, pp. 57–111, 2011.

Midgley, M., *The Solitary Self: Darwin and the Selfish Gene*, Acumen, Durham, UK, 2010.

Miller, H., *Big Sur and the Oranges of Hieronymus Bosch*, New Directions, New York, 1957.

Montaigne, M., *Essays of Montaigne*, translated by Charles Cotton, vol. 1–4, Reeves & Turner, London, 1902 [orig. 1877]. [V. ed. rom.: *Eseuri*, vol. I, II, trad. de Mariella Seulescu, Editura Ştiinţifică, Bucureşti, 1971.]

Mukamel, R., A.D. Ekstrom, J. Kaplan, M. Iacoboni şi I. Fried, „Single neuron responses in humans during execution and observation of actions“, în *Current Biology*, 20, pp. 750–756, 2010.

Muscarella, F., şi M.R. Cunningham, „The evolutionary significance and social perception of male pattern baldness and facial hair“, în *Ethology and Sociobiology*, 17, pp. 99–117, 1996.

Nevins, A., D. Pesetsky şi C. Rodrigues, „Pirahã exceptionality: A reassessment“, în *Language*, 85, pp. 355–404, 2009.

Nietzsche, F., *On the Genealogy of Morality and Other Writings*, student edition, Cambridge University Press, Cambridge, 2006 [orig. 1887]. [V. ed. rom.: *Genealogia moralei*, trad. din germană de Liana Micescu, traducerea textelor din latină şi greacă de Traian Costa, Humanitas, Bucureşti, 2006.]

———, *Twilight of the Idols with the Antichrist and the Ecce Homo*, Wordsworth, 2007 [orig. 1889]. [V. ed. rom.: *Amurgul idolilor*, trad. de Alexandru Al. Şahighian, Humanitas, Bucureşti, 2012.]

Norenzayan, A., şi I.G. Hansen, „Belief in supernatural agents in the face of death“, în *Personality and Social Psychology Bulletin*, 32, pp. 174–187, 2006.

Norenzayan, A., şi A.F. Shariff, „The origin and evolution of religious prosociality“, în *Science*, 322, pp. 58–62, 2008.

Norscia, I., şi E. Palagi, „Yawn contagion and empathy in *Homo sapiens*“, în *PLoS ONE*, 6, e28472, 2011.

Nowak, M., şi R. Highfield, *SuperCooperators: Altruism, Evolution, and Why We Need Each Other to Succeed*, Free Press, New York, 2011.

Numbers, R. (ed.), *Galileo Goes to Jail and Other Myths about Science and Religion*, Harvard University Press, Cambridge, MA, 2009.

Nussbaum, M.C., *Upheavals of Thought: The Intelligence of Emotions*, Cambridge University Press, Cambridge, UK, 2001.

Osvath, M., „Spontaneous planning for future stone throwing by a male chimpanzee“, în *Current Biology*, 9, R190–R191, 2009.

Osvath, M., şi H. Osvath, „Chimpanzee (*Pan troglodytes*) and orangutan (*Pongo abelii*) forethought: Self-control and pre-experience in the face of future tool use“, în *Animal Cognition*, 11, pp. 661–74, 2008.

Oxnard, C., P.J. Obendorf și B.J. Kefford, „Post-cranial skeletons of hypothyroid cretins show a similar anatomical mosaic as *Homo floresiensis*“, în *PLoS ONE*, 5, e13018, 2010.

Panofsky, E., *Early Netherlandish Painting: Its Origins and Character*, Harvard University Press, Cambridge, MA, 1966.

Parker, I., „Swingers“, în *The New Yorker*, 30 iulie 2007.

Parr, L.A., și F.B.M. de Waal, „Visual kin recognition in chimpanzees“, în *Nature*, 399, pp. 647–648, 1999.

[Pascal, Blaise, *Cugetări*, trad. de Maria și Cezar Ivănescu, Editura Aion, Oradea, 1998.]

Paukner, A., *et al.*, „Capuchin monkeys display affiliation toward humans who imitate them“, în *Science*, 325, pp. 880–883, 2009.

Pearson, K., *The Life, Letters and Labours of Francis Galton*, Cambridge University Press, London, 1914.

Perelman, P., *et al.*, „A molecular phylogeny of living primates“, în *PLoS Genetics*, 7, e1001342, 2011.

Perry, S., „Conformism in the food processing techniques of white-faced capuchin monkeys (*Cebus capucinus*)“, în *Animal Cognition*, 12, pp. 705–716, 2009.

PLoS Medicine Editors, „Medical complicity in torture at Guantánamo Bay: Evidence is the first step toward justice“, în *PLoS Medecine*, 8, e1001028, 2011.

Plotnik, J.M., F.B.M. de Waal și D. Reiss, „Self-recognition in an Asian elephant“, în *Proceedings of the Academy of Sciences USA*, 103, pp. 17053–17057, 2006.

Plotnik, J.M., R.C. Lair, W. Suphachoksakun și F.B.M. de Waal, „Elephants know when they need a helping trunk in a cooperative task“, în *Proceedings of the Academy of Sciences USA*, 108, pp. 5116–5121, 2011.

Prinz, J., „The emotional basis of moral judgments“, *Philosophical Explorations*, 9, pp. 29–43, 2006.

Prüfer, K., *et al.*, „The bonobo genome compared with the chimpanzee and human genomes“, în *Nature*, 486, pp. 527–531, 2012.

Pruetz, J.D., „Targeted helping by a wild adolescent male chimpanzee (*Pan troglodytes verus*): Evidence for empathy?“, în *Journal of Ethology*, 29, pp. 365–368, 2011.

Pruetz, J.D., și S. Lindshield, „Plant-food and tool transfer among savanna chimpanzees at Fongoli, Senegal“, în *Primates*, 53, pp. 133–145, 2011.

Range, F., L. Horn, Z. Viranyi și L. Huber, „The absence of reward induces inequity aversion in dogs“, în *Proceedings of the National Academy of Sciences USA*, 106, pp. 340–345, 2008.

Renouvier, C., *Essais de critique générale. Deuxième essai. Traité de psychologie rationnelle d'après les principes du criticisme*, Ladrange, Paris, 1859.

Revel, J.-F., şi M. Ricard, *Le moine et le philosophe*, Nil Éditions, Paris, 1997. [V. ed. rom.: *Călugărul şi filozoful: Budismul astăzi*, trad. de Carmen Dobre, Humanitas, Bucureşti, 2015.]

Ribberink, E., şi D. Houtman, „Te ongelovig om atheïst te zijn: Over de-privatisering van ongeloof", în *Religie & Samenleving*, 5, pp. 209–226, 2010.

Ridley, M., „Re-reading Darwin", în *Prospect*, 66, pp. 74–76, 2001.

Rilling, J.K., J. Scholz, T.M. Preuss, M.F. Glasser, B.K. Errangi şi T.E. Behrens, „Differences between chimpanzees and bonobos in neural systems supporting social cognition", în *Social Cognitive and Affective Neuroscience*, 7, pp. 369–379, 2011.

Roes, F., „An Interview of Richard Dawkins", în *Human Ethology Bulletin*, 12(1), pp. 1–3, 1997.

Romero, M.T., M.A. Castellanos şi F.B.M. de Waal, „Consolation as possible expression of sympathetic concern among chimpanzees", în *Proceedings of the National Academy of Sciences USA*, 107, pp. 12110–12115, 2010.

Ryan, C., şi C. Jethá, *Sex at Dawn: The Prehistoric Origins of Modern Sexuality*, Harper Collins, New York, 2010.

Sandin, J., *Bonobos: Encounters in Empathy*, Zoological Society of Milwaukee, Milwaukee, WI, 2007.

Sanfey, A.G., J.K. Rilling, J.A. Aronson, L.E. Nystrom şi J.D. Cohen, „The neural basis of economic decision-making in the ultimatum game", în *Science*, 300, pp. 1755–1758, 2003.

Saslow, L.R., *et al.*, „My brother's keeper? Compassion predicts generosity more among less religious individuals", în *Social Psychological and Personality Science*, 2012, doi:10.1177/1948550612444137.

Scherer, K.R. „Emotion serves to decouple stimulus and response", în *The Nature of Emotion: Fundamental Questions*, P. Ekman și R.J. Davidson (eds), pp. 127–130, Oxford University Press, New York, 1994.

Schwartz, G., „Visual arts: The humanist meets the exorcist", *ArtsFuse*, 21 februarie 2009.

Semendeferi, K., A. Lu, N. Schenker, H. Damasio, „Humans and great apes share a large frontal cortex", în *Nature Neuroscience*, 5, pp. 272–276, 2002.

Shariff, A.F., şi A. Norenzayan, „God is watching you: Priming God concepts increases prosocial behavior in an anonymous economic game", în *Psychological Science*, 18, pp. 803–809, 2007.
Shepard, G.H., „The Mark and Olly Follies", *Anthropology News*, mai, p. 18, 2011.
Silk, J.B., S.F. Brosnan, J. Vonk, J. Henrich, D. Povinelli şi A.S. Richardson, „Chimpanzees are indifferent to the welfare of unrelated group members", în *Nature*, 437, pp. 1357–1359, 2005.
Silk, J.B., *et al.*, „The benefits of social capital: Close social bonds among female baboons enhance offspring survival", în *Proceedings of the Royal Society of London B*, 276, pp. 3099–3114, 2009.
Skinner, B.F., *Science and Human Behavior*, Free Press, New York, 1965 [orig. 1953].
Skoyles, J.R., „Chimpanzees make mean-spirited, not prosocial, choices", în *Proceedings of the Academy of Sciences USA*, 108, E835, 2011.
Smith, J., *Teachings of the Prophet Joseph Smith*, J.F. Smith (ed.), Deseret Book, Salt Lake City, 1938.
Smuts, B.B., *Sex and Friendship in Baboons*, Aldine, New York, 1985.
Sosis, R., şi E.R. Bressler, „Cooperation and commune longevity: A test of the costly signaling theory of religion", în *Cross-Cultural Research*, 37, pp. 211–239, 2003.
Strawbridge, W.J., R.D. Cohen, S.J. Shema şi G.A. Kaplan, „Frequent attendance at religious services and mortality over 28 years", în *American Journal of Public Health*, 87, pp. 957–961, 1997.
Steinbeck, J., *The Log from the Sea of Cortez*, Penguin, New York, 1995 [orig. 1951].
Subiaul, F., J. Vonk, J. Barth şi S. Okamoto-Barth, „Chimpanzees learn the reputation of strangers by observation", în *Animal Cognition*, 11, pp. 611–623, 2008.
Tan, A., *Saving Fish from Drowning*, Ballantine, New York, 2005.
Tannen, D., *You Just Don't Understand: Women and Men in Conversation*, Ballantine, New York, 1990.
Teleki, G., „Group response to the accidental death of a chimpanzee in Gombe National Park, Tanzania", în *Folia primatologica*, 20, pp. 81–94, 1973.
Thornhill, R., şi C.T. Palmer, *The Natural History of Rape: Biological Bases of Sexual Coercion*, MIT Press, Cambridge, MA, 2000.
Tokuyama, N., *et al.*, „Bonobos apparently search for a lost member injured by a snare", în *Primates*, 53, pp. 215–219, 2012.

Tolstoy, L., *A Confession*, translated by A. Maude, Trivers, London, 1961 [orig. 1882]. [V. ed. rom.: *Spovedanie*, trad. de Ion Ianoși, Editura Ideea Europeană, București, 2009.]

Trivers, R.L., „The evolution of reciprocal altruism", în *Quarterly Review of Biology*, 46, pp. 35–57, 1971.

Turnbull, C.M., *The Forest People*, Natural History Press, Garden City, NY, 1961.

Ury, W., *Getting Past No: Negotiating with Difficult People*, Bantam, New York, 1993.

van Wolkenten, M., S.F. Brosnan și F.B.M. de Waal, „Inequity responses of monkeys modified by effort", în *Proceedings of the National Academy of Sciences USA*, 104, pp. 18854–18859, 2007.

Voltaire, în *Œuvres Complètes de Voltaire*, vol. 10, Garnier, Paris, pp. 1877–1885, 1768.

von Rohr, C.R., *et al.*, „Impartial third-party interventions in captive chimpanzees: A reflection of community concern", în *PLoS ONE*, 7, e32494, 2012.

Walker, R.S., M.V. Flinn și K.R. Hill, „Evolutionary history of partible paternity in lowland South America", în *Proceedings of the National Academy of Sciences USA*, 107, pp. 19195–19200, 2010.

Warneken, F., B. Hare, A.P. Melis, D. Hanus și M. Tomasello, „Spontaneous altruism by chimpanzees and young children", în *PLoS-Biology*, 5, 1414–1420, 2007.

Westermarck, E., *The Origin and Development of the Moral Ideas*, vol. 1, ed. II, Macmillan, London, 1912 [orig. 1908].

———, *The Origin and Development of the Moral Ideas*, vol. 2, ed. II, Macmillan, London, 1917 [orig. 1908].

Whiten, A., V. Horner și F.B.M. de Waal, „Conformity to cultural norms of tool use in chimpanzees", în *Nature*, 437, pp. 737–740, 2005.

Wilkinson, A., N. Sebanz, I. Mandl și L. Huber, „No evidence of contagious yawning in the red-footed tortoise", *Geochelone carbonaria. Current Zoology*, 57, pp. 477–484, 2011.

Williams, G.C., „A sociobiological expansion of 'Evolution and Ethics'", în *Evolution and Ethics*, J. Paradis și G.C. Williams (eds), pp. 179–214, Princeton University Press, Princeton, NJ, 1988.

Wilson, D.S., *Darwin's Cathedral: Evolution, Religion, and the Nature of Society*, University of Chicago Press, Chicago, 2002.

Woods, V., și B. Hare, „Bonobo but not chimpanzee infants use socio-sexual contact with peers", *Primates*, 52, pp. 111–116, 2010.

Wrangham, R.W., şi D. Peterson, *Demonic Males: Apes and the Evolution of Human Aggression*, Houghton Mifflin, Boston, 1996.
Wright, R., *The Moral Animal: The New Science of Evolutionary Psychology*, Pantheon, New York, 1994.
Yamamoto, S., T. Humle şi M. Tanaka, „Chimpanzees' flexible targeted helping based on an understanding of conspecifics' goals", în *Proceedings of the National Academy of Sciences USA*, 109, pp. 3588–3592, 2012.
Yerkes, R.M., *Almost Human*, Century, New York, 1925.

Indice*

* Numerele paginilor începând cu 279 trimit la note; numerele paginilor scrise cu litere cursive trimit la ilustrații.